"十三五"职业教育国家规划教材
"互联网+"新形态教材

水电站

（第2版）

主　编　刘能胜
副主编　赵　辰　蒋　红　张云根
　　　　王丽红　张学伟　罗　岚
主　审　邹　林　刘路广

黄河水利出版社
·郑州·

内 容 提 要

本书是“十三五”“十四五”职业教育国家规划教材，是按照教育部关于“十四五”职业教育国家规划教材编写基本要求、相关行业标准、职业岗位标准及专业课程标准编写完成的。本书主要介绍了水电站基本知识、水轮机及其选择、水电站进水和引水建筑物设计、水电站平水建筑物设计、水电站压力管道设计、水电站地面厂房设计等内容。本书采用项目教学法进行编写，是传统纸质教材与富媒体数字资源相结合的新形态一体化教材，配套建设了PPT课件、微课视频、动画、思维导图、任务点自测练习等教学资源，融入了党的二十大精神等思政元素，对学生巩固所学知识、检验目标达成情况有很大帮助。

本书主要作为高等职业教育水利水电建筑工程、水利水电工程智能管理、水利水电工程技术、水利工程等专业的教学用书，也可供中职水利类相关专业、水利职工岗位培训及水利水电工程技术人员学习参考。

图书在版编目(CIP)数据

水电站/刘能胜主编. —2版. —郑州：黄河水利出版社，2023.12

“十三五”职业教育国家规划教材

ISBN 978-7-5509-3511-2

Ⅰ.①水…　Ⅱ.①刘…　Ⅲ.①水力发电站-高等职业教育-教材　Ⅳ.①TV74

中国国家版本馆CIP数据核字(2023)第012013号

组稿编辑：王路平　电话：0371-66022212　E-mail：hhslwlp@163.com

田丽萍　66025553　912810592@qq.com

出 版 社：黄河水利出版社　网址：www.yrcp.com

地址：河南省郑州市顺河路黄委会综合楼14层　邮政编码：450003

发行单位：黄河水利出版社

发行部电话：0371-66020550、66028024　E-mail：hhslcbs@126.com

承印单位：河南承创印务有限公司

开本：787 mm×1 092 mm　1/16

印张：15.5

字数：360千字

版次：2018年3月第1版　印数：1—3 100

2023年12月第2版　印次：2023年12月第1次印刷

定价：50.00元

第2版前言

本书是根据《中共中央关于认真学习宣传贯彻党的二十大精神的决定》，中共中央办公厅、国务院办公厅《关于推动现代职业教育高质量发展的意见》，国务院《国家职业教育改革实施方案》，教育部《职业院校教材管理办法》《高等学校课程思政建设指导纲要》《“十四五”职业教育规划教材建设实施方案》，水利部、教育部《关于进一步推进水利职业教育改革发展的意见》，《教育部办公厅关于公布首批“十四五”职业教育国家规划书目的通知》等文件精神，在全国水利职业教育教学指导委员会指导下，组织编写的“十四五”职业教育国家规划教材。教材注重吸收产业升级和行业发展的新知识、新技术、新工艺、新方法、新规范，丰富了课程思政案例、视频、微课、动画、题库等数字化教学资源，是理论联系实际、教学面向生产，产教融合、校企合作编写的职业教育精品规划教材，具有鲜明的时代特点，体现了实用性、实践性、创新性的特色。

本书第1版为全国水利行业“十三五”规划教材，于2018年3月正式出版，2020年12月成功入选“十三五”职业教育国家规划教材，2023年6月成功入选首批“十四五”职业教育国家规划教材。为了贯彻落实党的二十大精神，充分反映产业升级和行业发展最新进展，以及课程思政“立德树人”“三全育人”要求，及时吸收比较成熟的新知识、新技术、新工艺、新规范，对接科技发展趋势和市场需求，不断丰富数字化资源，编者在第1版的基础上，对全书进行了全面修订、补充和完善。本书具有如下特色：

(1)“基于职业岗位，遵循职教特色”。本书基于中小型水电站初步设计岗位，依据课程标准，按照必需和够用原则组织编写。本书共设6个项目，分别介绍水电站基本知识、水轮机及其选择、水电站进水和引水建筑物设计、水电站平水建筑物设计、水电站压力管道设计和水电站地面厂房设计。突出了水轮机选择和水电站建筑物布置设计核心岗位能力，既打通了水电站设计基本工作思路，又避免了问题复杂化，适应了高职层次认知规律。每个项目前设置“项目导语”介绍项目的基本内容与地位，融入“忠诚、干净、担当、科学、求实、创新”新时代水利精神，精益求精的工匠精神和踏实严谨的职业精神等课程思政内容，与项目内容结合，使党的二十大精神进教材、进课堂、进头脑，突出行业规范要求；设置“项目目标”，按照了解、理解、掌握对各知识点提出了层次性要求；设置“项目要求”，突出对项目实践能力的考核与评价；设置“自测练习”，便于开展任务训练；项目结束设置“知识技能点小结”，提炼项目重点；设置“知识技能训练”，方便开展项目训练和测评，使学生达到掌握中小型水电站初步设计基本职业能力的目的。

(2)“序化教学内容，配套数字资源”。本书编写按照“工作内容”来组织教学项目，以学习性工作任务为教学活动载体。水轮机及其选择项目在学习水轮机的类型和构造以及水轮机的工作原理基本知识任务基础上，介绍水轮机和调速设备的选择工作任务；水电站建筑物各项目按照引水式水电站的水流方向依次介绍进水建筑物、引水建筑物、平水建筑物、压力管道和电站厂房。在介绍各水电站建筑物过程中,以一个较完整的水电站初步设计实际工作案例贯穿其中,边理论边实践,强化学生解决工程实际问题的能力,方便教师实施任务驱动、案例教学和项目教学。结合水电站课程的特点,本书配套了丰富的图片、微课、视频、动画等数字资源,方便教师的"教"与学生的"学",部分较为复杂的内容绘制了思维导图,以期引导读者从系统上把握相关内容,掌握内容梳理的方法。

(3)"紧跟行业发展,融入最新规范"。本书在编写过程中,联系行业实际,融入了水电站和水利水电工程各阶段的报告编制技术规程,结合了水轮机、进水口、沉沙池、水工隧洞、渠道及前池、调压室、压力钢管、水电站厂房等相关的最新行业标准,使教材体现行业最新设计方法和理念,符合行业发展的要求。

本书编写单位及编写人员如下:湖北水利水电职业技术学院刘能胜、王丽红,河南水利与环境职业学院赵辰,安徽水利水电职业技术学院蒋红、孙砚,福建水利电力职业技术学院张云根,湖南水利水电职业技术学院张学伟,湖北省水利水电规划勘测设计院有限公司罗岚。本书由刘能胜担任主编,并负责全书内容规划和统稿;由赵辰、蒋红、张云根、王丽红、张学伟、罗岚担任副主编,孙砚参编;由长江工程职业技术学院邹林、湖北省水利水电科学研究院刘路广担任主审。

本书在编写过程中,参考引用了大量相关专业文献和资料,未在书中一一注明出处,在此对有关文献的作者表示感谢!

由于编者水平有限,难免会出现疏漏及不妥之处,诚恳地希望读者批评指正。

编　者

2023年8月

本书互联网全部资源

目　录

项目1 水电站基本知识

【项目导语】

大自然是人类赖以生存发展的基本条件,尊重自然、顺应自然、保护自然,是全面建设社会主义现代化国家的内在要求。水能是清洁可再生能源,是人类开发利用能源资源的重要组成部分。党的二十大报告提出,深入推进能源革命,统筹水电开发和生态保护。我国拥有丰富的水力资源,新中国成立以来,在党的领导下,我国的水电事业有了长足的发展,取得了令人瞩目的成就。2004年起,我国的水电总装机容量连续位居世界第一。截至2021年年底,我国水电装机容量3.91亿kW,年发电量1.34万亿kW·h。近年来,随着三峡工程、向家坝、溪洛渡、乌东德、白鹤滩等大型水电站相继投产发电,多项技术和指标实现重大突破,创造了多个世界第一;大力发展水电等清洁可再生能源,为全国贡献了约14%的绿色能源。但我国的水力资源开发利用程度还比较低,随着"发展绿色低碳产业""推动形成绿色低碳的生产方式和生活方式""积极稳妥推进碳达峰碳中和""加快推动产业结构、能源结构、交通运输结构等调整优化"写入党的二十大报告,加快发展绿色转型,实现高质量发展,成为中国式现代化的重要内容。水电工程将迎来新的发展机遇,我国将成为水电资源大国、水电开发规模大国和水电电能生产大国,且水电技术处于世界领先水平。为了实现我国水电建设事业的蓝图,我们一定要认真钻研有关的理论和技术知识,牢固树立为祖国的水电事业贡献毕生精力的远大理想,为我国的水电事业做出贡献。

水电站是水、机、电的综合体,水电站的建设包括规划、设计和施工等程序。本课程主要涉及水电站的设计阶段,在正式开展设计任务之前,需要了解水电站发电的基本原理,从水力发电和我国水能资源基本特点出发,掌握水能资源的开发方式、水电站的基本类型和水电站枢纽建筑物的组成,后面的学习将主要围绕水轮机及各类水电站建筑物展开。作为一名水利水电工程技术人员,尚应理论联系实际,仔细研读教材配套的坪江水电站实例,具备一定的科学和创新精神。

【项目目标】

了解水力发电的基本原理、我国水电站开发现状,理解我国水能资源和水力发电的特点,掌握水能资源的基本开发方式和水电站建筑物的类别。

【项目要求】

知识要点	能力要求	所占分值(100分)	自评分数
水力发电的基本原理和特点	能说出水力发电的基本原理,能说出水力发电的特点	20	
水能资源的开发方式及水电站的基本类型	能区别水能资源的开发方式,识别水电站的基本类型	50	
水电站建筑物	能识别水电站建筑物类别	30	

任务1.1 水力发电的基本原理及特点

1.1.1 水力发电的基本原理

码1-1 图片-水力发电原理图

在天然河流上,修建水工建筑物,集中水头,通过一定的流量将水能输送到水轮机中,使水能转换为旋转机械能,带动发电机发电,由输电线路送往用户。这种利用天然水资源中的水能发电的方式称为水力发电,它是现代电力生产的重要方式之一,也是开发利用河流水能资源的重要方式。

码1-2 视频-长江三峡水力发电的原理

如图1-1所示,高处水库中的水体具有较大的位能,当水体由压力管道流进安装在水电站厂房内的水轮机而排至水电站的下游时,水流带动水轮机的转轮旋转,使水能转换为旋转机械能,水轮机转轮带动发电机转子旋转切割磁力线,在发电机的定子绕组上产生感应电动势,当和外电路接通时,发电机就向外供电了,水能就这样通过水轮机转换为旋转机械能,再通过发电机转换为电能。

上述就是水力发电的过程。为了实现这个能量的连续转换而修建的水工建筑物和所安装的水轮发电设备及其附属设备的总体,就称为水电站。

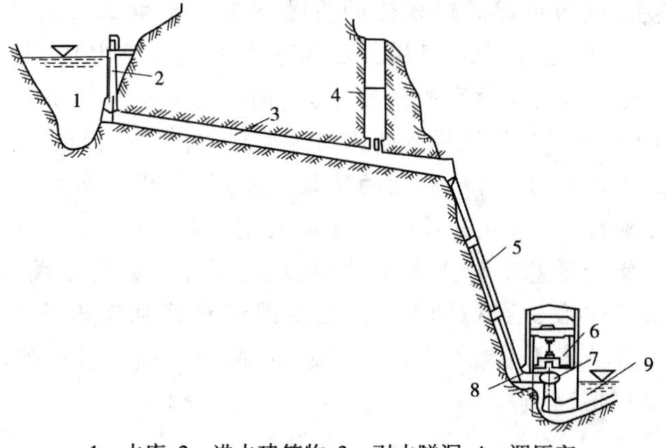

1—水库;2—进水建筑物;3—引水隧洞;4—调压室;
5—压力钢管;6—发电机;7—水轮机;8—主阀;9—尾水渠。

图1-1 水电站示意图

1.1.2 水力发电的特点

水流从高处向低处流动所具有的能量称为水能,其中对人们有用的称为水能资源。水能资源是一种清洁的、可再生能源。在条件允许的情况下,水能资源通常作为优先开发的能源。水力发电提供的电能区别于其他能源,具有以下特点:

(1)水能可再生。水能资源来自河川天然径流,而河川天然径流则主要由自然界水分循环形成,水分循环(降水—径流—蒸发—降水)使水能可以再生循环使用,故水能称为“再生能源”。太阳能、风能、潮汐能等,也是再生能源,但由于大规模开发利用的技术还不很成熟,成本很高,目前还不能大量开发利用。地球上的水虽可再生,但总量有限,淡水资源更有限,因此不能无节制地开采,必须进行合理开发利用。

(2)水力发电可逆。将位于高处的水体引向低处的水轮发电机组,使水能转换成电能;而将位于低处的水体通过电动抽水机组提送到高处的水库储存,使电能又转换成水能。利用这种可逆性修建抽水蓄能电站,对提高电力系统的负荷调节能力具有独特的作用。

(3)水能可储存和调节。电能不能储存,生产和消耗是同时完成的。而水电站可以借助于水库,储存水能,代替储存电能,有利于增强电力系统对负荷的调节能力,提高供电质量和经济效益。

(4)水资源可综合利用。水力发电只利用水流中的能量,不消耗水量。如果水电站枢纽具有容量较大的水库,则除发电外,还可兼顾防洪、灌溉、航运、供水、水产养殖、旅游等综合利用效益,达到兴利除害的目的。

(5)机组运行的灵活性。电力用户的用电量是时刻变化的,电网中的日负荷有高峰也有低谷。火电站、核电站从开机到正常运行通常需要几个小时,宜担负基荷运行。水电站启动灵活,在1~2 min内,就能从停机状态达到满负荷运行、并网供电,适宜担任电力系统中调峰、调频任务和事故备用容量。水电站和火电站、核电站互相配合运行,保证了电力系统的稳定和质量。

(6)水能生产的清洁性。水电站在生产过程中不污染环境,属于清洁型能源。相反,宽广的水库水面可调节所在地区的小气候,调整水流的时空分布,有利于改善周围地区的生态环境,可以成为风景游览区。

码1-3 视频-雅砻江两河口水电站绿色清洁能源基地

(7)水电站生产成本低、效率高。水电站不消耗燃料,不需要开采和运输燃料所投入的大量人力和设施,设备简单,运行人员少,厂用电少,设备使用寿命长,运行维修费用低,所以水电站的电能生产成本低廉,一般只有相同容量火电厂运行成本的1/8~1/5,且水电站的能源利用率高,可达85%以上,而火电厂燃煤热能效率只有40%左右。

(8)水电开发难、投资大、工期长。水电工程规模相对较大,水能开发建设受水文、地质、地形、交通等条件限制,建筑物比较复杂,施工较困难,建设工期较长,一次性投资较大,且造成一定的淹没损失。修建水电站需要考虑水量、落差、地质、地形、环境、地理、土地淹没、移民、政治、经济、交通、技术等多方面因素,某种因素不具备,都会影响到水能的开发可能性。水电站的开发不仅有电站建筑物建设投资,还有配套输变电工程等投资,使得水电站一次性投资巨大。有的水电站工程规模较大,开发工期相对较长,一般而言,小型工程工期为3~5年,中型工程工期为8~10年,大型工程工期需要10年以上。

1.1.3 我国水能资源蕴藏量及特点

码1-4 文本-有关水能资源的几个概念

水能资源是指以位能、压能和动能等形式存在于水体中的能量资源,也称为水力资源。广义的水能资源包括河流水能、潮汐水能、波浪能和海洋热能等资源;狭义的水能资源指河流水能资源。在自然状态下,水能资源的能量消耗于克服水流阻力,冲刷河床、海岸,搬运泥沙和漂浮

物等,采取一定的工程技术措施后,可将水能转换为机械能或电能,为人类服务。

我国幅员辽阔,江河纵横,湖泊众多,蕴藏着巨大的水能资源,是世界上水能资源最丰富的国家,且水电开发建设的自然条件优越。我国的水能资源曾经于1980年进行了全国普查,2001~2005年进行了全国复查,根据《全国水力资源复查成果》,我国大陆水能资源理论蕴藏量在1万kW及以上河流上的水能资源理论蕴藏量年电量为60 829亿kW·h,平均功率为69 440万kW;水能资源理论蕴藏量在1万kW及以上、河流上单站装机容量在500 kW及以上的水电站的技术可开发装机容量为54 164万kW,年发电量为24 740亿kW·h,其中经济可开发装机容量为40 180万kW,年发电量为17 534亿kW·h,分别占技术可开发装机容量和年发电量的74.2%和70.9%。

水能资源理论蕴藏量即河川理论上所拥有的能量,将河流分成若干段,每段取其平均流量和水位落差,逐段计算其能量后,累计的数值即为该河流的理论水能资源。按当前技术水平,可开发利用的水能资源为技术可开发水能资源。在技术可开发水能资源的基础上,根据造价、淹没损失、输电距离等条件,挑选技术上可行、经济上合理的水电站进行统计,得出的数值为经济可开发水能资源。

我国水能资源具有以下特点:

(1)水能资源丰富,总量位居世界首位。不论是水能资源蕴藏量,还是可能开发的水能资源或者技术可开发水能资源,我国在世界各国中均居第一位,其次是俄罗斯、巴西和加拿大。

(2)水能资源地域分布极其不均,需要水电"西电东送"。由于我国幅员辽阔,地形与雨量差异较大,因而形成水能资源在地域分布上的不平衡,水能资源分布是西部多、东部少。按照技术可开发装机容量统计,我国经济相对落后的西部云、贵、川、渝、陕、甘、宁、青、新、藏、桂、蒙12个省(自治区、直辖市)水能资源约占全国总量的81.46%,特别是西南地区云、贵、川、渝、藏就占66.70%;其次是中部的黑、吉、晋、豫、鄂、湘、皖、赣8个省占13.66%;而经济发达、用电负荷集中的东部辽、京、津、冀、鲁、苏、浙、沪、粤、闽、琼11个省(直辖市)仅占4.88%。我国的经济是东部相对发达、西部相对落后,因此西部水能资源开发除西部电力市场自身需求外,还要考虑东部市场,实行水电的"西电东送"。

(3)水能资源时间分布不均,需要建设水库进行调节。我国位于亚欧大陆的东南部,濒临世界上最大的海洋,使我国具有明显的季风气候特点,因此大多数河流年内、年际径流分布不均,丰、枯季节流量相差很大,需要建设调节性能好的水库,对径流进行调节。这样才能提高水电的总体发电质量,以更好地适应电力市场的需要。

(4)水能资源较集中地分布在大江大河干流,便于建立水电基地实行战略性集中开发。水能资源富集于金沙江、雅砻江、大渡河、澜沧江、乌江、长江上游、南盘江红水河、黄河上游、湘西、闽浙赣、东北、黄河北干流以及怒江等水电基地,其总装机容量约占全国技术可开发量的50.9%。特别是地处西部的金沙江中下游干流的装机规模58 580 MW,长江上游干流的装机规模33 197 MW,长江上游的支流雅砻江、大渡河以及黄河上游、澜沧江、怒江的装机规模都超过20 000 MW,乌江、南盘江红水河的装机规模也超过10 000 MW。这些河流水能资源集中,有利于实现流域、梯级、滚动开发,有利于建成大型的水电基地,有利于充分发挥水能资源的规模效益,实施"西电东送"。

1.1.4　我国水电站开发现状与展望

中华儿女为了生存，早在 4 000 年前就开始兴修水利，至春秋战国，水利工程已有相当规模，建设技术也非常先进。但是，现代化的水电建设起步很晚，直至 1910 年才开始在云南滇池出口水道（螳螂洲）修建第一座水电站——石龙坝水电站，装机容量 480 kW。到 1949 年底，全国水电装机容量仅 16.3 万 kW，占全国总装机容量的 8.8%，水电装机总量居世界第 20 位。中华人民共和国成立后，尤其是改革开放以来，水电事业有了突飞猛进的发展，根据 2011 年第一次全国水利普查公报，我国共有水电站 46 758 座，装机容量 3.33 亿 kW。其中：在规模以上水电站中，已建水电站 20 866 座，装机容量 2.17 亿 kW；在建水电站 1 324 座，装机容量 1.10 亿 kW。具体见表 1-1。

表 1-1　不同规模水电站数量和装机容量汇总

水电站规模		数量/座	装机容量/万 kW
合计		46 758	33 288.93
规模以上（装机容量≥500 kW）	小计	22 190	32 729.79
	大(1)型	56	15 485.50
	大(2)型	86	5 178.46
	中型	477	5 242.00
	小(1)型	1 684	3 461.38
	小(2)型	19 887	3 362.45
规模以下（装机容量<500 kW）		24 568	559.14

注：大(1)型水电站：装机容量≥120 万 kW；大(2)型水电站：30 万 kW≤装机容量<120 万 kW；中型水电站：5 万 kW≤装机容量<30 万 kW；小(1)型水电站：1 万 kW≤装机容量<5 万 kW；小(2)型水电站：装机容量<1 万 kW。

我国水电建设的巨大成就主要表现在以下三个方面：

一是水电装机容量由世界第 20 位跃居世界前列。中华人民共和国成立后，在大规模经济建设的推动下，结合江河治理，我国水电事业持续快速发展。改革开放后，水电建设的步伐进一步加快。除我国外，水电增长最快的其他几个国家，如美国、巴西、日本、加拿大，年均投产强度只有 90 万～100 万 kW。而我国自 1993 年以后已连续 7 年年均投产强度超过 300 万 kW，其中 1994 年和 1997 年年均超过 400 万 kW，1998 年年均达到 533 万 kW，1999 年年均更创历史新高，达 790 万 kW。这样的发展速度，在世界水电建设史上是绝无仅有的。

码 1-5　视频-世界前十二大水电站五座在中国

二是水电建设技术已具世界水平。中华人民共和国成立时，我国水电除丰满、水丰、镜泊湖水电站外，几乎没有什么大水电。从 20 世纪 50 年代起，我国自行设计和建设了浙江新安江水电站、甘肃刘家峡水电站、吉林白山水电站、湖北葛洲坝水电站、四川二滩水电站等一批大型水电站，近年来建设完成了长江三峡、向家坝、溪洛渡等大型水电站，白鹤滩和乌东德大型水电站已投产发电。大型水电站的建设和大规模的建设实践使中国的水电技术跻身世界水平，部分领域已进入世界先进行列。

码 1-6　文本-超级水电站

三是初步建立起适应市场经济的、有中国特色的水电开发、建设机制。1982年吉林红石水电站建设开始试行投资、工期、质量等总承包；1984年云南鲁布革水电站的隧洞施工，第一次引用外资，对世界银行贷款实行国际招标；1988年广州抽水蓄能电站建设开始全面实施以业主责任制、招标承包制、建设监理制为主要内容的新的水电建设管理体制。这些体制创新理顺了生产关系，解放了生产力。近年来，水电建设加强了生态保护工作，全国落实了水电环境影响评价制度，逐步推广了许多环境友好型措施。

码1-7　视频-超级水电站如何点亮中国

码1-8　文本-抽水蓄能电站的发展及展望

尽管我国水电建设取得了巨大成就，但我国水能资源的开发率还不均匀，根据最新水力资源普查结果，我国水能资源技术可开发量为6.87亿kW。四川、云南两省水力资源开发程度分别为59.3%、64.4%。西藏地区水力资源开发程度仅为1.7%，水力资源开发潜力巨大。我国其他地区水力资源平均开发程度为88.1%。可见，我国水能资源丰富的西部地区尚有较大空间。针对现有实际情况，我国曾提出水电发展分两步走的规划：第一步是2001~2010年，这期间，三峡、龙滩、小湾、公伯峡、水布垭等一大批水电站建成发电。2010年，也就是我国水电建设100年时，水电装机容量达到14 000万~15 000万kW，居世界第一位，实现从资源第一大国到生产第一大国的转变。水电装机的比例将由连年下滑转向攀升，从20世纪末的23%提高到30%左右。第二步是2011~2050年，基本完成水电开发，开发率达到90%左右。这时装机约43 000万kW，以5 000万kW的墨脱电站为代表的十几座500万kW以上的巨型水电站基本开发完毕。西电东送的规模超过15 000万kW，东中部受电区的抽水蓄能电站将得到大规模的发展，大库容的蓄能电站建设为东部沿海风电的大量开发创造了有利条件，我国水电开发技术将随着水电建设事业的发展达到世界领先水平。

【自测练习】

请扫描二维码，做自测练习。

码1-9　任务1.1自测练习

任务1.2　水能资源的开发方式及水电站的基本类型

由水电站出力计算公式 $N = AQH$ 可知，若要将水能转换为电能，必须有流量 Q 和水头 H。首先，要在水电站的上、下游形成集中的落差，构成发电水头，按照集中落差形成水头的措施，水能资源一般分为坝式、引水式和混合式三种基本开发方式。水电站出力的另一个因素就是流量，按照取得流量的方式(径流调节程度)不同，水能资源分为径流式、蓄水式和集水网道式三种开发方式。另外，抽水蓄能电站、潮汐水电站、梯级水电站也是水能资源开发的重要形式。大多数情况下，我们都是按照集中落差的方式对水电站进行分类的，故以下重点介绍按集中落差方式开发的水电站。

1.2.1　坝式开发和坝式水电站

在河流峡谷处拦河筑坝，坝前壅水，形成水库，在坝址处形成集中落差，用输水管或隧洞引取上游水库中的水，通过设在水电站厂房内的水轮机带动发电机发电，发电后将尾水引至坝下游原河道，这种开发方式称为坝式开发。用坝集中落差的水电站称为坝式水电站。其特点为：

(1)坝式水电站的水头取决于坝高。坝越高，水电站的水头越大，但坝高往往受地形、地质、水库淹没、工程投资、技术水平等条件的限制，因此与其他开发方式相比，坝式水电站的水头相对较小。目前，坝式水电站的最大水头不超过 300 m。

(2)拦河筑坝形成水库，可用来调节流量。坝式水电站的引用流量较大，水电站的规模也大，水能利用较充分。目前，世界上装机容量超过 2 000 MW 的巨型水电站大都是坝式水电站。此外，坝式水电站水库的综合利用效益高，可同时满足防洪、发电、供水等兴利要求。

(3)由于工程规模大，水库造成的淹没范围大，迁移人口多，因此坝式水电站的投资大，工期长。

坝式开发适用于河道坡降较缓、流量较大、有筑坝建库条件的河段。

坝式水电站按大坝和发电厂房相对位置的不同又可分为河床式、坝后式、闸墩式、坝内式、溢流式等。在实际工程中，较常采用的坝式水电站是河床式水电站和坝后式水电站。

1.2.1.1　河床式水电站

码 1-10　图片-葛洲坝河床式水电站

河床式水电站一般修建在河流中下游河道纵坡平缓的河段上，为避免大量淹没，坝建得较低，故水头较小。大中型河床式水电站的水头一般在 25 m 以下，不超过 30~40 m；小型的水头一般在 10 m 以下。其引用流量一般都较大，属于低水头、大流量型水电站。其特点是：厂房与坝(或闸)一起建在河床上，厂房本身承受上游水压力，并成为挡水建筑物的一部分，一般不设专门的引水管道，水流直接从厂房上游进水口进入水轮机，如图 1-2 所示。我国湖北葛洲坝、浙江富春江、广西大化等水电站均为河床式水电站。若水电站的挡水建筑物为水闸且电站厂房建在闸墩中，则称之为闸墩式水电站。

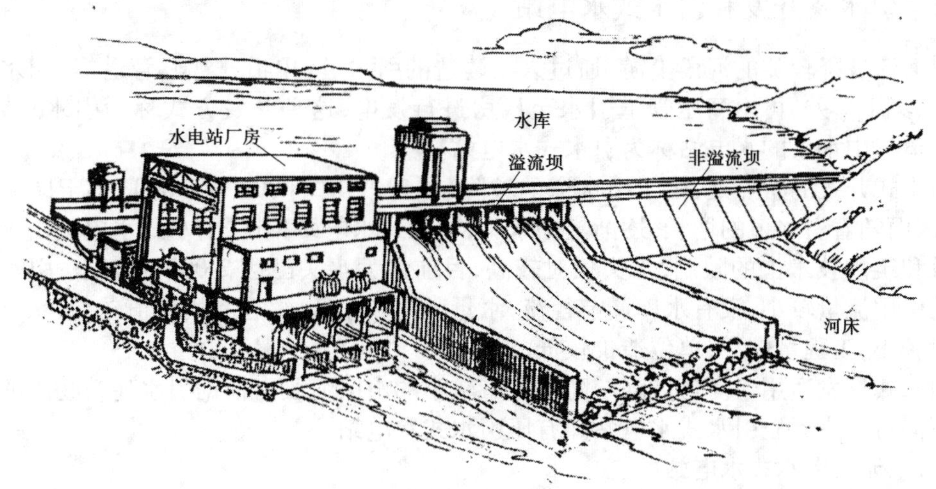

图 1-2　河床式水电站

1.2.1.2　坝后式水电站

码1-11　图片-长江三峡坝后式水电站

将厂房布置在坝的后面,称为坝后式水电站。坝后式水电站一般修建在河流中上游的山区峡谷地段,受水库淹没限制相对较小,所以坝可建得较高,水头也较大,在坝的上游形成了可调节天然径流的水库,有利于发挥防洪、灌溉、航运及水产等综合效益,并给水电站运行创造了十分有利的条件。由于水头较高,厂房不能承受上游过大水压力而建在坝后(坝下游),如图1-3所示。其特点是:水电站厂房布置在坝后,厂坝之间常用缝分开,上游水压力全部由坝承受。三峡水电站、福建水口水电站等均属坝后式水电站。

图1-3　坝后式水电站

坝后式水电站厂房的布置形式很多,当厂房布置在坝体内时,称为坝内式水电站;当厂房布置在溢流坝段之后时,通常称为溢流式水电站。当水电站的拦河坝为土坝或堆石坝等当地材料坝时,水电站厂房可采用河岸式布置,我国著名的小浪底水利枢纽就属于此种类型。

1.2.2　引水式开发和引水式水电站

在河流坡降较陡的河段上游,通过人工建造的引水道(渠道、隧洞、管道等)引水到河段下游,集中落差,再由高压管道引水至厂房进行发电,这种开发方式称为引水式开发。用引水道集中水头的水电站称为引水式水电站。

引水式开发的特点是:由于引水道的坡降(一般取1/3 000~1/1 000)小于原河道的坡降,因而随着引水道的增长,逐渐集中水头;与坝式水电站相比,引水式水电站由于不存在淹没和筑坝技术上的限制,水头相对较高,目前最大水头已达2 000 m以上;引水式水电站的引用流量较小,没有水库调节径流,水量利用率较低,综合利用价值较差,水电站规模相对较小,工程量较小,单位造价较低。

引水式开发适用于河道坡降较陡且流量较小的山区河段。根据引水建筑物中的水流状态不同可分为无压引水式水电站和有压引水式水电站。

1.2.2.1　无压引水式水电站

引水道为无压明渠或无压隧洞的引水式水电站称为无压引水式水电站,如图1-4所示,水电站引水建筑物中的水流是无压流。无压引水式水电站的主要建筑物有低坝、无压进水口、沉沙池、引水渠(无压隧洞)、日调节池、压力前池、泄水道、压力管道、厂房和尾水渠等。

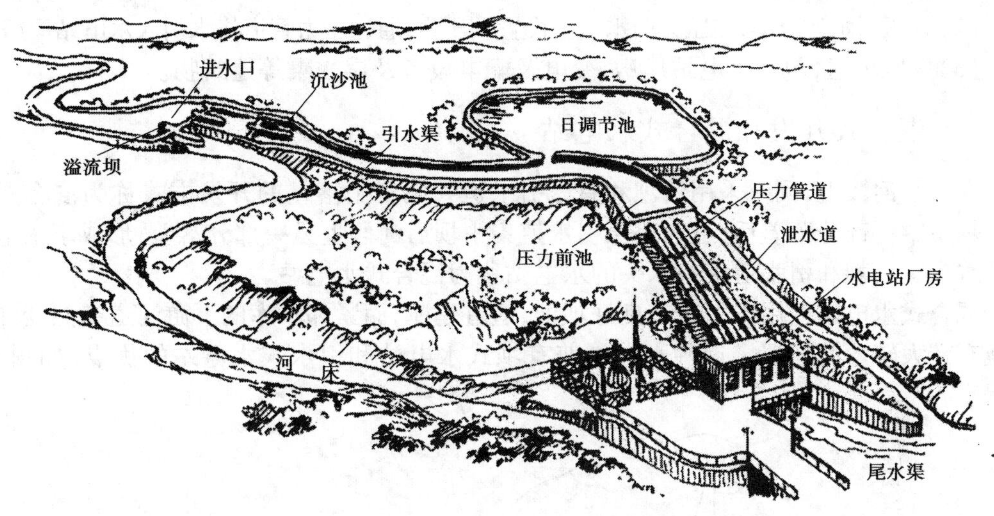

图 1-4　无压引水式水电站

无压引水式水电站多建造在河道坡降较陡的河段上,一般用来集中高、中水头。其枢纽建筑物一般分为以下三个组成部分:

(1)首部枢纽,由坝、进水口及沉沙池等建筑物组成。

(2)引水建筑物,紧接于进水口之后,在引水渠道上有时设有渡槽、涵洞、倒虹吸及桥梁等附属建筑物,在引水渠道的尾端与压力前池相接,压力前池的水通过压力管道引入厂房。

(3)厂区枢纽,由厂房、变电及配电设备和尾水渠等建筑物组成。

1.2.2.2　有压引水式水电站

引水道为压力隧洞、压力管道的引水式水电站称为有压引水式水电站,如图 1-5 所示,水电站引水建筑物中的水流是有压流。有压引水式水电站的主要建筑物有拦河坝、有压进水口、压力隧洞、调压井、压力管道、厂房和尾水渠等。

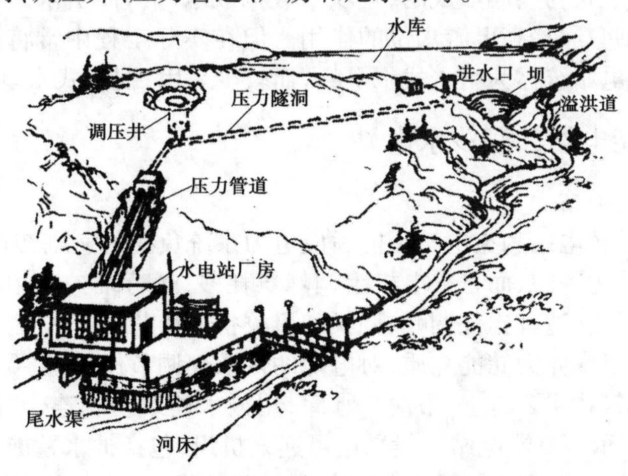

图 1-5　有压引水式水电站

有压引水式水电站常建于河道坡降较陡或有河湾宜于修建压力水道集中落差的河段。其枢纽建筑物可分为以下三个组成部分:

(1)首部枢纽,含拦河坝及进水口。

(2)有压引水建筑物,在压力引水道上设置调压室,通过压力管道将水引入水电站厂房。

(3)厂区枢纽,包括水电站厂房、变电及配电设备及尾水渠等建筑物。

1.2.3 混合式开发和混合式水电站

在一个河段上,同时采用筑坝和有压引水道共同集中落差的开发方式称为混合式开发。坝集中一部分落差后,通过有压引水道集中坝后河段上另一部分落差,形成了水电站的总水头。用坝和引水道集中水头的水电站称为混合式水电站。

混合式水电站适用于上游有良好坝址,适宜建库,而紧邻水库的下游河道突然变陡或河流有较大转弯的情况。这种水电站兼有坝式水电站和引水式水电站的优点,如图 1-6 所示。

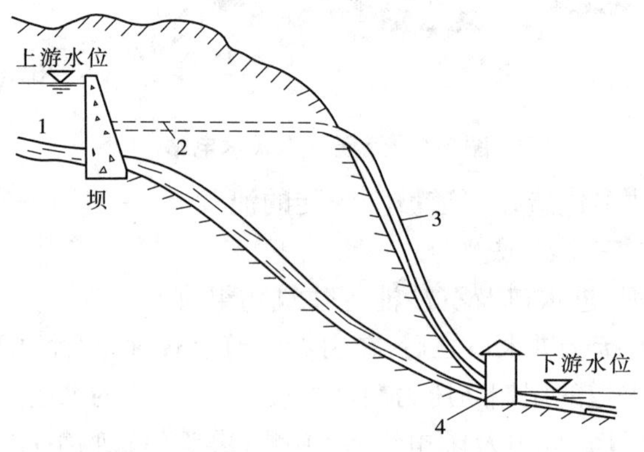

1—水库;2—引水隧洞;3—压力管道;4—厂房。

图 1-6 混合式水电站示意图

混合式水电站和引水式水电站之间没有明确的分界线。严格来说,混合式水电站的水头是由坝和引水建筑物共同形成的,且坝一般构成水库。而引水式水电站的水头只由引水建筑物形成,坝只起抬高上游水位的作用。但在实际工程中常将具有一定长度引水建筑物的混合式水电站统称为引水式水电站,而较少采用"混合式水电站"这个名称。

1.2.4 抽水蓄能电站和潮汐水电站

1.2.4.1 抽水蓄能电站

在电力系统中,核电站和火电站不能适应电力系统负荷的急剧变化,且受到技术最小出力的限制,调峰能力有限,而且火电机组调峰煤耗多,运行维护费用高。而水电站启动与停机迅速,运行灵活,适宜担任调峰、调频和事故备用负荷。

抽水蓄能电站以水体为储能介质,对电能的供求起调节作用,主要解决电力系统的调峰问题。其枢纽建筑物主要有上、下两个水库,用输水建筑物相连,蓄能电站厂房建在下水库处,如图 1-7 所示。蓄能电站一般采用可逆式机组,包括抽水蓄能和放水发电两个过程:在系统负荷低谷时,利用系统多余的电能带动泵站机组(电动机+水泵)将下水库的水抽到上水库,以水的势能形式储存起来;当系统负荷高峰时,将上水库的水放下来推动水轮发电机组(水轮机+发电机)发电,以补充系统中电能的不足。

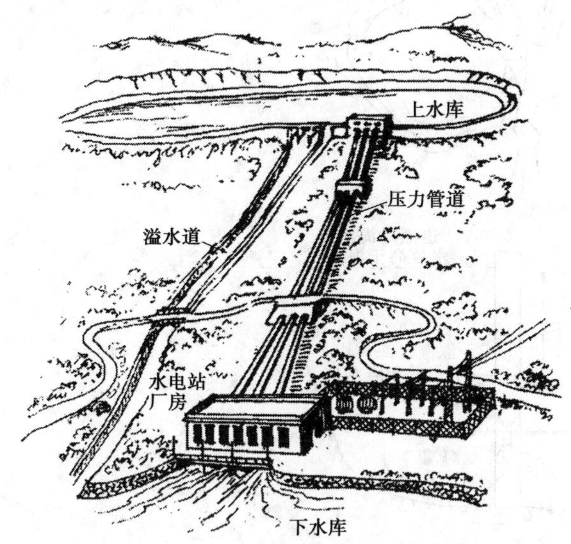

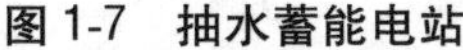
图1-7 抽水蓄能电站

码1-12 微课-抽水蓄能电站工作原理

随着电力行业的改革,实行负荷高峰高电价、负荷低谷低电价后,抽水蓄能电站的经济效益将是显著的。抽水蓄能电站除产生调峰填谷的静态效益外,还由于其特有的灵活性而产生动态效益,包括同步备用、调频、负荷调整、满足系统负荷急剧爬坡的需要、同步调相运行等。据统计,我国抽水蓄能电站总量偏小,仅占全国电力总装机的1.5%,可见抽水蓄能电站开发潜力巨大。

1.2.4.2 潮汐水电站

码1-13 视频-江厦潮汐发电站

海洋水面在太阳和月球引力的作用下发生一种周期性涨落的现象,叫作潮汐。从涨潮到涨潮(或落潮到落潮)之间间隔的时间,即潮汐运动的周期(亦称潮期),约为12 h 25 min。在一个潮汐周期内,相邻高潮位与低潮位间的差值称为潮差,其大小受引潮力、地形和其他条件的影响因时因地而异,一般为数米。有了这样的潮差,就可以在沿海的港湾或河口建坝,构成水库,利用潮差所形成的水头来发电,这就是潮汐能的开发。据计算,世界海洋潮汐能蕴藏量约为27×10^6 MW,若全部转换成电能,每年发电量大约为1.2万亿kW·h。

利用潮汐能发电的水电站称为潮汐水电站,如图1-8所示。潮汐水电站多修建于海湾。其工作原理是修建海堤,将海湾与海洋隔开,并设泄水闸和水电站厂房,然后利用潮汐涨落时海水位的升降,使海水流经水轮机,通过水轮机的转动带动发电机组发电。涨潮时外海水位高于内库水位,形成水头,这时引海水入湾发电;退潮时外海水位下降,低于内库水位,可放库中的水入海发电。海潮每昼夜涨落两次,因此海湾每昼夜充水和放水也是两次。潮汐水电站可利用的水头为潮差的一部分,水头较小,但引用的海水流量可以很大,是一种低水头、大流量的水电站。

按建筑物布置和发电方式的不同,潮汐水电站可分为以下三种类型:

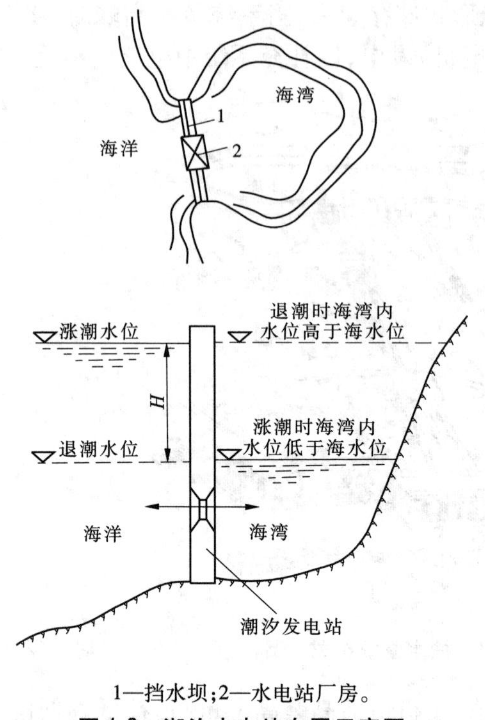

1—挡水坝;2—水电站厂房。

图 1-8 潮汐水电站布置示意图

(1)单库单向发电。建造一个水库,采用单向水轮发电机组,只在落潮或涨潮时发电,如图 1-9(a)所示。单向涨潮发电采用在涨潮时发电充水、落潮时泄水的方式。由于涨潮发电利用的库容在水库的较下部,比采用落潮发电利用的库容小,而该部分库容又易被泥沙淤积,因此在多数情况下,单库单向潮汐水电站采用落潮发电方式。

(2)单库双向发电。建造一个水库,在落潮和涨潮时都能发电。它有两种布置形式:一种是采用双向(正、反向)发电的水轮机组;另一种是改变水工建筑物的布置方式,仍采用单向发电机组,使水流在涨潮和落潮时均能按同一方向进入和流出水轮机组发电,如图 1-9(b)所示。一般以落潮发电为正向发电,涨潮发电为反向发电。

(3)双库潮汐发电。建造两个相邻的水库,分别用水闸与外海相通,一个水库(高水库)进潮,另一个水库(低水库)出潮,两个水库间设置发电厂房,采用单向发电机组。在涨、落潮中,控制进水闸和出水闸,使高水库与低水库间始终保持一定落差,水流由高水库流向低水库,实现连续发电,如图 1-9(c)所示。

潮汐能与一般水能资源不同,是取之不尽、用之不竭的。潮差较稳定,且不存在枯水年与丰水年的差别,因此潮汐能的年发电量较稳定。但由于发电的开发成本较高和技术上的原因,所以发展较慢。

1.2.5 径流式水电站和蓄水式水电站

水电站除按开发方式进行分类外,还可以按取得流量的方式分为径流式水电站和蓄水式水电站。

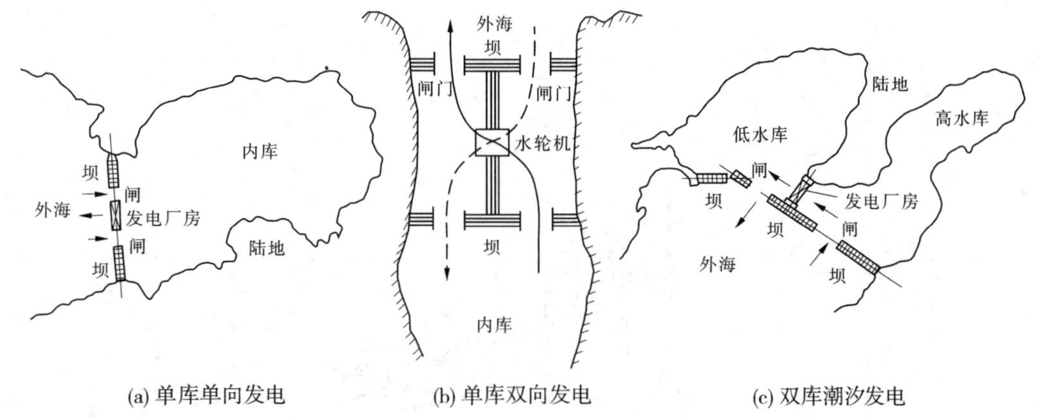

(a) 单库单向发电 (b) 单库双向发电 (c) 双库潮汐发电

图1-9 潮汐水电站布置示意图

1.2.5.1 径流式水电站

径流式水电站取水口上游没有大的水库,或虽有水库却不能用来调节天然径流,只能直接引用河中径流发电,这种水电站称为径流式水电站,又称为无调节水电站。当天然流量小于电站能够引用的最大流量时,电站的引用流量就等于或小于该时刻的天然流量;当天然流量超过电站能够引用的最大流量时,电站最多也只能利用它所能引用的最大流量,超出的那部分天然流量只好弃水。

1.2.5.2 蓄水式水电站

凡是具有水库,能在一定限度内按照负荷的需要对天然径流进行调节的水电站,统称为蓄水式水电站,又称为有调节水电站。

根据调节周期的长短,有调节水电站又可分为日调节水电站、年调节水电站和多年调节水电站等,视水库的调节库容与河流多年平均年径流量的比值(称为库容系数)而定。

径流式水电站通常是无调节或日调节水电站。蓄水式水电站通常是具有比日调节能力大的年调节或多年调节水电站。

1.2.6 河流的梯级开发和梯级水电站

以上所述均为一个河段水能资源的开发方式。但是,由于一条河流的自然特征(水文、地形和地质条件等)和社会经济特征(居民分布情况、工农业及交通运输业的布局),以及地区国民经济发展对综合利用该河流水资源的要求等因素,一座水电站所能开发利用的河段长度是有一定限度的。当一条河流的全长(从河源到河口)超过一个开发段所能达到的最大长度时,就必须将全河段分成若干个河段来开发利用。在一条河流上,自上而下,建造一个接一个水利枢纽,成为一系列的梯级枢纽,这种开发方式称为河流的梯级开发,如图1-10所示。梯级开发中的一系列水电站,称为梯级水电站。

河流梯级水电站开发的原则是:①在地形、地质和淹没限制等条件许可时,尽可能使各枢纽首尾衔接,以充分利用落差;②不允许淹没的河段,尽可能采用低坝河床式或引水式开发;③最上游一级最好是有较大的水库,以提高其调节控制性能;④优先建设比较关键且开发条件较优的工程。河流中上游有修较大水库的条件时,最好首先建设,这样对下游工程施工及运行管理有利。

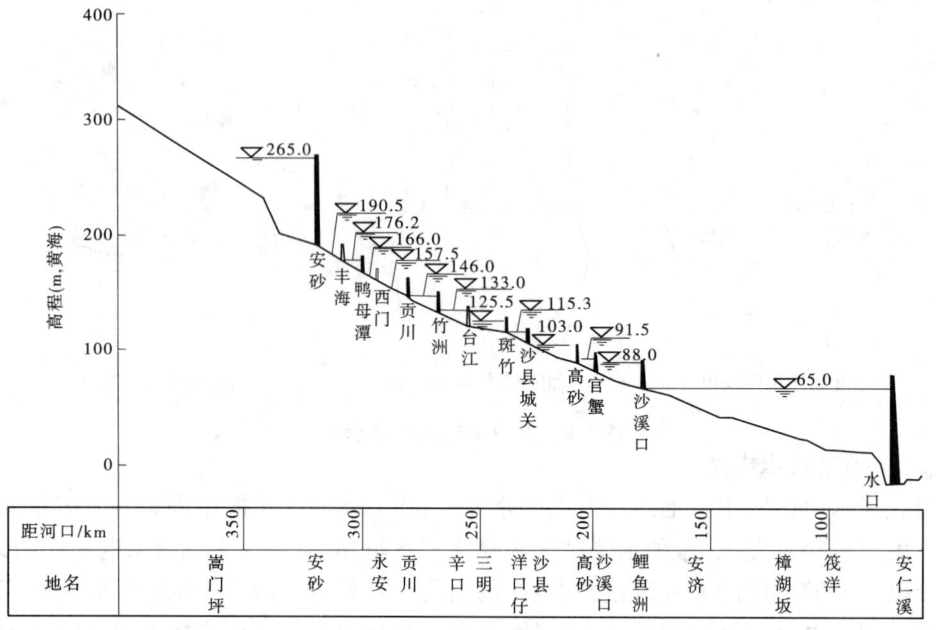

图 1-10　沙溪河流域梯级水电站布置示意图

【自测练习】

请扫描二维码,做自测练习。

码 1-14　任务 1.2 自测练习

任务 1.3　水电站建筑物

1.3.1　水电站枢纽组成

为了控制水流,实现水力发电而修建的一系列水工建筑物,称为水电站枢纽。水电站枢纽一般由以下建筑物组成:

(1)挡水建筑物。用以拦截河流、集中落差、形成水库的拦河坝、闸或河床式水电站的厂房等水工建筑物,如混凝土重力坝、拱坝、土石坝、堆石坝及拦河闸等。

(2)泄水建筑物。用以宣泄洪水、供下游用水、放空水库的建筑物,如开敞式河岸溢洪道、溢流坝、泄洪洞及放水底孔等。

(3)进水建筑物。用以从河道或水库按发电要求引进发电流量的引水道首部建筑物,如有压进水口、无压进水口等。

(4)引水建筑物。用以集中水头、输送流量到水轮发电机组或将发电后的水排往下游河道的建筑物,如渠道、隧洞、压力管道、尾水渠等。

(5)平水建筑物。用以平稳由于水电站负荷变化在引水或尾水系统中引起的流量及压力的变化,保证水电站调节稳定的建筑物,如有压引水式水电站的调压塔或调压井、无压引水式水电站渠道末端的压力前池。

(6)厂区枢纽建筑物。水电站厂区枢纽建筑物主要是指水电站的主厂房、副厂房、变压器场、高压开关站、交通道路及尾水渠等建筑物。这些建筑物一般集中布置在同一局部区域内形成厂区。厂区是发电、变电、配电的中心,是电能生产的中枢。

(7)过坝建筑物。用以通船、过木及过鱼等的建筑物,如船闸、鱼道等。

对于一个水电站枢纽而言,挡水建筑物、泄水建筑物和过坝建筑物属于一般水工建筑物,而进水建筑物、平水建筑物、引水建筑物和厂区枢纽建筑物属于水电站建筑物。本书建筑物部分主要讲述水电站枢纽的进水、引水、平水及水电站厂房等建筑物,而其余的建筑物可参考其他资料。

码 1-15　思维导图-水电站枢纽组成

1.3.2　水电站枢纽组成案例

坪江电站位于湖北省西南部,恩施土家族、苗族自治州东南角的鹤峰县燕子乡境内,是澧水水系中、上游北源溇水水系的二级支流,于湖南省的慈利汇入澧水。其主要的枢纽建筑物见图 1-11。

(1)混凝土面板堆石坝:坝址选择在祠堂岭,坝址处河床高程 1 056.7 m,水库正常蓄水位 1 119 m,坝顶高程 1 123 m,最大坝高 69 m。上游坝坡 1∶1.4,下游坝坡 1∶1.35,坝顶宽 6 m,最大坝底宽 206.8 m,最大坝顶长 151 m。

(2)溢洪道:根据地形条件,布置在左岸,采用开敞式,无闸门控制,堰顶高程同水库正常蓄水位(1 119 m),WES 堰型,堰宽 25 m,泄槽长 175.18 m,采用挑流消能。

(3)引水线路:根据地形、地质条件及厂房所选位置,引水线路布置在左岸,采用有压隧洞,坝内取水,隧洞长 7 300 m,圆形断面,过水断面 1.8 m,过流能力 3.2 m^3/s。

(4)调压井:根据地形、地质条件,且受下断层走向的影响,调压井选择在红渔潭右岸后坡公路内侧;调压井高 72.12 m,直径 4 m,采用阻抗式调压井,调压井地面高程 1 130.7 m。

(5)压力管:压力管上部与调压井连接、下部与厂房机组连接,根据地形条件,上部为洞内敷管,混凝土回填,中部为露天明敷管;受地质条件下断层横穿影响,压力管线与下断层走向呈 20°斜交;压力管采用钢管,内径 1.2 m,支管 0.8 m,总长 1 852.21 m。

(6)厂房:根据地形条件,选择布置在张家沟的左岸,厂房处为一稍缓荒地,山体为逆向坡,覆盖层及强风化层厚约 10 m,持力层为厚层状泥质砂岩,主厂房长 32.4 m、宽 14.9 m,副厂房布置在主厂房后面,共两层,长 32.4 m,宽 6.5 m;升压站根据出线布置在主厂房的上游侧,平面尺寸 24 m×12 m。

【自测练习】

请扫描二维码,做自测练习。

码 1-16　任务 1.3 自测练习

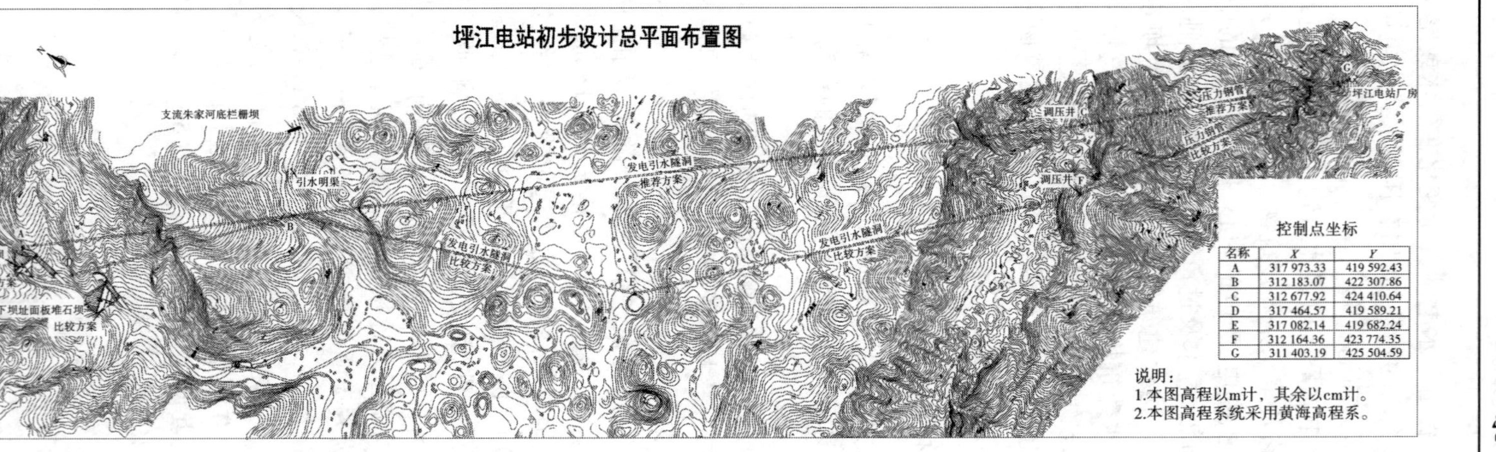

图 1-11　坪江电站初步设计总平面布置图

知识技能点小结

水力发电的原理是在天然河流上,修建水工建筑物,集中水头,通过一定的流量将水能输送到水轮机中,使水能转换为旋转机械能,带动发电机发电,由输电线路送往用户。

水力发电的特点有:水能可再生,水力发电可逆,水能可储蓄和调节,水资源可综合利用,机组运行具有灵活性,水能生产具有清洁性,水电站生产成本低、效率高,水电开发难、投资大、工期长。

按照集中落差形成水头的措施,水能资源一般分为坝式、引水式和混合式三种基本开发方式。按照取得流量的方式(径流调节程度)不同,水能资源分为径流式、蓄水式和集水网道式三种开发方式。另外,抽水蓄能电站、潮汐水电站、梯级水电站也是水能资源开发的重要形式。

水电站枢纽包括挡水建筑物、泄水建筑物、过坝建筑物、进水建筑物、平水建筑物、引水建筑物和厂区枢纽建筑物。

知识技能训练

一、简答题

1. 水力发电的基本原理是什么?

2. 水力发电具有哪些基本特点?

3. 水电站由哪些建筑物组成? 其主要作用是什么?

二、单项选择题

1. 按照集中落差形成水头的措施,水能资源开发一般分为坝式、(　　)和混合式三种基本方式。

A. 抽水蓄能　　B. 潮汐式　　C. 引水式　　D. 径流式

2. (　　)开发适用于河道坡降较陡且流量较小的山区河段。

A. 坝式　　B. 引水式　　C. 混合式　　D. 径流式

3. 坝式水电站的水头取决于(　　)。

A. 坝高　　B. 水深　　C. 流量　　D. 流速

4. 以下不属于引水建筑物的是(　　)。

A. 压力前池　　B. 渠道　　C. 隧洞　　D. 压力管道

项目2 水轮机及其选择

【项目导语】

水轮机及其配套设备的选择是水电站设计的重要工作之一,水轮机类型较多,不同类型水轮机具有不同的特性,为了选择适合水电站的水轮机,必须从水轮机类型入手,逐步了解水轮机工作参数、工作原理和特性。水轮机的各部分构造不仅影响水电站出力,而且与电站厂房布置相关,水轮机的安装高程是水电站主厂房各部分高程的基准和控制性高程,同时水轮机是水电站中最主要的水力机械,因此本项目的学习是非常重要的。

党的二十大报告指出:"以国家战略需求为导向,集聚力量进行原创性引领性科技攻关,坚决打赢关键核心技术攻坚战。加快实施一批具有战略性全局性前瞻性的国家重大科技项目,增强自主创新能力。"水轮机是重要的水力机械之一,转轮是水轮发电机组的核心部件,是机组研发难度最大、制造难题最多的关键部件之一,同时决定着水轮机的过流能力、水力效率、空蚀性能以及整个水轮发电机组的运行稳定。近年来,随着我国首台3D打印冲击式水轮机真机转轮研制成功,中国制造的世界上单机容量最大的水轮发电机组在乌东德水电站投入使用,一系列创新技术在水轮机设计生产上得到应用,标志着我国在水轮机设计制造领域走到了世界前列。

在了解了各类水轮机类型后,不仅要正视水轮机设计制造的国际水平,而且要对我国从制造大国向制造强国、创新型国家发展充满信心,认识到科技或技术的发展对国家的重要性。党的二十大报告指出:"坚持把发展经济的着力点放在实体经济上,推进新型工业化,加快建设制造强国、质量强国、航天强国、交通强国、网络强国、数字中国。实施产业基础再造工程和重大技术装备攻关工程,支持专精特新企业发展,推动制造业高端化、智能化、绿色化发展。"在学习本项目过程中,牵涉比较复杂的机械机构和原理,较为复杂的公式,作为一名水利水电工程技术人员应本着科学求实的精神,扎实地搞清相关的应用条件,并遵循精益求精的工匠精神设计好每一个配套的水力机械,同时本着工程人遵循职业标准和行业规范的原则,认真研读相关规范,按照规范选择好水轮机及其配套设备。

码2-1 规范-《水轮机基本技术条件》(GB/T 15468—2020)

码2-2 规范-《小型水轮机基本技术条件》(GB/T 21718—2021)

《小型水电站初步设计报告编制规程》(SL/T 179—2019)规定,初设时应经技术经济综合比较,选定水轮机形式、装机台数及单机容量等机组主要参数以及水轮机主要技术参数和安装高程等;经技术经济比较选定水轮机附属设备的形式、数量及主要技术参数。在学习本项目时,还应遵循《水轮机基本技术条件》(GB/T 15468—2020)、《小型水轮机基本技术条件》(GB/T 21718—2021)、《小型水力发电站设计规范》(GB 50071—2014)的相关规定。

【项目目标】

了解冲击式水轮机基本部件，了解水轮机基本方程式、能量损失，了解水轮机空化概念，了解水轮机相似条件、相似律，了解水轮机选型基本方法，了解调速设备的工作原理及特点；理解反击式水轮机基本部件的位置、功能及构造，理解水轮机最优工况、气蚀现象，理解水轮机单位参数的修正、特性曲线及系列型谱；掌握水轮机基本类型、特点和应用范围，掌握水轮机工作参数及选用，掌握水轮机型号，掌握蜗壳和尾水管主要尺寸拟定方法；掌握水轮机吸出高度和安装高程计算方法，掌握使用型谱结合主要综合特性曲线进行水轮机选型方法，掌握调速设备组成及选择方法。

【项目要求】

知识要点	能力要求	所占分值(100分)	自评分数
水轮机的类型和构造	能够判断水轮机的类型，说出各自的特点和应用范围；能够说出各过水部件的作用；能够根据水轮机的型号识别水轮机类型；会确定蜗壳和尾水管的主要尺寸	35	
水轮机的工作原理	能够说出水轮机的最优工况；能够说出气蚀的危害和类型，可以提出防止和减轻气蚀对水轮机危害的措施；会确定水轮机吸出高度和安装高程	25	
水轮机的特性曲线及选型	能够说出水轮机的相似条件与相似率；能够说出水轮机修正原因及修正方法；可以利用型谱结合主要综合特性曲线进行水轮机选型	30	
水轮机调速设备的选择	能够说出调速设备的工作原理，能够识别调速设备名称，会进行调速设备选择	10	

任务2.1 水轮机的类型和构造

码2-3 文本-新中国第一台水轮发电机组

2.1.1 水轮机的类型和应用范围

2.1.1.1 水轮机的基本类型

水轮机是将水流能量转换成机械能的一种机械，根据水流能量转换特征的不同，水轮机分为反击式和冲击式两大类。反击式水轮机是利用水流的势能（位能和压能）和动能；冲击式水轮机是利用水流的动能。

1.反击式水轮机

码2-4 动画-立式水轮发电机组

反击式水轮机转轮由若干个具有空间三维扭曲面的叶片组成，其特征是：压力水流充满水轮机的整个流道，水流流经转轮叶片时受叶片的作用而改变压力、流速的大小和方向，同时水流在转轮叶片正、反面产生压力差，对转轮产生反作用力，形成旋转力矩使转轮旋转。反击式水轮机按水流流入和流出转轮方向的不同，又分为混流式、轴流式、斜流式和贯流式。

2. 冲击式水轮机

冲击式水轮机是在大气中进行能量交换的，水流能量以动能形态转换为转轮的旋转机械能。其特征是：有压水流先经过喷嘴形成高速自由射流，将压能转换为动能并冲击转轮旋转。在同一时间内水流只冲击部分转轮，水流不充满水轮机的整个流道，转轮只部分进水。根据转轮的进水特征，冲击式水轮机又分为切击式、斜击式和双击式。

两大类水轮机按水流流经转轮的方向及结构特征不同又分为若干种类型。

近代水轮机的主要类型如下：

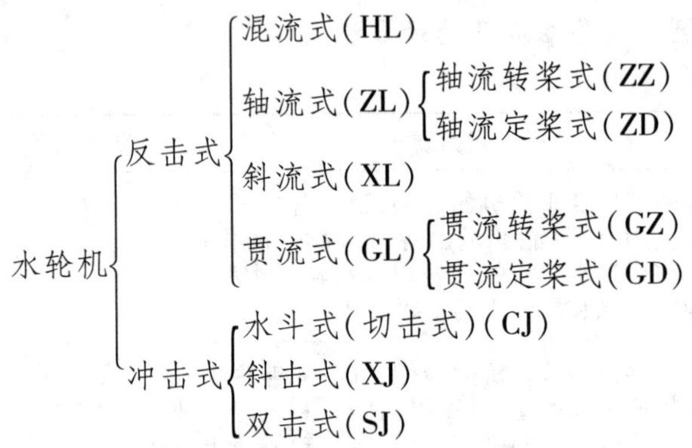

2.1.1.2 水轮机的特点及应用范围

1. 混流式水轮机

混流式水轮机又称为弗朗西斯（Francis）式水轮机，水流沿径向流入转轮，经过转轮后沿轴向流出，故称为混流式，如图 2-1 所示。

混流式水轮机的特点是结构简单，运行可靠，效率高，是应用最为广泛的机型。混流式水轮机的适用水头范围宽，一般为 20～700 m，最高达 734 m。我国龙羊峡水电站 320 MW 的水轮发电机组就是采用混流式水轮机。

2. 轴流式水轮机

轴流式水轮机的水流沿轴向进入转轮，经过转轮后沿轴向流出，故称为轴流式。其应用水头为 3～80 m，如图 2-2 所示。根据转轮叶片在运转中能否转动，轴流式水轮机又分为轴流定桨式和轴流转桨式两种。轴流转桨式又称为卡普兰（Kaplan）式。

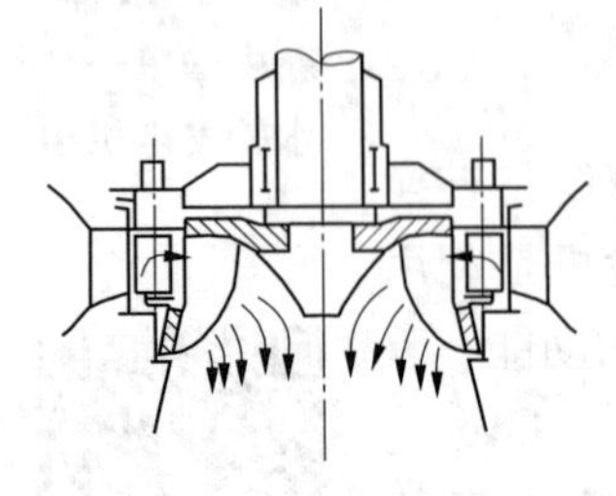

图 2-1　混流式水轮机

码 2-5　图片-混流式水轮机

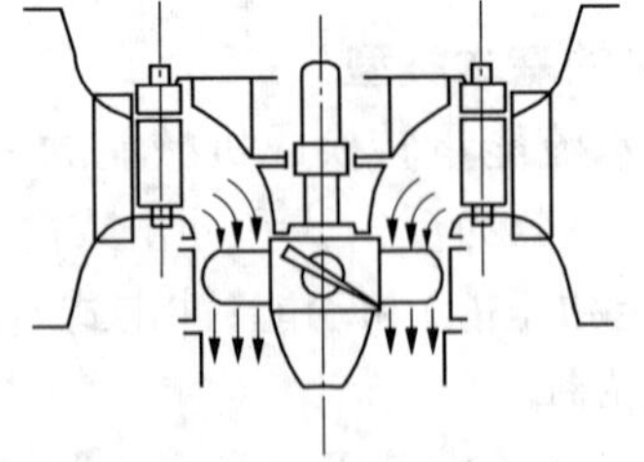

图 2-2　轴流式水轮机

码 2-6　图片-轴流式水轮机

轴流定桨式水轮机的转轮叶片在运行时固定不动，结构简单。由于叶片固定，当水头及负荷变化时，叶片角度不能迎合水流情况，效率会急剧下降，因此这种水轮机一般用于水头和负荷变化幅度较小的水电站。轴流定桨式水轮机的应用水头一般为3~50 m。

轴流转桨式水轮机适用于负荷变化较大的大中型低水头水电站,其应用水头一般为2~88 m。我国葛洲坝水电站安装的170 MW机组采用的就是轴流转桨式水轮机。

3. 斜流式水轮机

斜流式水轮机是指轴面水流以倾斜于主轴的方向进、出转轮的反击式水轮机,如图2-3所示。斜流式水轮机的叶片角度也可以根据运行需要进行调整,实现导叶与转轮叶片的双重调节。斜流式水轮机有较高的高效率区,且具有可逆性,常作为水泵水轮机用于抽水蓄能电站中。其应用水头范围一般为40~200 m,因其结构复杂,造价较高,很少用于小型水电站中。

4. 贯流式水轮机

当轴流式水轮机的主轴水平(或倾斜)装置,且不设置蜗壳时,采用直尾水管,水流一直贯通,这种水轮机称为贯流式水轮机,如图2-4所示。贯流式水轮机是开发低水头水能资源的一种机型,应用水头通常在20 m以下。

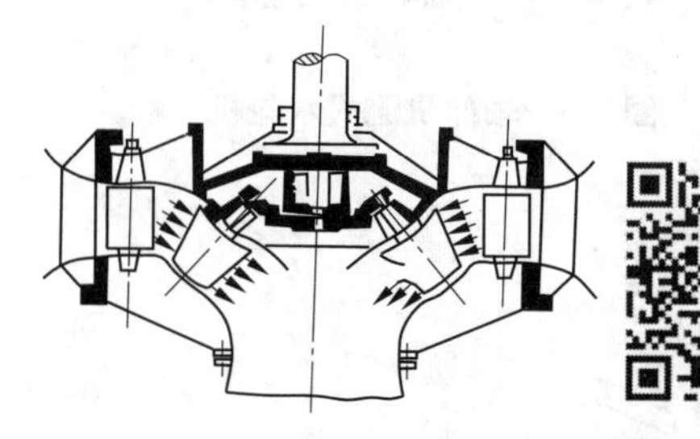

图2-3　斜流式水轮机

码2-7　图片-斜流式水轮机

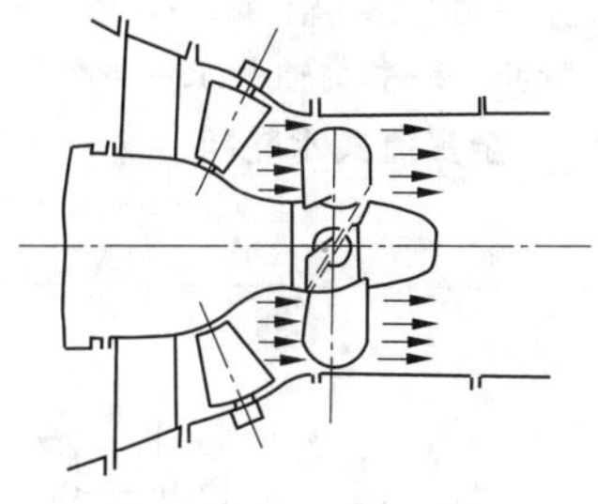

图2-4　贯流式水轮机

码2-8　图片-贯流式水轮机

贯流式水轮机也有定桨与转桨之分,由于发电机的装置方式及传动方式不同,贯流式水轮机又分为全贯流式和半贯流式两类。将发电机转子安装在水轮机转轮外缘的称为全贯流式水轮机,如图2-5所示。它的优点是流道平直、过流量大、效率高。但由于转轮叶片外缘的线速度大、周线长,因而旋转密封困难。目前这种机型已很少使用。半贯流式水轮机有灯泡式、轴伸式(见图2-6)、竖井式和虹吸式等结构形式。目前应用最多的是灯泡贯流式水轮机,其结构紧凑、稳定性好、效率高,其发电机布置在被水绕流的钢制灯泡体内,水轮机与发电机可直接连接,也可通过增速装置连接。

码2-9　图片-灯泡贯流式水轮机

码2-10　图片-轴伸贯流式水轮机

码2-11　图片-竖井贯流式水轮机

5. 斜击式水轮机

斜击式水轮机的射流与转轮平面夹角约为22.5°,如图2-7所示。这种水轮机用在中小型水电站中,使用水头一般在400 m以下,最大单机出力可达4 000 kW。

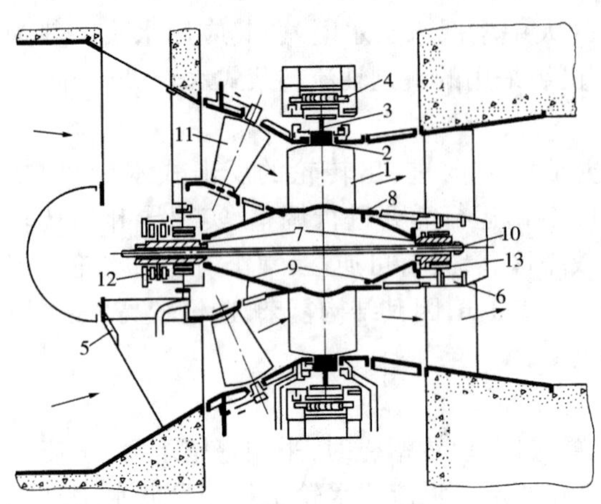

1—转轮叶片;2—转轮轮缘;3—发电机转子轮辋;4—发电机定子;5、6—支柱;7—轴颈;8—轮毂;9—锥形插入物;10—拉紧杆;11—导叶;12—推力轴承;13—导轴承。

图 2-5　全贯流式水轮机

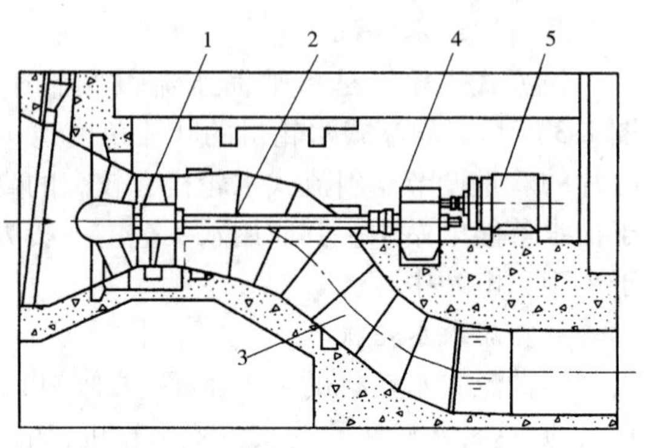

1—转轮;2—水轮机主轴;3—尾水管;4—齿轮转动机构;5—发电机。

图 2-6　轴伸贯流式水轮机

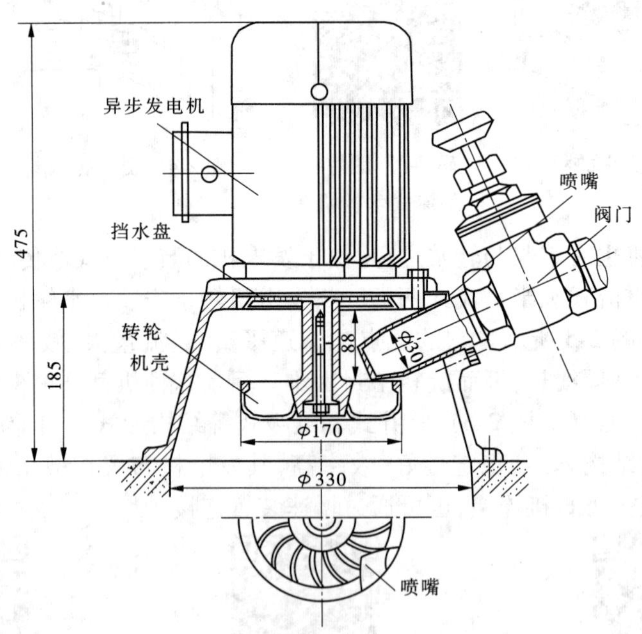

图 2-7　斜击式水轮机　(单位:cm)

6. 切击式水轮机

切击式水轮机一般又称为水斗式水轮机或培尔顿(Pelton)水轮机,如图 2-8 所示。从喷嘴出来的高速自由射流沿转轮圆周切线方向垂直冲击轮叶。它是冲击式水轮机中应用最广泛的一种机型,适用于高水头水电站,中小型切击式水轮机用于水头 100~800 m,大型切击式水轮机

码 2-12　动画-冲击式水轮机

一般应用在 400 m 水头以上,目前最高应用水头达 1 883 m。

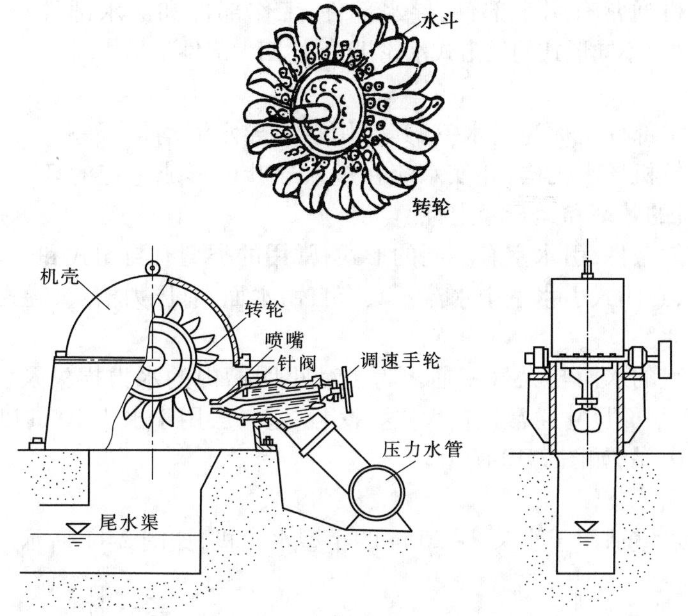

图 2-8 水斗式水轮机

7. 双击式水轮机

双击式水轮机的结构简单,制造容易,但效率低,只适用于小型水电站,如图 2-9 所示,从喷嘴出来的射流先后两次冲击转轮叶片,其应用水头为 10~150 m。

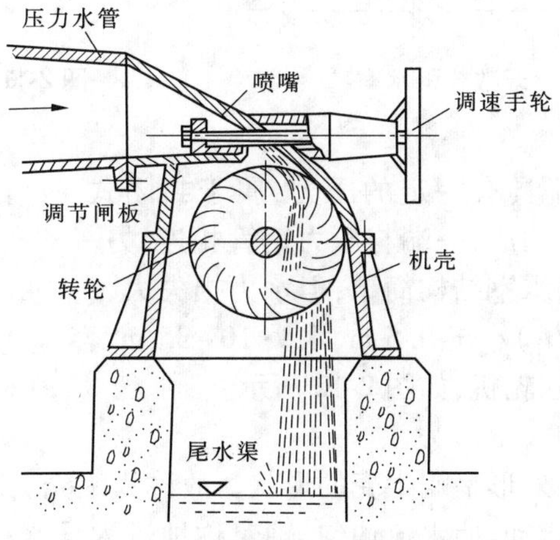

图 2-9 双击式水轮机

2.1.2 水轮机的基本部件

水轮机由多个部件组成,此处只介绍对水轮机能量转换过程有直接影响的主要过流部件。

2.1.2.1　反击式水轮机

码2-13　思维导图-反击式水轮机基本部件

反击式水轮机通常有引水部件、导水部件、工作部件和泄水部件四大基本过流部件。不同形式的反击式水轮机,上述四大部件不尽相同。

1. 引水部件

水轮机的引水部件又称为引水室,其作用是引导水流均匀、平顺、轴对称地进入水轮机导水机构,并使水流在进入导叶前形成一定的环流,以提高水轮机的效率和运行稳定性。

为适应不同的条件,引水室有不同的形式,常用的类型有封闭式和开敞式两类。开敞式又称为明槽式;封闭式引水室中水流不具有自由水面,有压力槽式、罐式、蜗壳式三种。

1)开敞式引水室

开敞式引水室的水面与大气相通。为了减小明槽内的水力损失及保证水流的轴对称,明槽引水室的平面尺寸通常比较大,这种引水室一般用于水头10 m以下、转轮直径小于2 m的小型水电站,如图2-10所示。

2)压力槽式引水室

压力槽式引水室适用于水头8~20 m的小型水轮机,如图2-11所示。

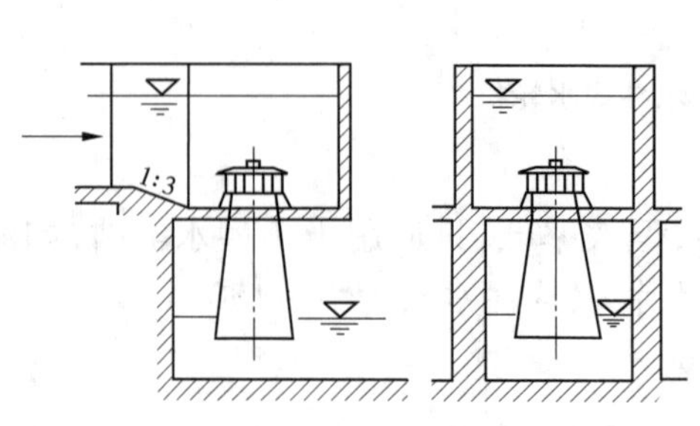

图2-10　开敞式引水室

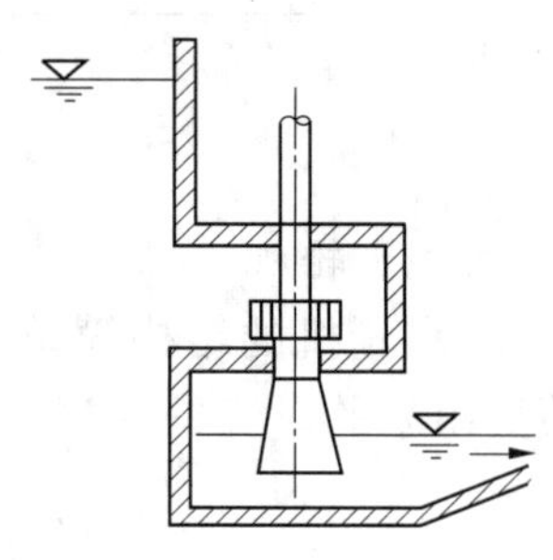

图2-11　压力槽式引水室

3)罐式引水室

罐式引水室中的水流具有一定的压力,属于封闭式。它由一个圆锥形金属机壳构成,一端与压力钢管相连,另一端与尾水管连接。这种引水室结构简单,但水力损失大,一般用于水轮机转轮直径(D_1)小于0.5 m、水头10~35 m、容量小于1 000 kW的小型水轮机,如图2-12所示。

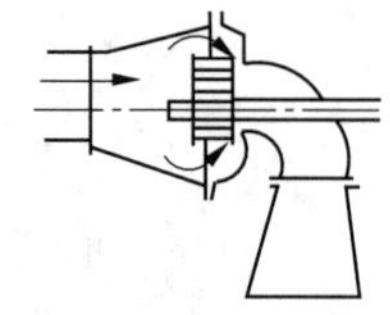

图2-12　罐式引水室

4)蜗壳式引水室

蜗壳式引水室的平面外形呈蜗牛壳的形状,故称为蜗壳。蜗壳中的水流一方面作圆周运动,另一方面作径向运动,使水流均匀、轴对称地进入导水机构,故水力损失小,结构紧凑,可减小厂房尺寸和降低土建投资,因而被广泛应用。

垂直于压力水管来水方向的蜗壳断面,叫作蜗壳的进口断面。蜗壳断面面积为零的一端称为蜗壳的末(鼻)端,由末端到任意断面之间所形成的圆心角称为包角,由末端到进口断面之间所形成的圆心角称为最大包角(φ_{max})。

根据所用材料不同,蜗壳可分为金属蜗壳和混凝土蜗壳。水轮机的应用水头不同,作用在蜗壳内的水压力也就不相同。水头高则水压力大,要求蜗壳具有较高的强度,因此采用金属制造；而低水头时压力较小，强度可以降低，故一般采用混凝土制造。

金属蜗壳通常采用铸造或钢板焊接结构，其断面为圆形，最大包角接近 360°（通常为 345°）。工作水头在 40 m 以上时，一般采用金属蜗壳，如图 2-13 所示。

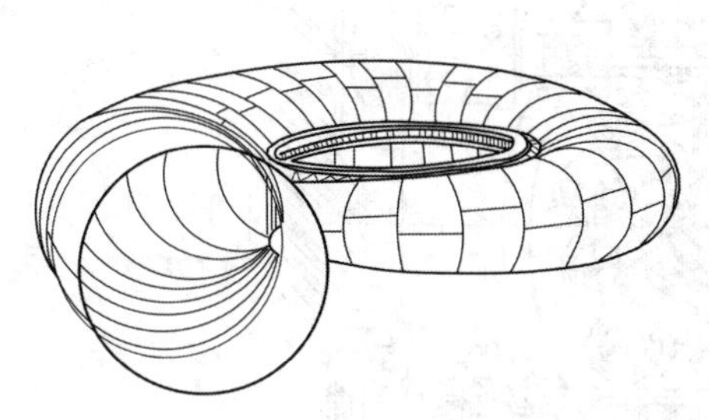

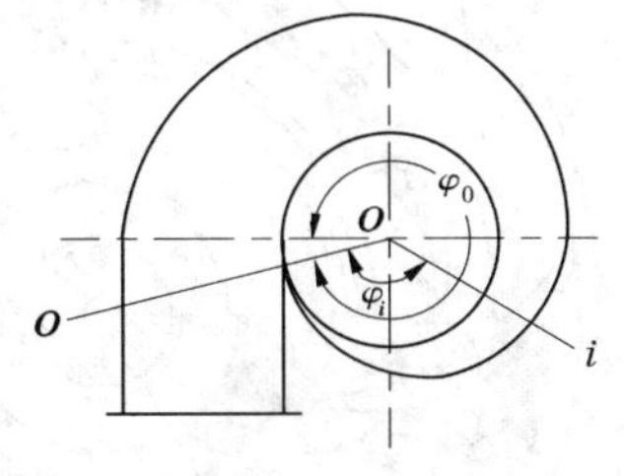

i—任意断面号；φ_i—任意断面断面角；φ_0—蜗壳包角。

图 2-13　金属蜗壳

码 2-14　图片-金属蜗壳

混凝土蜗壳是用混凝土在水电站施工现场浇筑而成的，其断面为梯形断面，做成多边形梯形断面可以减小径向尺寸以及便于制作模板和施工。混凝土蜗壳的最大包角通常为 180°，应用水头在 40 m 以下。梯形断面根据厂房设计的要求可能有 4 种形状，如图 2-14 所示。一般为了方便布置接力器，多采用平顶 $n=0$ 或 $m>n$ 的蜗壳断面；为了减少进口段的基岩开挖，多采用 $m=n$ 或 $m<n$ 的蜗壳断面。

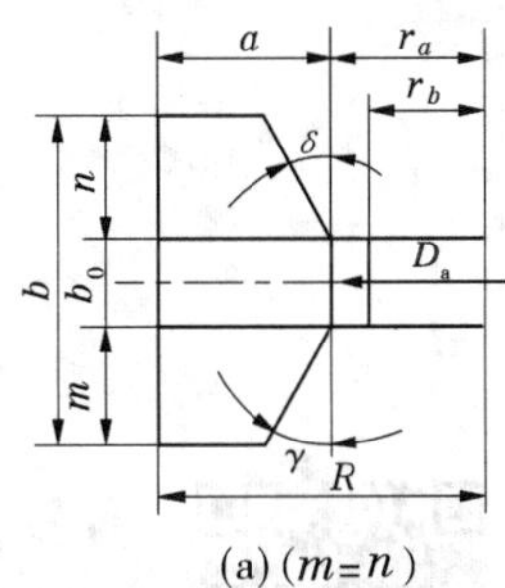

(a)（$m=n$）

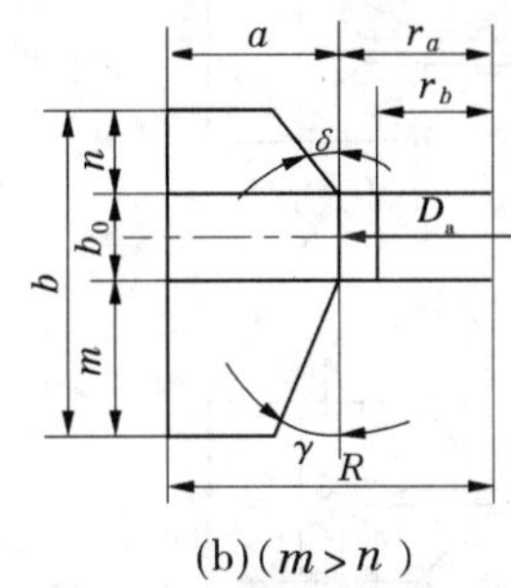

(b)（$m>n$）

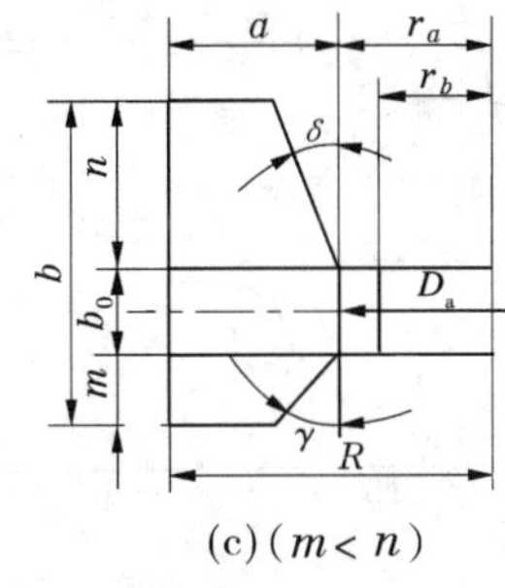

(c)（$m<n$）

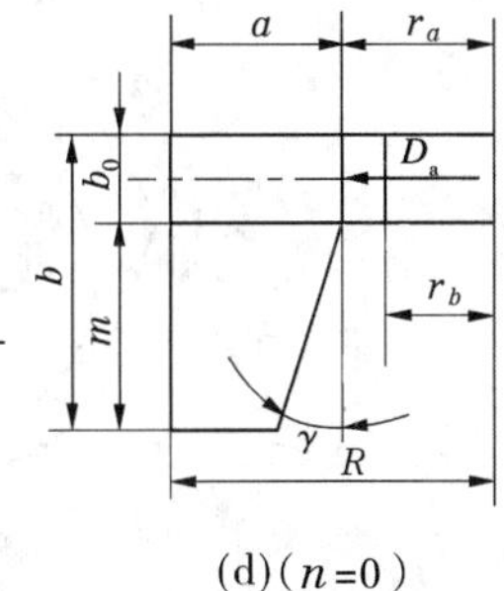

(d)（$n=0$）

图 2-14　混凝土蜗壳断面形状

2. 导水部件

导水部件即导水机构，位于引水室和转轮之间，它的作用是引导水流以一定的方向进入转轮，形成一定的速度矩，并根据机组负荷变化调节水轮机的流量以达到改变水轮机功率的目的。为达到上述目的，通常导水机构是由流线型的导叶及其转动机构（包括转臂、连杆、剪断销、控制环等）组成的，而控制环的转动是通过调速器控制油压接力器来实现的，其原理如图 2-15、图 2-16 所示。与控制环相连的连杆同时带动所有转臂转动，而转臂又带动导叶以相等的角速度沿同一方向关闭，反之开启。

码 2-15　动画-导水机构工作原理

码 2-16　图片-活动导叶

1）导叶

导叶均匀分布在转轮的外围，为减少水力损失，其断面设计成翼型，导叶可随其轴转动，称为活动导叶。为保证水轮机在停止运行时，导叶关闭不漏水，在导叶的上下端面、导叶间隙均设有橡胶或不锈钢的密

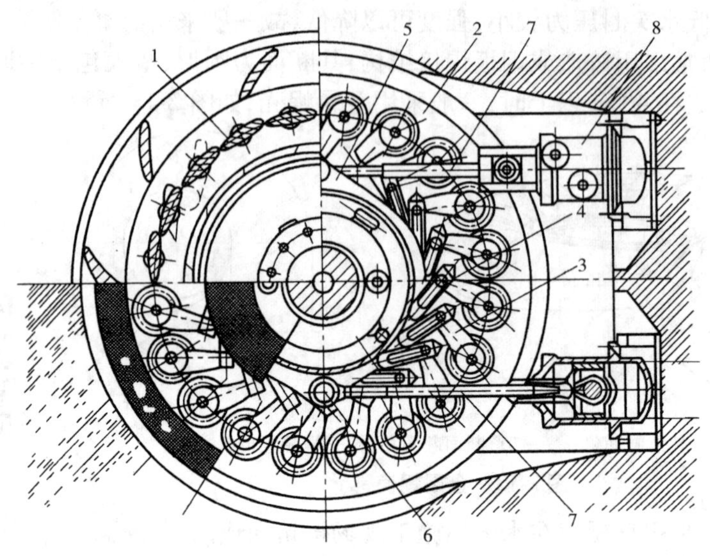

1—导叶;2—顶盖;3—转臂;4—连杆;5—控制环;6—轴销;7—推拉杆;8—接力器。

图 2-15　水轮机导水机构

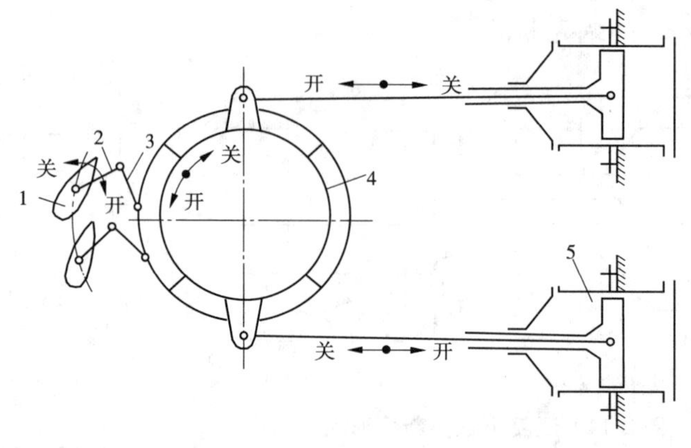

1—导叶;2—转臂;3—连杆;4—控制环;5—接力器。

图 2-16　接力器的工作原理图

码 2-17　动画-接力器的工作原理

封装置。与导叶相关的主要参数包括导叶数目、导叶高度、导叶转轴的圆周直径和导叶开度。导叶数目一般与水轮机转轮直径 D_1 有关,当 $D_1=1.4\sim2.25$ m 时,导叶数目为 16;当 $D_1=2.5\sim7.5$ m 时,导叶数目为 24。导叶高度 b_0 是与水轮机过水量有关的参数,如混流式水轮机 $b_0=(0.1\sim0.39)D_1$。导叶转轴圆周直径 D_0 应使导叶在最大开度时不碰到转轮叶片。导叶开度 a_0 是相邻两导叶之间的最短距离。

2)座环

座环位于引水部件(蜗壳)与导水机构之间,由上环、下环和中间若干个流线型立柱(也称为固定导叶)组成,如图 2-17 所示。其作用是承受水轮发电机的部分重力、水轮机的轴向水推力、顶盖的重力及部分混凝土重力,并将此荷载通过立柱传给下部基础。同时,座环也是水轮机的过流部件和水轮机安装基准部件。座环外径 D_a 和内径 D_b 与转轮

直径 D_1 的关系为：混凝土蜗壳，$D_a/D_1=1.5\sim1.55$，$D_b/D_1=1.3\sim1.35$；金属蜗壳，$D_a/D_1=1.55\sim1.64$，$D_b/D_1=1.33\sim1.37$。

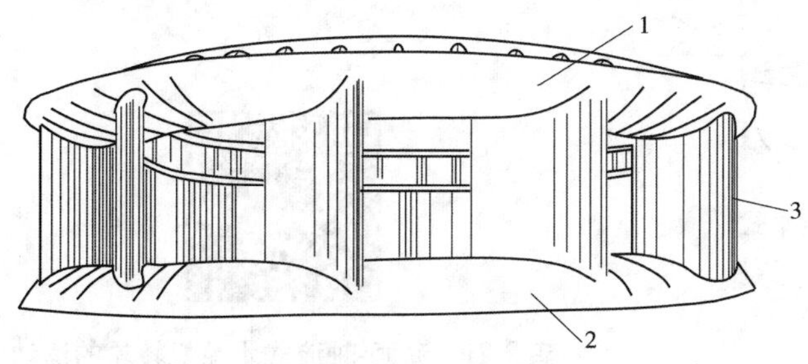

1—上环；2—下环；3—固定导叶。

图 2-17　水轮机座环

码 2-18　动画-水轮机座环

3. 工作部件

工作部件也就是转轮，它的作用是将水能转换为机械能，实现水流能量转换的核心部件。转轮的形状、制造工艺、轮叶数目对水轮机的性能、结构、尺寸起决定性作用。

1）混流式转轮

转轮由上冠、下环、叶片和泄水锥四部分组成。转轮叶片均匀分布在上冠与下环之间，一般轮叶数目为 12～20 片。泄水锥用来引导水流平顺轴向流动，避免出流相互撞击，减少水头损失和振动。

码 2-19　图片-混流式水轮机转轮

为适应不同水头和流量的要求，转轮形状不同，以 D_1 表示转轮进口边最大直径，D_2 表示出口边最大直径，进口边高度用 b_0 表示，如图 2-18 所示。中低水头（中、高比转速）混流式转轮的特征：$D_1\leqslant D_2$，且 $b_0/D_1=0.2\sim0.39$，数值较大，适用于水头低、流量大的水电站。高水头（低比转速）混流式转轮的特征：$D_1>D_2$，且 $b_0/D_1<0.2$，数值较小，适用于水头较高、流量相对较小的水电站。

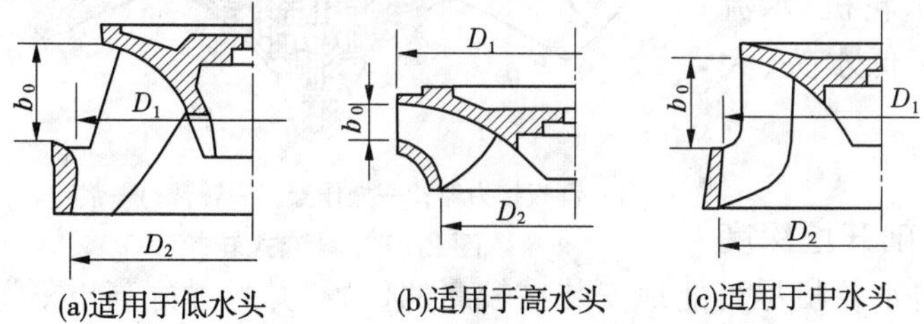

(a)适用于低水头　(b)适用于高水头　(c)适用于中水头

图 2-18　混流式转轮剖面图

码 2-20　动画-混流式水轮机转轮的运动

2）轴流式转轮

轴流式转轮如图 2-19 所示，分为轴流定桨式转轮和轴流转桨式转轮，由轮毂、叶片、泄水锥三部分组成，轮叶数目一般为 3～8 片，数目随水头增加而增加。

轴流定桨式转轮叶片形状类似船舶的螺旋桨，叶片固定，水轮机制造厂通常可提供同一转轮型号及标称直径而叶片装置角不相同的定桨式转轮，水电站依具体情况选择。

轴流转桨式转轮叶片在工作过程中可绕自身轴线转动。其工作原理如图 2-20 所示。

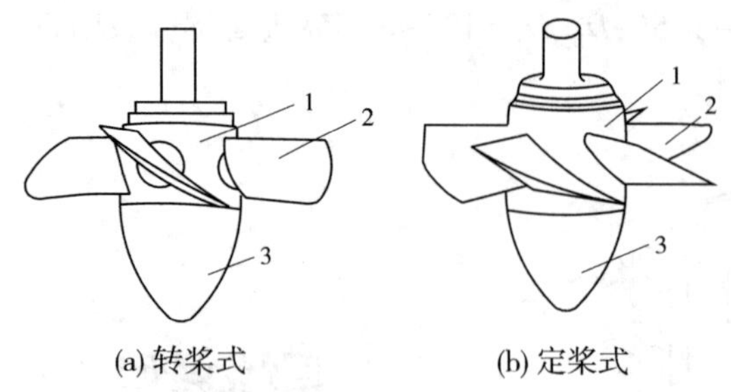

1—轮毂;2—转轮叶片;3—泄水锥。

图 2-19 轴流式转轮

码 2-21 动画-轴流式水轮机转轮的运动

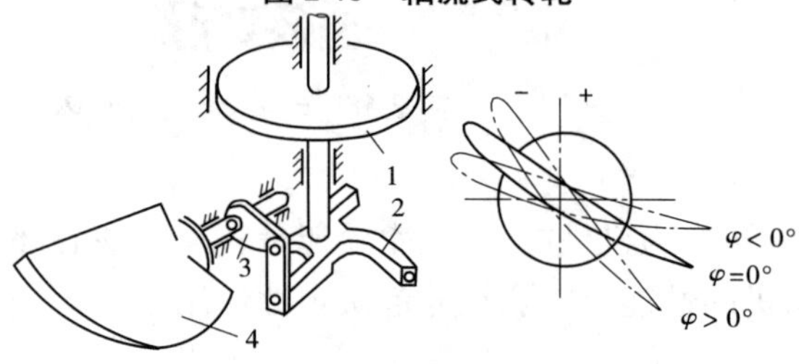

1—活塞;2—操作架;3—转臂;4—叶片。

图 2-20 转桨机构原理图

码 2-22 动画-桨叶的转动

3)斜流式转轮

斜流式转轮如图 2-21 所示,其结构与轴流式转轮相似,水流流经转轮时与主轴成某一倾斜角度,这种转轮结构复杂,制造工艺要求很高。

4)贯流式转轮

贯流式转轮与轴流式转轮整体形状类似,相当于水平放置的轴流式水轮机,水流直接贯入,过流能力大,适用于低水头、大流量的水电站。

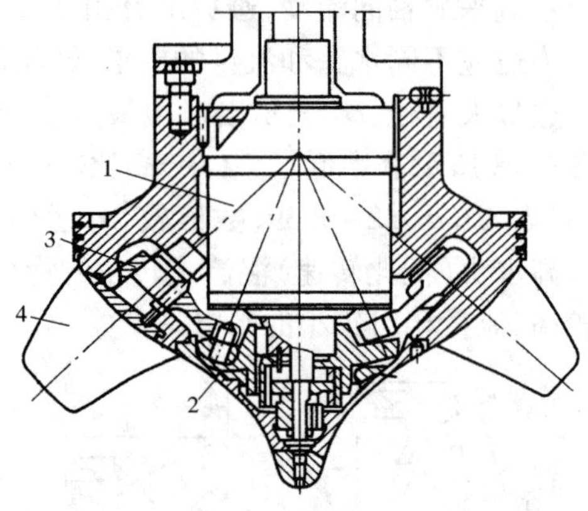

1—刮板接力器;2—操作架;3—转臂;4—桨叶。

图 2-21 斜流式转轮

4. 泄水部件

为了减小水电站厂房的基础开挖深度和便于水轮机安装检修,希望将水轮机尽可能地安装在较高的位置,并且最好高出下游水位,但由于此时转轮出口处水流的速度较大,具有一定的动能,同时转轮高出下游水位,将造成较大的动能和位能损失,且水流不能平顺地泄向下游,为解决这些问题就需要设置尾水管。

尾水管的作用是将转轮出口的水流平顺地引向下游,回收转轮出口处水流的动能,并利用转轮高出下游水位的位能。

尾水管的结构形式有直锥形、弯锥形和弯肘形三种。

1)直锥形尾水管

如图 2-22 所示,直锥形尾水管是由钢板成形后焊接而成的直圆锥形管,它的进口直

径为 D_3，出口直径为 D_5，L 为尾水管的长度，θ 为尾水管的锥角，为减少基础开挖，一般合理的 $L/D_3=3\sim4$，相应的 $\theta=12^\circ\sim14^\circ$。

为了保证尾水管排出的水流能够在尾水渠中畅通，尾水渠的尺寸应满足 $h=(1.1\sim1.5)D_3$，$B=(1.0\sim1.2)D_3$，$C=0.85B$。同时，为了保证尾水管的工作，其出口应淹没在下游水位以下 0.3～0.5 m。直锥形尾水管水力损失小，效率高，结构简单，制作方便，一般用于 $D_1<0.8$ m 的小型水轮机。

2）弯锥形尾水管

弯锥形尾水管的水流从转轮流出经过 90°的弯管后进入直锥管，由于弯管内水流速度大，且水流方向发生急剧变化，因此水力损失大、效率低，只用于中小型卧轴水轮机，如图 2-23 所示。

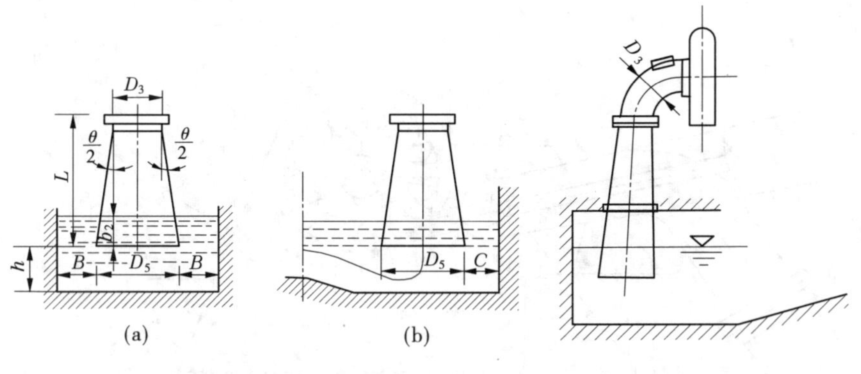

图 2-22 直锥形尾水管和尾水渠　　图 2-23 弯锥形尾水管

码 2-23 动画-弯锥形尾水管

3）弯肘形尾水管

弯肘形尾水管由进口直锥段、弯肘段和出口扩散段三部分组成，如图 2-24 所示。直锥段为垂直的圆锥形扩散段；弯肘段是一段 90°的弯管，其断面由圆形过渡到矩形；扩散段是一个水平的矩形断面的扩散段。由于弯肘段使水力损失增加，其效率比直锥形低。其适用于大中型立式机组水轮机。

其中，肘管是一个 90°的变截面弯管，对于混凝土浇制的肘管，为施工模板制作的方便，它是由许多几何面组成的，如图 2-25 所示。这些几何面是圆锥面 A、斜圆面 B、斜平面 C、水平圆柱面 D、垂直圆柱面 E、水平面 F、垂直面 G 和底部水平面 H。

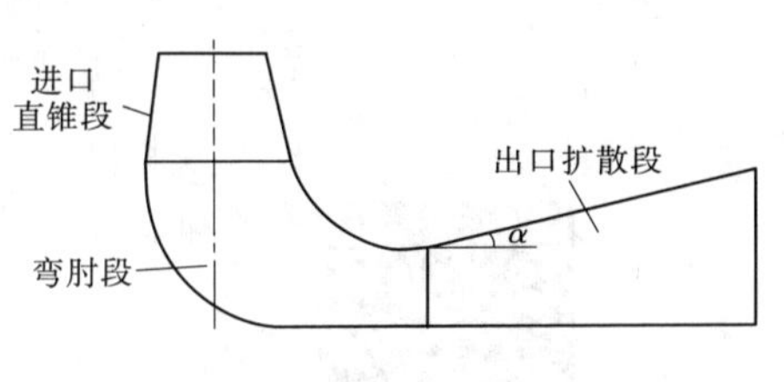

图 2-24 弯肘形尾水管

码 2-24 动画-弯肘形尾水管

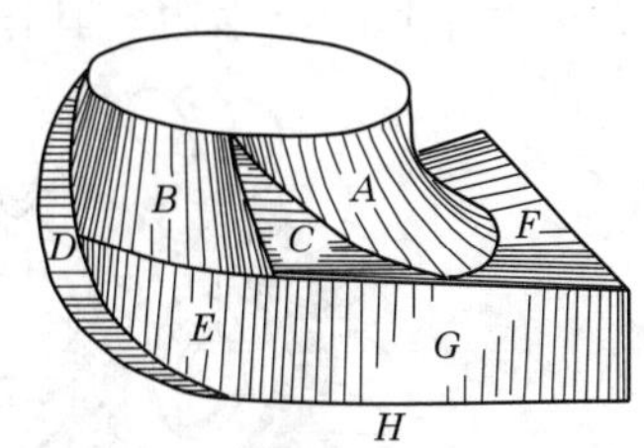

图 2-25 混凝土肘管几何面

当水头大于 150 m,或尾水管中的平均流速大于 6 m/s 时,为了防止高速水流的冲刷剥蚀,肘管需加钢板衬砌,为了便于钢板成形,可采用由圆形进口断面经椭圆形断面过渡到矩形断面的肘管。

码 2-25　视频-溪洛渡水电站水轮发电机组安装工程

2.1.2.2　冲击式水轮机

冲击式水轮机结构一般比较简单,它的转轮按其结构特点可分为切击式(水斗式)、斜击式和双击式三种。这里着重论述冲击式水轮机中最常用的水斗式水轮机,其装置如图 2-26 所示。可以看出,水斗式水轮机由引水管、喷管、外调节机构、转轮、机壳及尾水槽等组成。高压水流由引水管引入喷管后,经过喷嘴将水流的势能转换为射流的动能,高速水流冲击做功后,自由落入尾水槽,流向下游河道。

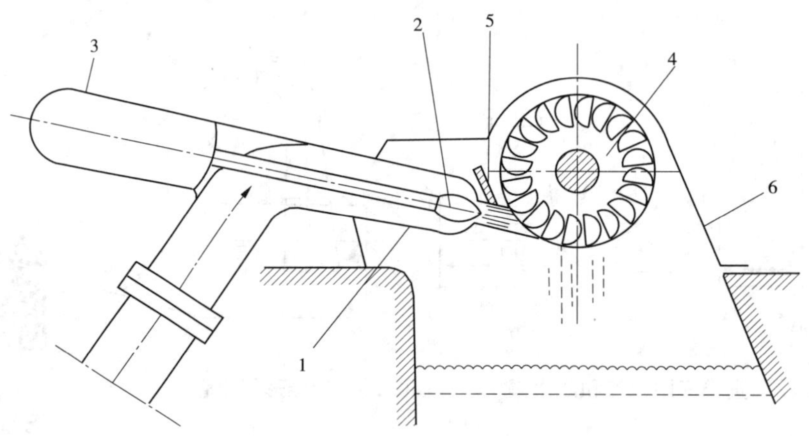

1—喷嘴;2—针阀;3—喷针控制机构;4—转轮;5—外调节机构;6—机壳。

图 2-26　水斗式水轮机的结构示意图

水斗式转轮如图 2-27 所示,它是由轮辐、若干呈双碗状的水斗组成的。转轮每个斗叶的外缘均有一个缺口(见图 2-28),缺口的作用是使其后的斗叶不进入先前射流作用的区域,并且不妨碍先前的水流。承受绕流射流作用的凹面称为斗叶的工作面。斗叶凸起的外侧表面称为斗叶的侧面。位于斗叶背部、夹在两水斗之间的表面称为斗叶的背面。两水斗间的工作面的结合处称为斗叶的进水边(又称分水刃)。进水边在斗叶的横剖面上为一锐角。缺口处工作面与背面结合处称为斗叶的切水刃。水斗工作面与侧面之间的端面称为斗叶的出水边。其作用如下:

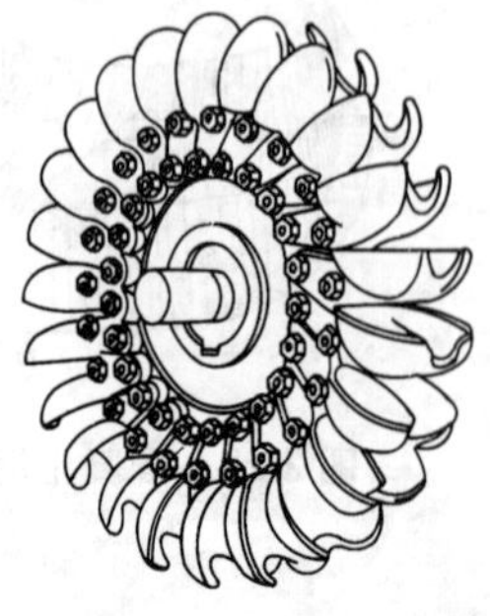

图 2-27　转轮立体图

码 2-26　文本-自主创新——我国首台 3D 打印冲击式水轮机真机转轮研制成功

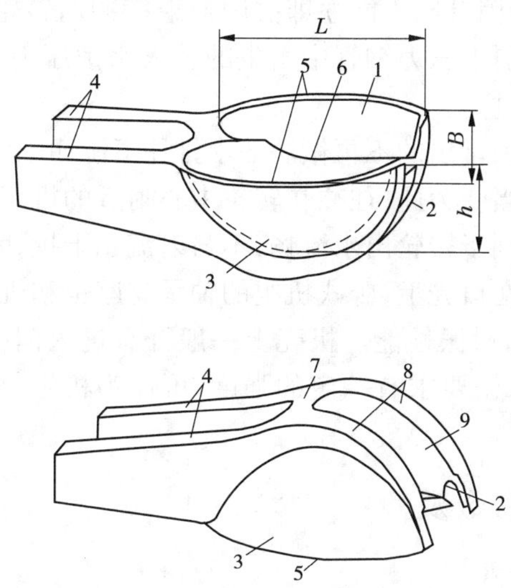

1—工作面；2—切水刃；3—侧面；4—尾部；5—出水边；6—进水边；
7—横向筋板；8—纵向筋板；9—背面；B—宽度；L—长度；h—深度。

图 2-28 水斗水轮机的转轮斗叶

（1）将水流的压力势能转换为射流动能，则当水从进水管流进喷管时，在其出口便形成一股冲向转轮的圆柱形自由射流。

（2）起着导水机构的作用。当喷针移动时，即可以渐渐改变喷嘴出口与喷针头之间的环形过水断面面积，因而可平稳地改变喷管的过流量及水轮机的功率。

图 2-29 所示是喷管结构。喷管主要由喷嘴、喷针（又称针阀）和喷针控制机构组成，当机组突然丢弃负荷时，针阀快速关闭会形成管内过大的水锤压力，为此在喷嘴口外装置了可以转动的外调节机构。它的作用是控制离开喷嘴后射流的大小和方向。当机组负荷骤减或甩负荷时，具有双重调节的水轮机调速器，一方面操作喷针接力器，使喷针慢慢向关闭方向移动，另一方面又操作外调节机构接力器，使外调节机构（折向器或分流器）快速

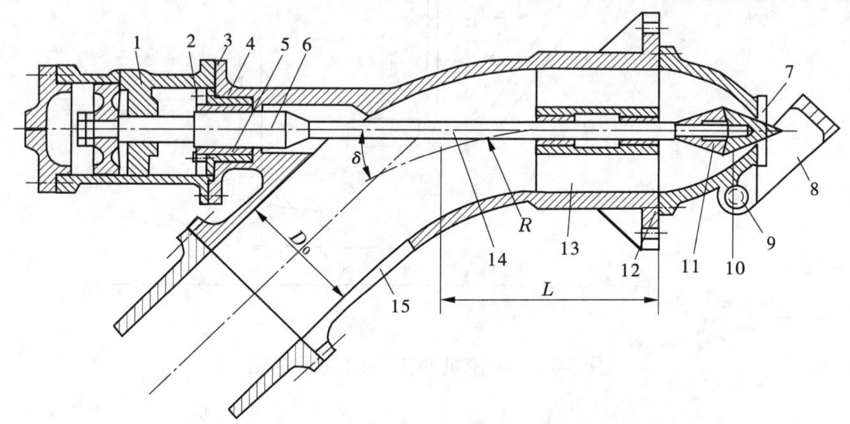

1—缸体；2—填料压盖；3—喷嘴座；4—填料盒；5—填料；6—杠杆；7—喷嘴口环；
8—折向器；9—销杆；10—喷针；11—喷针座；12—喷嘴；13—喷管；14—杆体；15—喷管弯管。

图 2-29 喷管结构

投入,迅速减小或全部截断因针阀不能立即关闭而继续冲向转轮水斗的射流。这样既解决了因针阀快速关闭而在引水压力钢管中产生的较大水锤压力,又解决了因针阀不能及时关闭而使机组转速上升过高。

机壳的作用是将转轮中排出的不再做功的水排往下游而不溅落在转轮和射流上。机壳内的压力要求与大气相当。为此,往往在转轮中心附近的机壳上开设补气孔,以消除局部真空。机壳的形状应有利于转轮出水流畅,不与射流相干扰,因此在机壳的内部还设置了引水板。喷管也常固定在机壳上,卧式机组的轴承支座也和机壳连在一起,因而要求机壳具有足够的强度、刚度和耐振性能。机壳上一般开有进人门孔,机壳下部应装有静水栅,以消除排水能量。静水栅要求有一定的强度,可作为机组停机观察和检修时的工作平台。

2.1.3　水轮机的工作参数及型号

码 2-27　微课-水轮机转轮的类型与结构

2.1.3.1　水轮机的工作参数

水轮机是将水的动能或压能转换为机械能的装置,可以用一些参数来表征能量转换的过程,称为水轮机的基本工作参数,主要有工作水头 H、流量 Q、出力 N、效率 η、转速 n 等。

1. 工作水头 H

水轮机的工作水头是指水轮机进口和出口测量断面总水头差, 即水轮机做功的有效水头,也称为水轮机净水头,用 H 表示,单位为 m。如图 2-30 所示,水流从水库进水口经压力管道流入水轮机,在水轮机内进行能量交换后通过尾水管排至下游。

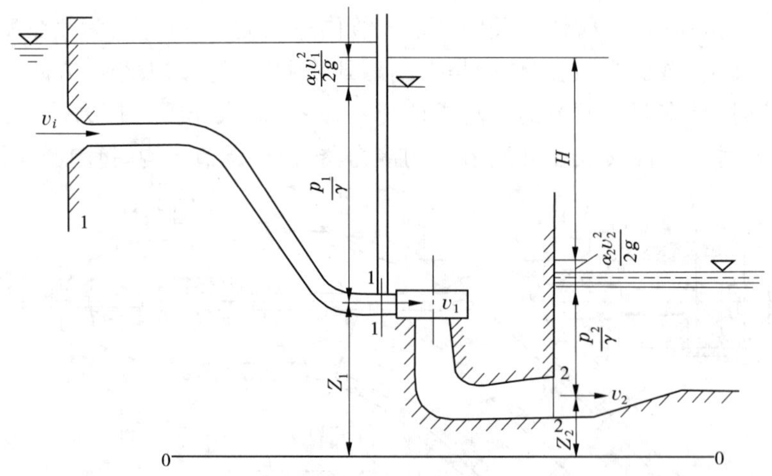

图 2-30　水轮机的工作水头示意图

对反击式水轮机,进口断面取在蜗壳进口处 1—1 断面,出口断面取在尾水管出口处 2—2 断面,则水轮机的工作水头 H 为

$$H=\left(Z_1+\frac{p_1}{\gamma}+\frac{\alpha_1 v_1^2}{2g}\right)-\left(Z_2+\frac{p_2}{\gamma}+\frac{\alpha_2 v_2^2}{2g}\right) \tag{2-1}$$

式中 H——水轮机的工作水头,m;

v_1——进口断面的平均流速,m/s;

v_2——出口断面的平均流速,m/s;

α_1——进口断面动能不均匀系数;

α_2——出口断面动能不均匀系数;

p_1——进口断面处的压强,Pa;

p_2——出口断面处的压强,Pa;

g——重力加速度,m/s^2;

γ——水的重度,$\gamma=9.81\ kN/m^3$;

Z_1、Z_2——进、出口断面相对于基准面的位置高度,m。

水电站的装置水头亦称为毛水头 H_g,等于电站上、下游水位差。因此,水轮机的工作水头(净水头)等于电站毛水头 H_g 减去引水系统的水头损失 h_w,即 $H=H_g-h_w$,单位为 m。

水轮机的工作水头是水轮机的重要工作参数,它的大小表征水轮机利用水流单位能量的多少,它影响水电站的开发方式、机组类型和经济效益等。在水轮机的工作过程中,工作水头是不断变化的,它有几个特征水头值。特征水头包括最大水头 H_{max}、最小水头 H_{min}、加权平均水头 H_w、设计水头 H_d 和额定水头 H_r 等。

最大水头 H_{max} 是指在电站运行范围内水轮机水头的最大值。水轮机选型时,常用正常蓄水位或设计洪水位(无压引水式水电站为压力前池正常水位)与下游最低水位(1/3装机容量或一台机组满载运行时相应的尾水位)之差减去引水系统损失所得的净水头为 H_{max}。

最小水头 H_{min} 是指在电站运行范围内水轮机水头的最小值。水轮机选型时,常用水库死水位(无压引水式水电站为压力前池正常水位)与下游高水位(全部机组或电站以保证出力工作时的下游尾水位)之差减去引水系统损失所得的净水头为 H_{min}。

加权平均水头 H_w 是指在电站运行范围内,考虑负荷和工作历时的水轮机水头的加权平均值。

设计水头 H_d 是指水轮机在最高效率点运行时的净水头。水轮机选型时,设计水头应通过经济动态评价确定,初算时,河床式水电站可取 $0.9H_w$,坝后式水电站可取 $0.95H_w$,引水式水电站可取 H_w。

额定水头 H_r 是指水轮机在额定转速下,输出额定功率时的最小净水头。

2. 流量 Q

单位时间内通过水轮机的水流体积称为流量,其代表符号为 Q,单位为 m^3/s。设计水头下水轮机发出额定出力时,水轮机过水流量为设计流量 Q_d。

3. 出力 N 和效率 η

单位时间内水轮机主轴所输出的功称为水轮机的功率。功率也称为出力,用 N 表示,单位为 kW。

具有一定水头和流量的水流通过水轮机时,水流的出力为

$$N_s = 9.81QH \quad (\text{kW}) \tag{2-2}$$

水轮机不可能将水流的功率 N_s 全部转换和输出,由于水轮机在能量转换的过程中会产生一定的损耗,因此水轮机的出力必然小于水流的出力。

水轮机的出力 N 与水流的出力 N_s 之比,称为水轮机的效率,用 η 表示,即

$$\eta = N/N_s \quad (\%) \tag{2-3}$$

水轮机的效率 η 由三部分组成,即容积效率 η_v、水力效率 η_h 和机械效率 η_m,水轮机的效率 η 为上述三项效率的乘积。效率为小于1.0的正系数,它表征水轮机对水流能量的有效利用程度。

因此,水轮机的出力可写成:

$$N = N_s\eta = 9.81QH\eta \quad (\text{kW}) \tag{2-4}$$

4. 转速 n

水轮机的转速是指水轮机转轮在单位时间内旋转的次数,用 n 表示,单位为 r/min。当水轮机主轴和发电机主轴采用直接连接时,其额定转速应满足下列关系式:

$$n = \frac{60f}{p} \quad (\text{r/min}) \tag{2-5}$$

式中 f——电流频率,我国规定为 50 Hz;

p——发电机的磁极对数。

2.1.3.2 水轮机型号表示方法

我国水轮机产品型号由三部分组成,各部分之间用短横线相连。

第一部分表示水轮机形式和转轮型号(比转速代号),水轮机形式用两个汉语拼音字母表示,各种形式水轮机的规定代表符号见表2-1。转轮型号用阿拉伯数字表示,采用统一规定(效率为88%时)的比转速。

表2-1 水轮机形式的代表符号

水轮机形式	代表符号	水轮机形式	代表符号
混流式	HL	贯流转桨式	GZ
轴流转桨式	ZZ	水斗式	CJ
轴流定桨式	ZD	双击式	SJ
斜流式	XL	斜击式	XJ
贯流定桨式	GD		

注:在水轮机形式代表符号后加“N”,表示可逆式水轮机。

第二部分由两个汉语拼音字母组成,前一个字母表示水轮机主轴的布置形式,后一个字母表示引水室特征。主轴布置形式和引水室特征的代表符号见表2-2。

表 2-2 主轴布置形式与引水室特征的代表符号

名称	代表符号	名称	代表符号
立轴	L	罐式	G
卧轴	W	灯泡式	P
斜轴	X	竖井式	S
金属蜗壳	J	虹吸式	X
混凝土蜗壳	H	轴伸式	Z
明槽	M		

第三部分为水轮机的标称直径 D_1(cm)或其他必要的指标。

水轮机的标称直径表征转轮的主要几何尺寸,用 D_1 表示,以 cm 计。不同类型转轮规定的标称直径 D_1 如图 2-31~图 2-34 所示。

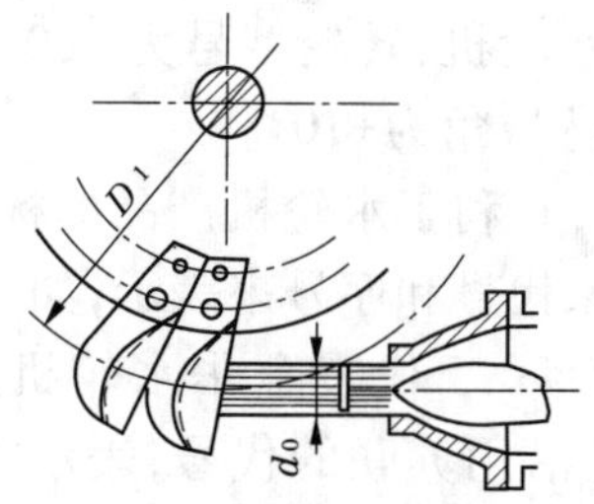

图 2-31 水斗式水轮机转轮的标称直径

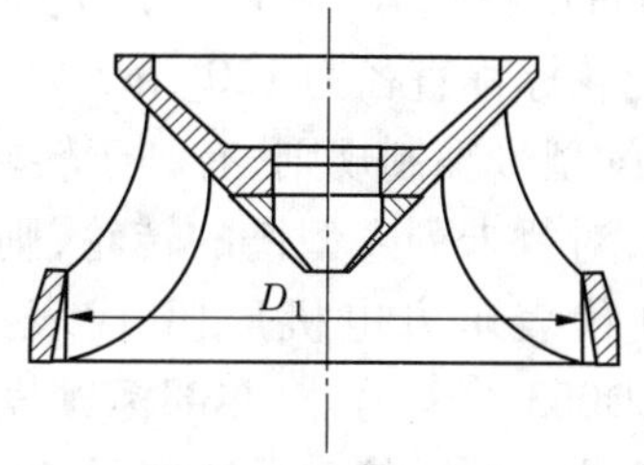

图 2-32 混流式水轮机转轮的标称直径

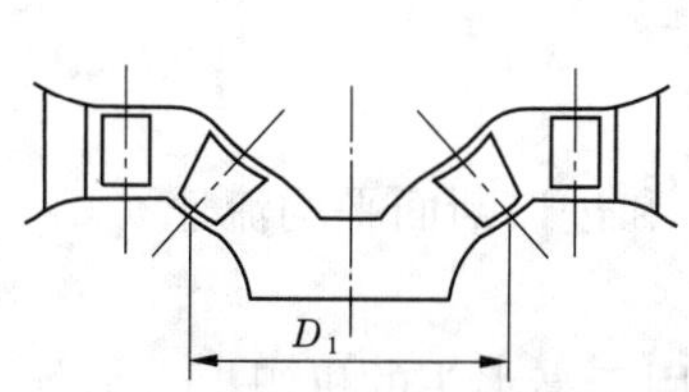

图 2-33 斜流式水轮机转轮的标称直径

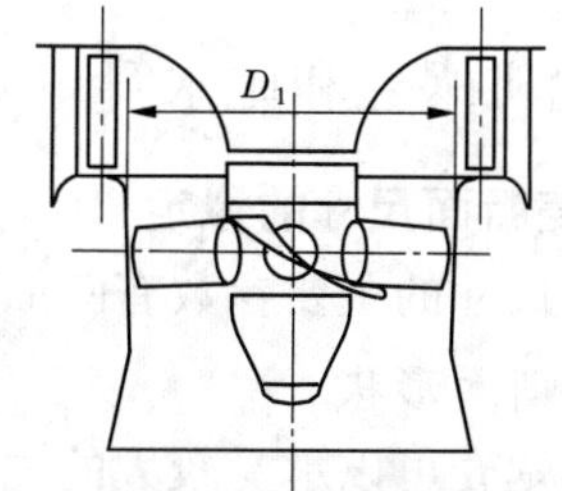

图 2-34 轴流式水轮机转轮的标称直径

混流式水轮机转轮的标称直径 D_1 指转轮叶片进口边的最大直径;轴流式水轮机和斜流式水轮机转轮的标称直径 D_1 指转轮叶片轴线与转轮室表面相交处的转轮室内径;水斗式水轮机转轮的标称直径 D_1 指转轮与射流中心线相切处的节圆直径。

反击式水轮机转轮直径尺寸系列(以 cm 计)如下,括号内尺寸仅适用于轴流式:25、30、35、(40)、42、50、60、71、(80)、84、100、120、140、160、180、200、225、250、275、300、330、380、410、450、500、550、600、650、700、750、800、850、900、950、1 000、(1 020)、(1 130)。

水斗式水轮机第三部分表示方法如下:

$$\frac{\text{水轮机转轮标称直径 } D_1(\text{cm})}{\text{作用在每个转轮上的喷嘴数} \times \text{设计射流直径}(\text{cm})}$$

型号表示示例:

①HL180-LJ-410,表示混流式水轮机,转轮型号为 180,立轴,金属蜗壳,转轮标称直径为 410 cm。

②ZZ560-LH-1130,表示轴流转桨式水轮机,转轮型号为 560,立轴,混凝土蜗壳,转轮标称直径为 1 130 cm。

③XLN200-LJ-300,表示斜流可逆式水轮机,转轮型号为 200,立轴,金属蜗壳,转轮标称直径为 300 cm。

④GD600-WP-250,表示贯流定桨式水轮机,转轮型号为 600,卧轴,灯泡式引水室,转轮标称直径为 250 cm。

⑤2CJ26-W-120/(2×8.5),表示一根主轴上装有两个转轮的水斗式水轮机,转轮型号为 26,卧轴,转轮标称直径为 120 cm,作用在每个转轮上的喷嘴数为 2 个,设计射流直径为 8.5 cm。

⑥ZD760-LM-120($\varphi=+10°$),表示轴流定桨式水轮机,转轮型号为 760,立轴,明槽式引水室,转轮标称直径为 120 cm,转轮叶片安装(装置)角为+10°。

水轮机的型号编制规则,有利于转轮型谱的制定,有利于水轮机产品的标准化、系列化和通用化,对暂未列入型谱的转轮,则采用带有厂家代号和序号来表示,如 A 代表哈尔滨电机厂,D 代表东方电机厂,T 代表天津发电设备厂,J 代表金华水轮机厂等,例如 HLA006、HLD003 等。另外,在部标颁发以前,主要是沿用苏联的代号,表示方法大体相同,但第一部分中的转轮型号所表示的阿拉伯数字是模型转轮的编号,不是比转速代号,如 HL123-LJ-225,其中 123 表示该转轮的模型编号。

2.1.4 水轮机蜗壳和尾水管主要尺寸的确定

2.1.4.1 蜗壳断面尺寸的拟定

蜗壳断面尺寸的主要参数有断面形状、包角 φ_0 和进口断面平均流速 v_c。

1. 蜗壳的断面形状

由于金属蜗壳可以承受较大的内水压力,故多用于高水头的机组上。另外,圆形断面受力条件好,且便于焊接或铸造,所以金属蜗壳通常采用圆形断面。蜗壳的各个径向断面随流量的减小而变小,由于座环的高度不变,所以蜗壳断面由圆形过渡为椭圆形,如图 2-35(a)所示。

混凝土蜗壳与金属蜗壳有所不同,一般采用梯形断面,即多边形断面,如图 2-35(b)所示。梯形断面便于施工,而且可减小蜗壳径向尺寸。为了使混凝土蜗壳有良好的水力特性,各径向断面的变化应光滑连接。如将径向断面重叠在一个图上,蜗壳外边角的连线 *AB* 和 *CD* 通常是直线,也可以是抛物线。在相同断面面积的情况下,梯形断面的径向尺寸小于圆形断面的径向尺寸。

梯形断面又分为对称形、下伸形、上伸形、平顶形四种,如图 2-36 所示。其中对称形和下伸形应用较广,其优点是便于导水机构接力器和其他辅助设备的布置,降低水轮机层高度,减小厂房水下部分混凝土体积,有利于机组在上游水位较低时运行并保持较高的效率。上伸形妨碍接力器布置,只有当下游水位变幅较大,尾水管形状特殊时才采用。

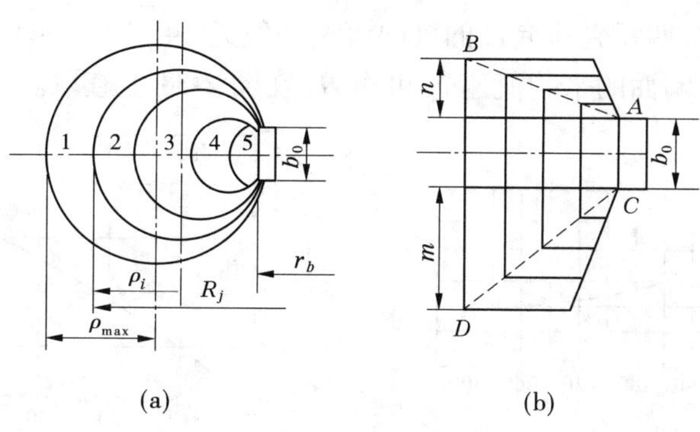

图 2-35　蜗壳的断面形状

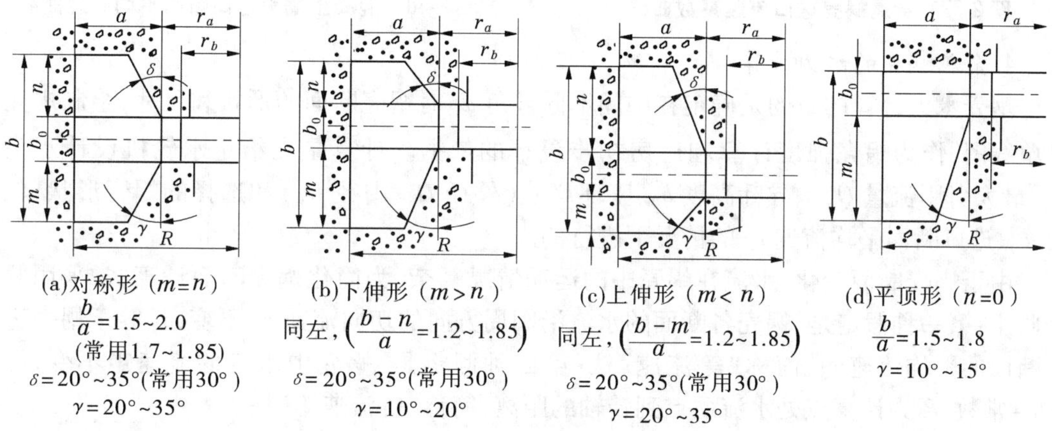

图 2-36　混凝土蜗壳的断面形状

2. 蜗壳的包角 φ_0

蜗壳鼻端(尾端)断面到蜗壳进口断面(垂直于压力管道轴线的断面)所包围的角度称为蜗壳的包角 φ_0。蜗壳包角的大小直接影响着蜗壳的平面尺寸及水力损失,选择时应综合各方面因素进行分析比较。

由于金属蜗壳多用于高水头水电站,其引用流量较小,断面尺寸和平面尺寸也较小,对厂房尺寸的影响较小,为获得良好的水力性能,金属蜗壳的包角一般采用$\varphi_0=345°$。

由于混凝土蜗壳应用于低水头的水电站,其引用流量相对较大,即转轮出口动能大,则尾水管中的能量损失占总能量损失的比例大。这时,蜗壳和导水机构中的能量损失占总损失的比例相对较小,对效率的影响不起主要作用,为了缩小机组间距、降低电站造价,混凝土蜗壳的包角一般采用$\varphi_0=180°$。当包角小于 180°时,水力损失明显增加,没有特殊原因一般不采用。

3. 蜗壳进口断面的平均流速 v_c

根据工程经验的统计资料,金属蜗壳进口断面的平均流速 v_c 一般可按下式计算:

$$v_c = K\sqrt{H}\quad (\text{m/s}) \tag{2-6}$$

式中　K——流速系数,按图 2-37 查取;

H——水轮机水头,一般以设计水头 H_d 计算。

根据经验统计，金属蜗壳所允许的极限流速一般为 14~15 m/s。

混凝土蜗壳进口断面的平均流速 v_c 可由 H_d 在图 2-38 上查取。

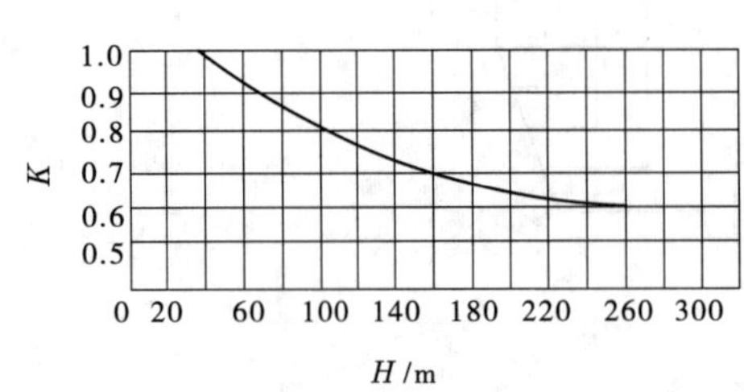

图 2-37　金属蜗壳进口流速系数曲线

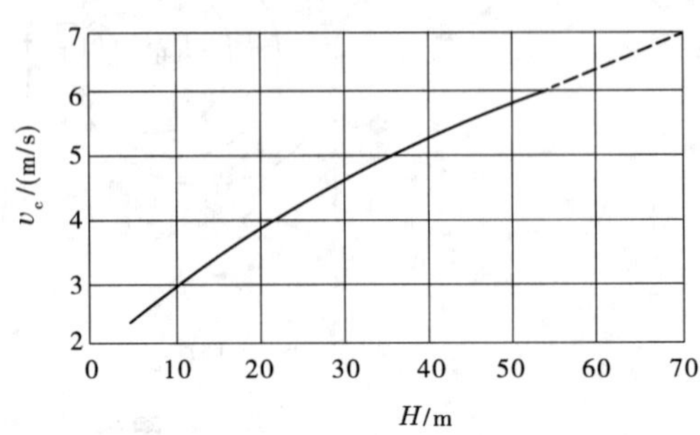

图 2-38　混凝土蜗壳进口断面平均流速曲线

4. 金属蜗壳的水力计算

蜗壳水力计算的目的是确定在中间不同包角 φ_i 时蜗壳断面的形状和尺寸，绘制蜗壳的单线图，作为蜗壳强度计算和厂房初步设计的依据。计算是在给定水轮机设计水头 H_d、最大引用流量 Q_{max}、导叶高度 b_0、座环尺寸（外径 D_a、内径 D_b）和选择的蜗壳形状、包角 φ_0、进口断面平均流速 v_c 的情况下进行的。

由于蜗壳断面变化，水流在蜗壳中的运动情况复杂，为简化蜗壳断面计算，常采用两个假定：第一种假定是，蜗壳各断面的水流沿圆周方向的切向流速 v_u 不变，且等于蜗壳进口断面的平均流速 v_c，简称“等流速”法；第二种假定是，蜗壳中水流的流速矩不变，即 v_uR=常数，R 为计算点处水流质点到转轴的距离，简称“等流速矩”法。

由于第一种假定计算简单，所得结果与第二种假定也很近似，能满足设计要求。因此，以下仅介绍“等流速”法，对于“等流速矩”法的计算可参考有关书籍。

1）对于进口断面

断面的面积

$$A_c = \frac{Q_c}{v_c} = \frac{Q_{max}\varphi_0}{360°v_c} \tag{2-7}$$

断面的半径

$$\rho_{max} = \sqrt{\frac{A_c}{\pi}} = \sqrt{\frac{Q_{max}\varphi_0}{360°v_c\pi}} \tag{2-8}$$

从轴中心线到蜗壳边缘的半径

$$R_{max} = r_a + 2\rho_{max} \tag{2-9}$$

2）对于中间任一断面

$$Q_i = \frac{\varphi_i}{360°}Q_{max} \tag{2-10}$$

$$\rho_i = \sqrt{\frac{Q_{max}\varphi_i}{360°v_c\pi}} \tag{2-11}$$

$$R_i = r_a + 2\rho_i \tag{2-12}$$

式中 r_a——座环外半径，m；

φ_i——从蜗壳鼻端起算至计算断面的角度；

Q_i、ρ_i、R_i——计算断面 φ_i 处的流量、断面半径及边缘半径。

由此便可绘制出蜗壳断面和平面的单线图。

5. 混凝土蜗壳的水力计算

仍采用“等流速”法的假定，混凝土蜗壳的水力计算采用半图解法比较简便，如图 2-39 所示。现将其计算方法及步骤分述如下：

(1)选择混凝土蜗壳的断面形状及进口断面平均流速 v_c。

(2)计算蜗壳进口断面的面积 $A_c = \dfrac{Q_{max}\varphi_0}{360°v_c}$，确定进口断面尺寸。

(3)选择中间计算断面并根据几何尺寸计算相应的断面面积 A_i，绘出 $A_i = f(r_i)$ 曲线图。

(4)根据水流沿圆周均匀分布的条件，则有 $\dfrac{Q_i}{Q_{max}} = \dfrac{\varphi_i}{\varphi_0} = \dfrac{A_i}{A_c}$，并可绘制 $A_i = f(\varphi_i)$ 关系曲线，其为倾斜直线。

码 2-28 图片-金属蜗壳的平面单线图

(5)选取施工上要求的 φ_i 值变化规律，分别查出 φ_i 处对应的蜗壳断面面积 A_i 和外半径 R_i。

(6)绘制蜗壳断面和平面的单线图。

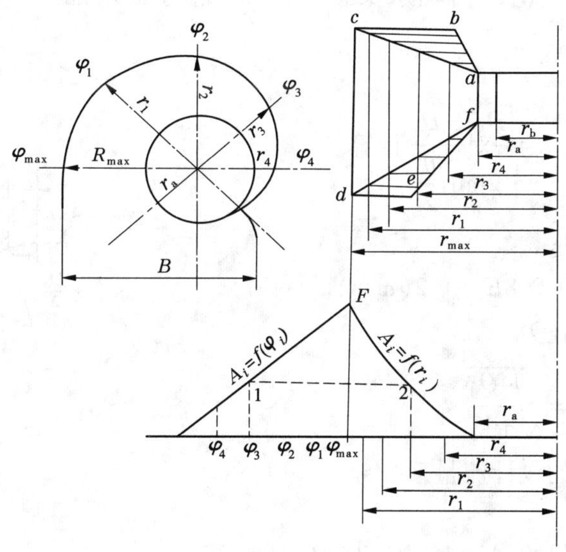

图 2-39 混凝土蜗壳的半图解法水力计算示意图

2.1.4.2 尾水管断面尺寸的拟定

尾水管的形式和尺寸对水轮机的效率和运行稳定性有直接影响，尤其是对高比转速水轮机的影响更显著。

1. 直锥形尾水管的断面尺寸

小型立轴水轮机采用圆形断面的直锥形尾水管，贯流式水轮机采用水平放置的直锥

形尾水管,为减少水电站的土建工程量及保证尾水管有足够的淹没深度,通常将出口段过渡成矩形断面,增加水平方向尺寸而减小高度方向的尺寸。圆形断面的直锥形尾水管其主要参数包括尾水管进口直径 D_3、圆锥角 θ、管长 L 和尾水管出口流速 V_5,如图 2-40 所示。

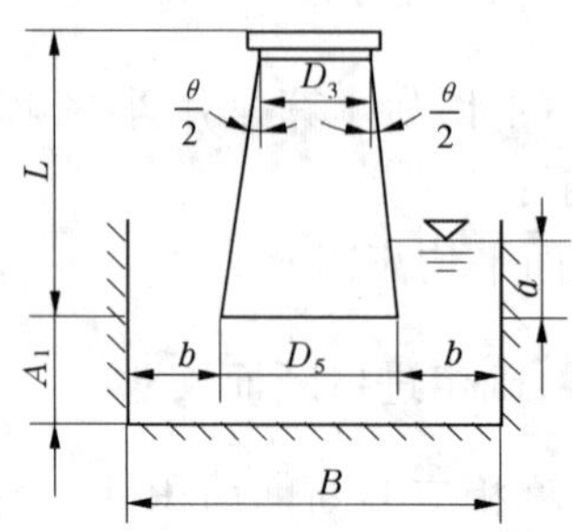

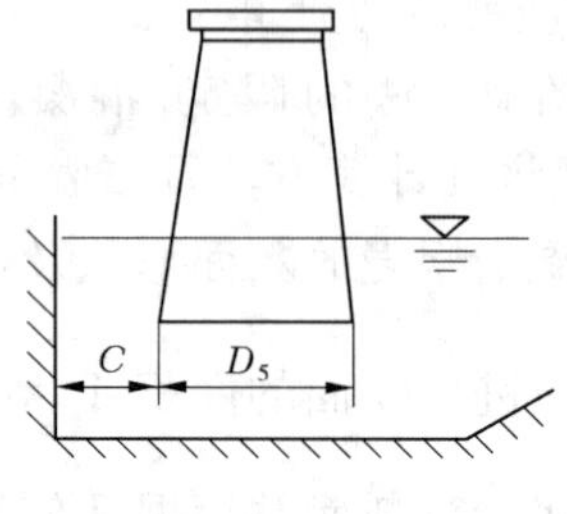

图 2-40　直锥形尾水管及尾水室尺寸

1)尾水管进口直径 D_3

$$D_3=D_2+(0.5\sim1)\quad(\text{cm})$$

式中　D_2——转轮出口直径,cm。

2)圆锥角 θ

θ 角大,水流扩散损失也大,但尾水管短,沿程水头损失小,挖方量减小;θ 角小,水流扩散损失也小,但尾水管长,沿程水头损失增加,挖方量增加。一般最优圆锥角 θ 为 12°~14°。

3)尾水管长度 L

$L=(3\sim4)D_3$ 或由 $L=\dfrac{D_5-D_3}{2\tan\dfrac{\theta}{2}}$ 计算。

4)尾水管出口流速 v_5

由经验公式,$v_5=0.008H_d+1.2$(m/s)。

5)尾水管出口直径 D_5

$$D_5=\sqrt{\frac{4Q_d}{\pi V_5}}$$

式中　Q_d——水轮机的设计流量,m^3/s。

6)尾水室的尺寸

图 2-40 中的有关尺寸:$A_1=1.3D_1$,$B=4D_1$,$b=(1\sim1.2)D_1$,$C=0.85b$,$a=0.3\sim0.5$ m。

2. 弯锥形尾水管的断面尺寸

如图 2-41 所示为等截面的弯锥形尾水管,D_2 为转轮出口直径,$L_0=0.4D_2$,$r=0.6D_2$,$D_3=D_2+2L_0\tan\gamma$,$D_4=\dfrac{D_3}{\cos\gamma}$,$h=\left(r+\dfrac{D_4}{2}\right)\cos\gamma+h_0$,$h_0$ 根据机组中心离地面

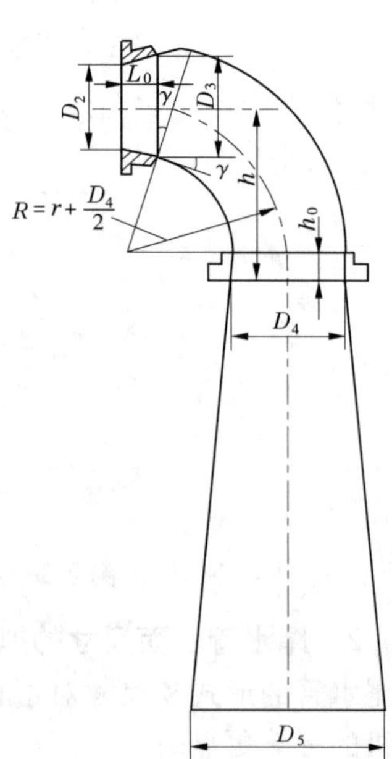

图 2-41　弯锥形尾水管

的高度确定。

3. 弯肘形尾水管的断面尺寸

影响弯肘形尾水管性能的主要参数有三个，即尾水管深度 h、肘管的形式和尾水管的水平长度 L，如图 2-42 所示。

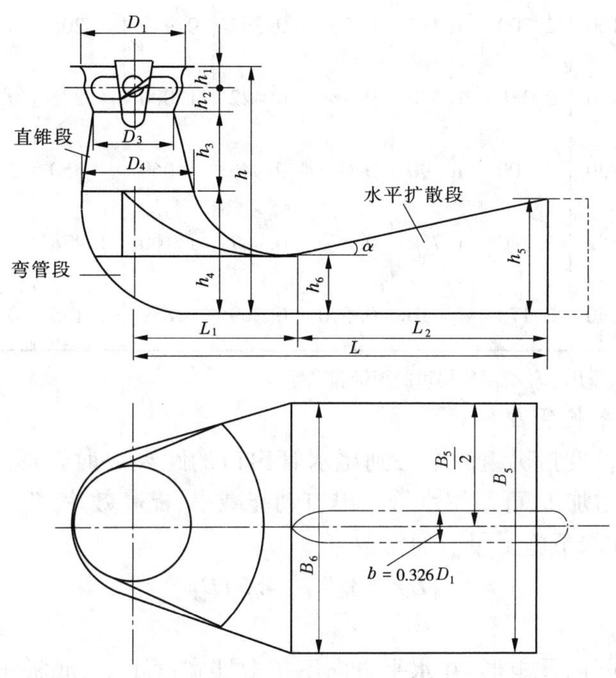

图 2-42　弯肘形尾水管

1) 尾水管深度 h

尾水管深度指水轮机导水机构底环平面至尾水管底板平面之间的距离。其深度对水轮机的运行稳定性影响较大，采用较大的深度，可改善尾水管偏心涡带所引起的振动，因此需限制尾水管深度的最小值；另外，尾水管深度越大，水下部分工程量越大。

在考虑水电站开挖量和保证尾水管水力性能的条件下，尾水管深度为

$$h=(1.9\sim2.7)D_1 \tag{2-13}$$

对于转轮直径 $D_1<D_2$ 的混流式水轮机，一般采用 $h\geqslant2.6D_1$，不得小于 $2.3D_1$；对转桨式水轮机，一般取 $h\geqslant(2.3\sim2.5)D_1$，不得小于 $2.0D_1$；对转轮直径 $D_1\geqslant D_2$ 的高水头混流式水轮机，则取 $h\geqslant2.2D_1$。通常，混流式水轮机直锥段的单边锥角 $\beta>7°\sim9°$；轴流转桨式水轮机直锥段的单边锥角 $\beta\leqslant8°\sim10°$。

2) 肘管形式

由于肘管的形状十分复杂，它对整个尾水管的性能影响又相当大，所以一般推荐采用定型的标准肘管，其尺寸如表 2-3 所示。

表 2-3　标准肘管尺寸

类型	尺寸										
	D_4	h_4	B_6	L_1	h_6	a	R_6	a_1	R_7	a_2	R_8
Z_1	1.100	1.100	2.200	1.417	0.550	0.395	0.940	1.205	0.660	0.087	0.634
Z_3	1.170	1.170	2.380	1.500	0.584	0.422	1.000	1.275	0.703	0.093	0.677
Z_5	1.230	1.230	2.500	1.590	0.617	0.446	1.060	1.350	0.745	0.098	0.710
Z_6	1.352	1.352	2.740	1.750	0.670	0.487	1.160	1.478	0.815	0.107	0.782
Z_8	1.040	1.040	2.170	1.410	0.510	0.369	0.879	1.135	0.640	0.080	0.590

注:实际水电站设计时,采用水轮机厂家提供的图纸和尺寸。

3)尾水管的水平长度 L

尾水管的水平长度指机组的中心到尾水管出口的距离。肘管形式一定,L 取决于水平扩散段的长度。增加 L,可使尾水管的出口动能减小,提高效率,但 L 过长,将增加水流沿程损失,同时增加水下施工量。通常取

$$L = (3.5 \sim 4.5)D_1 \tag{2-14}$$

一般取 $L=4.5D_1$。

水平扩散段其断面是矩形,在水平方向不扩散即宽度不变,底板水平(少数情况要求上抬,一般不超过 6°~12°)。顶板仰角 α 一般为 10°~13°。当出口宽度大于 10~12 m 时,为改善顶板受力条件可加设中墩,如图 2-43 所示,但加中墩后应保证尾水管出口净宽不变。中墩尺寸为:$b=(0.1\sim0.15)B_5$,$R=(3\sim6)b$,$r=(0.2\sim0.3)b$,墩头距水轮机轴线的距离 $l\geq1.4D_1$。

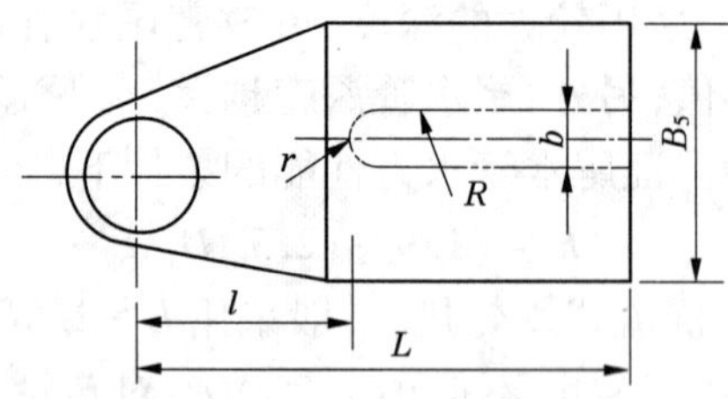

图 2-43　尾水管中墩布置图

表 2-4 所示为推荐的标准系列尾水管尺寸,试验表明这些标准型号尾水管的水力性能良好。表中数据均是对 $D_1=1.0$ m 而言,应用时需将表中数据乘以实际采用的转轮直径。

表 2-4 标准系列弯肘形尾水管主要尺寸

类型	尺寸										应用范围
	$\frac{h}{D_1}$	D_1	h	L	B_5	D_4	h_4	h_5	h_6	L_1	
Z_1	1.915	1.000	1.915	3.500	2.200	1.100	1.100	1.000	0.550	1.417	低比转速轴流式 ZZ440、ZZ360
Z_3	2.300	1.000	2.300	4.500	2.380	1.170	1.170	1.200	0.584	1.500	中比转速轴流式 ZZ440、ZZ560
Z_5	2.300	1.000	2.300	4.500	2.500	1.230	1.230	1.270	0.617	1.590	中比转速混流式 HL180、HL160
Z_5	2.500	1.000	2.500	4.500	2.500	1.230	1.230	1.250	0.617	1.590	中高比转速轴流式 ZZ560、ZZ600
Z_6	2.500	1.000	2.500	4.500	2.740	1.352	1.352	1.310	0.670	1.750	中高比转速混流式 HL230、HL310、HL240、HL220
Z_6	2.700	1.000	2.700	4.500	2.740	1.352	1.352	1.310	0.675	1.750	高比转速轴流式 ZZ600、ZZ560
Z_8	2.300	1.000	2.300	3.500	2.170	1.040	1.040	0.937	0.510	1.410	低比转速混流式 HL100、HL110

【自测练习】

请扫描二维码,做自测练习。

码 2-29 任务 2.1 自测练习

任务 2.2 水轮机的工作原理

2.2.1 水轮机的基本方程式

2.2.1.1 水流在转轮中的运动

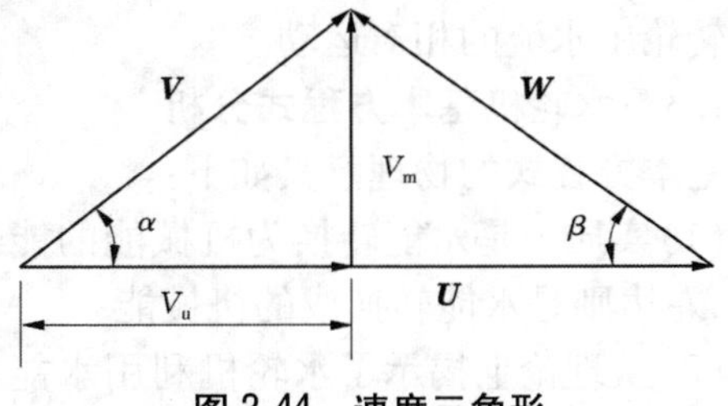

图 2-44 速度三角形

转轮中的水流运动是一种非常复杂的三维空间运动。根据水流三维空间运动学原理,在水头、流量和转数不变的稳定工况下,水流在转轮流道运动时,可分解为两种简单运动(见图 2-44):一种是水流质点随转轮做旋转运动,称为圆周运动(牵连运动),其圆周速度用 $\boldsymbol{U}$ 表示;另一种是水流从转轮进口沿叶片流道到转轮出口的流动,称为相对运动,其相对速度用 $\boldsymbol{W}$ 表示。水流在转轮中的运动是以上两种运动合成的结果,称为绝对运动,其绝对速度用 $\boldsymbol{V}$ 表示,则

$$\boldsymbol{V} = \boldsymbol{W} + \boldsymbol{U}$$

由 $\boldsymbol{W}$、$\boldsymbol{U}$ 和 $\boldsymbol{V}$ 构成的三角形称为速度三角形,水流质点在转轮中任一位置都有其相应的速度三角形,转轮进口和出口的速度三角形是研究水轮机工作的重要条件,分别用下标 1 表示进口速度三角形,下标 2 表示出口速度三角形。

图 2-44 所示为一般形式的速度三角形。图中 α 角为圆周速度与绝对速度之间的夹角;β 角为圆周速度与相对速度之间的夹角;V_u 为绝对速度在圆周方向的分量,称为圆周分速度,$V_u = V\cos\alpha$;V_m 为绝对速度在某一轴面(考虑质点与主轴中心线所在平面)上的分速度,称为轴面速度,$V_m = V\sin\alpha$。

2.2.1.2　水轮机的基本方程式

当水流通过水轮机时,水轮机能够把水能转换为旋转机械能,其原因是水流与水轮机转轮的叶片相互作用,产生了能量的交换。

在水轮机流道中,作用在水流上的外力有转轮进、出口断面上的水压力、重力以及叶片对水流的作用力,同时水流也对叶片产生反作用力。作用在水流的外力中,仅有叶片对水流的作用力产生作用力矩。反击式水轮机,压力水流以一定的流速进入转轮,由于空间扭曲叶片间所形成的流道对水流产生的约束,迫使水流的运动速度和方向不断改变,因而水流给叶片以反作用力使转轮旋转做功。为了说明水流能量在转轮中怎样转换为机械能,由动量矩定理可以推得水轮机基本方程式:

$$H\eta_h = \frac{1}{g}(v_{u1}u_1 - v_{u2}u_2) \tag{2-15}$$

根据速度三角形,将 $v_u = v\cos\alpha$ 代入式(2-15),则基本方程式可写为

$$H\eta_h = \frac{1}{g}(v_1u_1\cos\alpha_1 - v_2u_2\cos\alpha_2) \tag{2-16}$$

用相对运动表达时,基本方程式可以表示为

$$H\eta_h = \frac{v_1^2 - v_2^2}{2g} + \frac{u_1^2 - u_2^2}{2g} + \frac{w_2^2 - w_1^2}{2g} \tag{2-17}$$

它给出了有效水头与速度三角形中各速度之间的关系式。式中第一项为水流作用在转轮上的动能水头,第二、三项为势能水头,它主要用于克服水流因旋转产生的离心力和加速转轮中水流的相对运动。

2.2.1.3　水轮机基本方程式分析

基本方程式的物理意义如下:

(1)实质上是水能转换为机械能的能量平衡方程式,方程的右边表示水轮机的工作条件,左边则是水能转换成的机械能。

(2)从理论上揭示了水轮机利用水能做功的原理,它是水流和转轮叶片相互作用的结果。水流通过水轮机时,流道中的转轮叶片迫使水流动量矩发生变化,水流在其动量矩改变的同时,以一定的力反作用于叶片,使转轮产生旋转的力矩。

(3)指出了水能转换为旋转机械能的必要条件。水轮机要产生有效功率,则必须使转轮出口的水流能量小于其进口的水流能量,也就是说,转轮进、出口必须存在速度矩或环量差。而水轮机转轮叶片的进、出口形状对进、出口速度矩或环量的形成有决定性的作用。因此,正确设计转轮叶片的进、出口角对于水轮机能量转换是非常关键的。

码 2-30　图片-水轮机效率与出力的关系

2.2.2　水轮机的能量损失及效率

水流进入水轮机的水流功率 N_s(水轮机的输入功率)大于水轮机的输出功率 N,两者之差便是水轮机工作过程中产生的能量损失。按损失特性可把能量损失分为容积损失、水力损失和机械损失。各种损失相应的效率分别称为容积效率、水力效率和机械效率。

2.2.2.1　容积效率

水轮机的旋转部分与固定部分之间存在间隙,因此进入水轮机的流量 Q 不可能全部进入转轮做功,有一小部分流量 q 会从间隙中漏损掉,这部分漏损掉的流量称为容积损失。它对转轮做功的有效流量为 $Q_e=Q-q$,它所产生的有效流量功率 N_e'为

$$N_e' = \gamma Q_e H = \gamma(Q - q)H \tag{2-18}$$

水流输入水轮机的功率 $N_s=\gamma QH$,将水流的有效流量功率 N_e'与水轮机输入功率 N_s 之比称为容积效率,即

$$\eta_v = \frac{N_e'}{N_s} = \frac{\gamma(Q - q)H}{\gamma QH} = \frac{Q - q}{Q} = 1 - \frac{q}{Q} \tag{2-19}$$

可见,要提高容积效率,必须使漏损量 q 尽量减小,保证在转轮正常运行和安装检修方便的前提下,应尽量减小止漏环间隙。应注意,在运行中由于泥沙磨损和气蚀等因素,止漏环间隙会增大,因而会降低容积效率。

2.2.2.2　水力效率

水流从引水室、导水机构、转轮、尾水管流过,必然要产生沿程水头损失和局部水头损失,这些水头损失称为水力损失。

水轮机的工作水头 H 减去上述总的水头损失 $\sum\Delta H$,便是水轮机的有效水头 H_e,即 $H_e=H-\sum\Delta H$。

有效水头和有效流量产生的功率,便是水轮机的有效功率 $N_e = \gamma Q_e H_e$ 。

有效功率 N_e 与有效流量功率 N_e'之比,称为水力效率,即

$$\eta_h = \frac{N_e}{N_e'} = \frac{\gamma(Q-q)(H-\sum\Delta H)}{\gamma(Q-q)H} = \frac{H-\sum\Delta H}{H} = 1-\frac{\sum\Delta H}{H} \tag{2-20}$$

由式(2-20)可知,提高水力效率的途径是尽可能减少过流部件的水力损失。在运行中,由于气蚀和泥沙磨损等会降低水力效率,因此运行时要尽可能接近最优工况,避开气蚀区等。

2.2.2.3　机械效率

转轮获得的有效功率 N_e 不能全部输出给发电机,有一部分会消耗在各种机械损失上,如主轴与轴承间的摩擦、与密封装置的摩擦,转轮外表面与水流的摩擦等。

设 ΔN_m 为总的机械摩擦损失功率,则水轮机的输出功率为

$$N = N_e - \Delta N_m \tag{2-21}$$

因此,机械效率为

$$\eta_m = \frac{N}{N_e} = \frac{N_e - \Delta N_m}{N_e} \tag{2-22}$$

要提高机械效率,应尽量减少机械摩擦损失,如保证导轴承的良好润滑条件,正确设计、安装导轴承和密封装置,处理好机组轴线等。

根据水轮机效率

$$\eta = \frac{N}{N_s} \tag{2-23}$$

考虑到这些损失的综合影响,可将水轮机效率表示为

$$\eta = \frac{N}{N_s} = \frac{N'_e}{N_s}\frac{N_e}{N'_e}\frac{N}{N_e} = \eta_v \eta_h \eta_m \tag{2-24}$$

即水轮机的效率等于容积效率、水力效率和机械效率三者的乘积,它是评价水轮机能量性能特性的主要依据。水轮机的效率,表征了水轮机对水流能量的有效利用程度,在设计、制造、安装、运行和检修中,都应采取一系列可能的措施,力求减少各种损失,以提高水轮机的效率。

2.2.3 水轮机的最优工况

水轮机的工作参数,在水轮机的运行过程中经常发生变化,转轮内的水流运动也是不断变化的。水轮机不同的运行工况对其性能有很大的影响。其中,效率最高的工况称为最优工况。最优工况以外的工况,称为非最优工况,也称为一般工况。

水轮机运行处于最优工况时,能量转换最充分,水力损失最小。在水轮机的各项损失中,水力损失是最主要的。在水力损失中,局部撞击损失和漩涡、脱流损失的比例很大。水轮机设计时,要按水力损失最小的工况作为依据。水轮机最优工况的必要条件,是无撞击进口和法向出口。

2.2.3.1 无撞击进口

转轮进口水流相对速度 w_1 的方向与叶片骨线方向一致,称为无撞击进口,这时水流与叶片形状一致,绕流平顺,不产生撞击、脱流和漩涡等现象,水力损失最小,如图 2-45(b)所示。

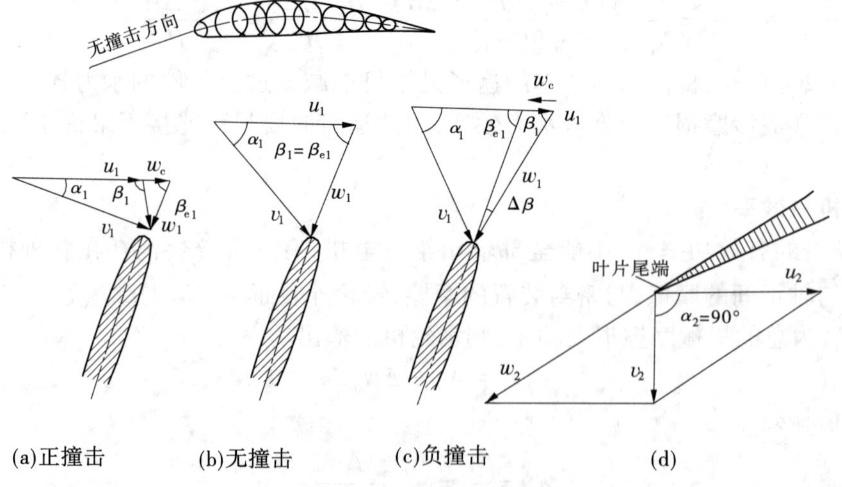

图 2-45 水流的进口情况

码 2-31　动画-正冲角翼型绕流

码 2-32　动画-负冲角翼型绕流

码 2-33　动画-零冲角翼型绕流

设计时必须满足

$$\beta_1 = \beta_{e1}$$

当$\beta_1 \neq \beta_{e1}$时,如图2-45(a)、(c)所示,将产生入口撞击而增加水头损失,并因此出现漩涡和脱流现象,降低水力效率。我们将 $\Delta\beta=\beta_1-\beta_{e1}$ 称为冲角。

由于叶片断面为翼型,实践证明,当冲角较小时,撞击速度是微小的。冲角 $\Delta\beta$ 一般不超过8°,在此范围内水力损失增加甚微,且可减小叶片的弯曲程度,有利于改善水力性能。

2.2.3.2　法向出口

法向出口是指水流离开转轮叶片时水流出口绝对速度 v_2 与出口圆周速度 u_2 垂直,即 v_2 的方向是法向的。法向出口时 v_2 最小,且不存在圆周分量($v_{u2}=0$),即出口环量为零。法向出口时 $\frac{v_2^2}{2g}$ 最小,因此出口动能损失最小;由于不存在 v_{u2} 分量,水流离开转轮后,不发生旋转,因此尾水管中的摩擦损失小。另外,$v_{u2}=0$,可改善尾水管对转轮出口动能的恢复(回收),提高水力效率。

近来的研究表明,转轮出口处的绝对速度 v_2 略带正向圆周分量,会给水轮机的工作带来一些好处。略带正环量则水流在本身旋转(离心力)作用下能紧贴尾水管壁流动,可避免在尾水管中发生脱流损失;同时转轮相对速度可略为减小,从而也能降低一些转轮中的水力损失,并有利于气蚀性能的改善。

不论是法向出口还是略带正环量,都是从对整个水轮机性能有利来考虑的。这两种考虑在实际水轮机设计时都有采用。

最优工况的进、出口速度三角形如图2-45(b)、(d)所示。

2.2.4　水轮机的气蚀、吸出高度与安装高程

2.2.4.1　气蚀

1. 气蚀的概念及气蚀现象

当流道中水流局部压力下降至临界压力(一般接近汽化压力)时,水中气核成长为气泡,气泡的聚积、流动、分裂、溃灭过程的总称称为空化。

空化的实质是液体的一种汽化现象,但它又不同于一般概念的液体沸腾汽化。在常压(大气压力)下将水加热到它的沸点(如100 ℃),水会变成水蒸气,这种汽化现象称为"沸腾"。而在常温(如20 ℃)下将水的环境压力降到它的汽化压力(如0.24 mH_2O)时,水也会变成水蒸气,我们把这种常温低压特定状态下水的汽化称为水的空化。水的汽化压力值见表2-5。

表 2-5　水的汽化压力值

水温/℃	0	5	10	20	30	40	50	60	70	80	90	100
汽化压力/mH_2O	0.06	0.09	0.12	0.24	0.43	0.72	1.26	2.03	3.18	4.83	7.15	10.33

在气蚀发生区,空泡或空穴不断产生又不断溃灭的过程中会造成高频、高压的微观水击(锤)。当这种过程发生在固体表面附近时,会对固体表面产生反复的冲击而使固体壁面遭受损伤。此外,在空泡溃灭过程中还伴有温度升高、发光、电离、化学腐蚀等现象,从而加速了固体材料破坏的进程。这种由空化造成的过流表面的材料损坏称为气蚀。

码 2-34　图片-气蚀的机械剥蚀作用

水轮机空化是水轮机运行中一种常见的现象,在水轮机偏离设计工况时尤为突出。在水电站现场,人们有时会听到一种闷雷般的轰鸣声,感觉到机组在剧烈振动,甚至出现机组功率的摆动或效率的下降,这些现象说明水轮机中的水流发生了空化。水轮机在空化状态下连续运行一段较长时间后,停机检查就会发现水轮机的轮叶或其他过流部件会出现麻点、蜂窝状蚀坑或整块金属材料脱落,这就是气蚀对水轮机的破坏。

码 2-35　图片-水轮机的气蚀

2. 气蚀的危害

气蚀对水轮机的运行主要有下列危害:

(1)降低水轮机效率,减小出力。

(2)破坏水轮机过流部件,影响机组寿命。气蚀使金属表面失去光泽,产生麻点、蜂窝,严重时轮叶上产生孔洞或大面积剥落。

(3)产生强烈的噪声和振动,恶化工作环境,从而影响水轮机的安全稳定运行。

气蚀破坏是机械、化学、电化学作用的共同结果,其中以机械破坏为主。

3. 气蚀类型

根据气蚀产生部位不同,气蚀可分为翼型气蚀、间隙气蚀、空腔气蚀、局部气蚀四种类型,如图 2-46 所示。

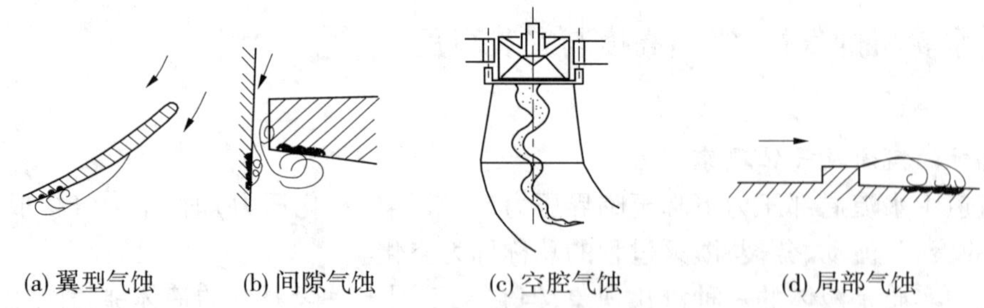

(a) 翼型气蚀　(b) 间隙气蚀　(c) 空腔气蚀　(d) 局部气蚀

图 2-46　气蚀的类型

(1)翼型气蚀:发生在水轮机转轮叶片上的气蚀,是反击式水轮机的主要气蚀形式。水流流经转轮时,一般叶片正面为正压,背面为负压,靠近流道出口处的压力最低——压力最低点,此处最易产生气蚀。

码 2-36 动画-水轮机翼型气蚀

(2)间隙气蚀:在水轮机过流部件的间隙部位产生的气蚀为间隙气蚀。如反击式水轮机转轮与转轮室之间,导叶端面间隙,转轮止漏装置处;冲击式水轮机喷嘴内腔、针阀表面等部位。

(3)空腔气蚀:反击式水轮机偏离最优工况时,水轮机出口流速则产生一圆周分量使水流在转轮出口处产生脱流和漩涡,形成一个大空腔,在中心产生很大真空,形成空腔气蚀。空腔气蚀多发生在尾水管中,使尾水管壁破坏,且有强烈的噪声和振动,危害较大。

码 2-37 动画-尾水管中的大椎状涡带

(4)局部气蚀:水轮机过流部件局部凸凹不平时,引起局部压力降低,形成过流部件局部的气蚀。

4. 水轮机气蚀的防护

为防止和减轻气蚀对水轮机的危害,一般从以下几个方面来考虑。

1)水轮机设计制造方面

合理设计叶片形状、数目使叶片具有平滑流线;尽可能使叶片背面压力分布均匀,减小低压区;提高加工工艺水平,减小叶片表面粗糙度。采用耐气蚀性(耐磨、耐蚀)较好的材料,如不锈钢、环氧树脂等。

2)工程措施方面

合理确定水轮机安装高程,使转轮出口处压力高于汽化压力。多沙河流上设防沙、排沙设施,防止粗粒径泥沙进入水轮机造成过多压力下降和对水轮机部件的磨损。

3)运行方面

码 2-38 视频-世界上单机容量最大的水轮发电机组 中国制造

拟定合理的水电站运行方式,尽可能避免在气蚀严重的工况区运行。在发生空腔气蚀时,可采用在尾水管进口补气增压,破坏真空涡带的形成。对于遭受破坏的叶片,及时采用不锈钢焊条补焊,并采用非金属涂层(如环氧树脂、环氧金刚砂、氯丁橡胶等)作为叶片的保护层。

2.2.4.2 水轮机的吸出高度

1. 气蚀系数

在反击式水轮机的运行过程中,当转轮叶片上的最低压力点的压力小于或等于当时温度下水的汽化压力时,水流便发生空化。理论上以水轮机的翼型空化代表水轮机的空化,即水轮机空化系数的推导是以翼型空化为基础的。通常,假定转轮叶片上最低压力点 K 处于翼型背面的出口边。K 点是否发生空化,关键在于 K 点压力的大小。因动力真空不能确切表达水轮机气蚀特性,也不便进行水轮机间气蚀性能的比较,故常采用动力真空的相对值来表示,称此相对值为气蚀系数,用 σ 表示。

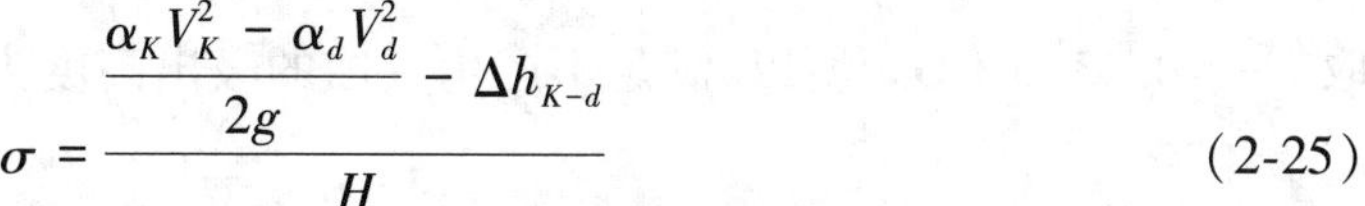

$$\sigma = \frac{\dfrac{\alpha_K V_K^2 - \alpha_d V_d^2}{2g} - \Delta h_{K-d}}{H} \tag{2-25}$$

气蚀系数的性能有:①σ 是无因次量;②σ 随水轮机工况变化而变化,工况一定时,σ 为一定值;③σ 与尾水管性能有关,尾水管动能恢复系数越高,σ 越大;④σ 随水轮机比转速的增加而增加,因 n_s 越大,v 越大,则 σ 越大。因此,在满足性能要求下,选 σ 小的水轮机。对于气蚀系数 σ 的确定，由于其影响因素较复杂，采用理论计算或直接在叶片流道中测量很困难，目前采用水轮机模型气蚀试验求取。

2. 吸出高度

水轮机的吸出高度是指转轮中压力最低点(K)到下游水面的垂直距离(见图 2-47)，常用 H_s 表示。其计算公式为

$$H_s \leqslant \frac{p_a}{\gamma} - \frac{p_{汽}}{\gamma} - \sigma H \tag{2-26}$$

式中 $\frac{p_a}{\gamma}$——水轮机安装地点的大气压力；

$\frac{p_{汽}}{\gamma}$——当时水温下的汽化压力；

H——水轮机水头，一般取为设计水头 H_d。

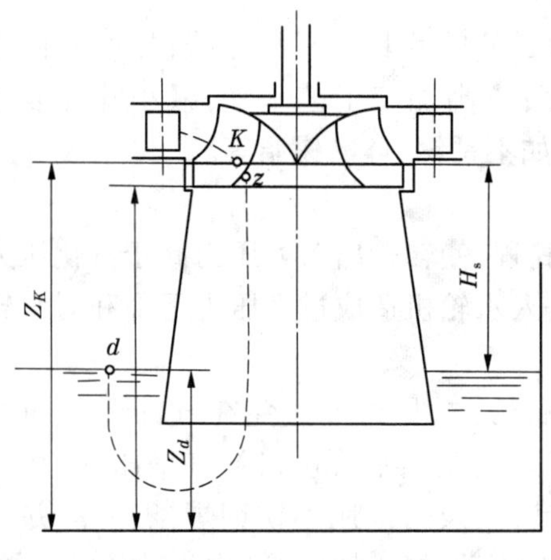

图 2-47 吸出高度示意图

海平面标准大气压力为 10.33 mH_2O，水轮机安装处的大气压随海拔升高而降低，在 0~3 000 m 范围内，平均海拔每升高 900 m，大气压力就降低 1 mH_2O，当水轮机处海拔为▽时，当地大气压为

$$\frac{p_a}{\gamma} = 10.33 - \frac{\nabla}{900} \quad (\text{m}) \tag{2-27}$$

当水温在 5°~20°时，汽化压力 $\frac{p_{汽}}{\gamma}$ = 0.09~0.24 mH_2O。为安全和计算的简便，通常取 $\frac{p_{汽}}{\gamma}$ = 0.33 mH_2O。所以，满足不产生气蚀的吸出高度为

$$H_s \leqslant 10.0 - \frac{\nabla}{900} - \sigma H \tag{2-28}$$

σ 由模型气蚀试验得出，因客观因素和主观因素的影响，试验得出的 σ 与实际的 σ 存在着一定的差别，所以在计算水轮机的实际吸出高度 H_s 时，通常引进一个安全裕量 $\Delta\sigma$

或安全系数 k(取1.1~1.2),对 σ 进行修正。计算吸出高度 H_s 时,采用计算公式如下:

$$H_s = 10.0 - \frac{\nabla}{900} - (\sigma + \Delta\sigma)H \tag{2-29}$$

或

$$H_s = 10.0 - \frac{\nabla}{900} - k\sigma H \tag{2-30}$$

式中,$\Delta\sigma$ 为气蚀系数修正值,$\Delta\sigma$ 与设计水头有关,可由图2-48查得;H_s 有正负之分,当最低压力点位于下游水位以上时 H_s 为正,最低压力点位于下游水位以下时 H_s 为负。

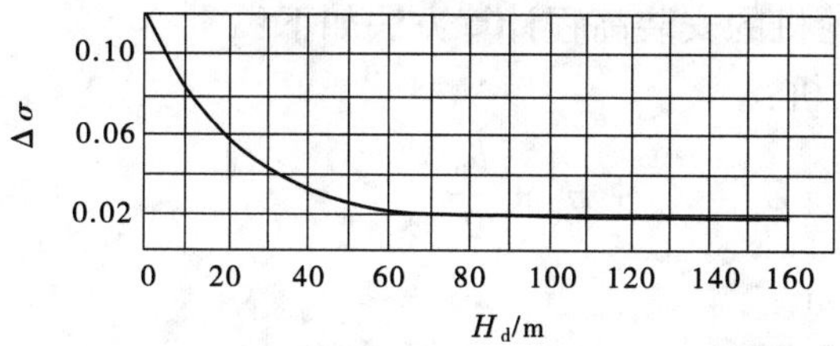

图2-48 气蚀系数修正值 $\Delta\sigma$ 与设计水头 H_d 的关系曲线

为了保证水轮机在各种运行工况下都不发生空化,反击式水轮机的吸出高度 H_s 应该采用各种特征水头(如最大水头、额定水头、最小水头等)及其相应的气蚀系数分别进行计算,并选用其中的最小值。

吸出高度 H_s 本应从转轮中压力最低点算起,但在实践中很难确定此点的准确位置,为统一起见,工程实践中对不同型式的水轮机(见图2-49)做了如下规定:

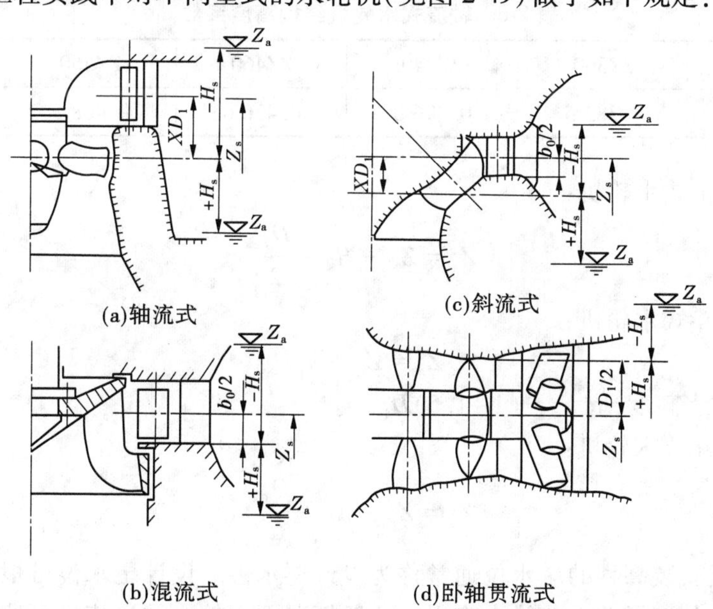

图2-49 各种不同型式水轮机的吸出高度和安装高程示意图

(1)立轴轴流式水轮机,H_s 为下游水面至叶片转动中心的距离,如图2-49(a)所示。

(2)立轴混流式水轮机,H_s 为下游水面至导叶下部底环平面的垂直高度,如图2-49(b)所示。

(3)立轴斜流式水轮机,H_s 为下游水面至叶片旋转轴线与转轮室内表面相交点的垂直距离,如图 2-49(c)所示。

(4)卧轴混流式、贯流式水轮机,H_s 为下游水面至叶片最高点的垂直高度,如图 2-49(d)所示。

2.2.4.3 水轮机的安装高程

码 2-39 动画-各类水轮机的安装高程

水轮机的安装高程是指水轮机的标高所在的海拔。对于立轴反击式水轮机,安装高程是指导叶中线高程;对于立轴冲击式水轮机,安装高程是指射流中心的高程;对于卧轴水轮机,安装高程是指主轴中心线高程。不同装置方式的水轮机的安装高程计算方法如下:

(1)立轴混流式水轮机:

$$Z_s = Z_a + H_s + \frac{b_0}{2} \tag{2-31}$$

式中 Z_s——安装高程,m;

Z_a——电站下游尾水位,m;

b_0——导叶高度,m。

(2)立轴轴流式和斜流式水轮机:

$$Z_s = Z_a + H_s + KD_1 \tag{2-32}$$

式中 K——水轮机结构高度系数,如表 2-6 所示;

D_1——转轮标称直径,m。

表 2-6 轴流式水轮机结构高度系数

水轮机型号	ZZ360	ZZ440	ZZ460	ZZ560	ZZ600
K	0.383 5	0.396 0	0.436 0	0.408 5	0.483 1

(3)卧轴反击式水轮机:

$$Z_s = Z_a + H_s - \frac{D_1}{2} \tag{2-33}$$

(4)立轴水斗式水轮机:

$$Z_s = Z_a + h_p \tag{2-34}$$

式中 h_p——排水高度,取 $h_p \approx (1\sim1.5)D_1$,m。

(5)卧轴水斗式水轮机:

$$Z_s = Z_a + h_p + \frac{D_1}{2} \tag{2-35}$$

确定水轮机安装高程的尾水位通常称为设计尾水位。设计尾水位可根据水轮机的过流量从下游水位与流量关系曲线中查得。一般情况下水轮机的过流量可按水电站装机台数参照表 2-7 选取。

表 2-7 确定设计尾水位时水轮机过流量的选择

水电站装机台数	1 台或 2 台	3 台或 4 台	5 台以上
水轮机过流量	1 台机 50%的额定流量	1 台机的额定流量	1.5~2 台机的额定流量

【自测练习】

请扫描二维码,做自测练习。

码 2-40 任务 2.2 自测练习

任务 2.3 水轮机的特性曲线及选型

在水电站设计中,为了选择适合该水电站的水轮机,就必须了解水轮机的特性。水轮机特性不能用理论精确表示,必须借助于试验。由于原型水轮机尺寸较大,不可能进行原型试验,故需借助于模型。为了将模型试验成果转换运用到原型水轮机上,就需要研究模型水轮机与原型水轮机的相似关系。水轮机在各种工况下运行的特性可用水头 H、流量 Q、转速 n、出力 N、效率及气蚀系数等参数及这些参数之间的关系来描述。但这些参数之间的关系非常复杂,目前完全用理论分析全面阐明其特性是不可能的。然而在水电站设计中,为了选择适用于各水电站条件的水轮机,就必须了解水轮机的特性。实践中均通过模型试验获取模型水轮机的全面性能,然后将模型试验成果换算到原型水轮机上去。为完成这种换算,就要研究模型水轮机和原型水轮机之间的相似条件和相似定律。

2.3.1 水轮机的相似定律和单位参数

2.3.1.1 水轮机的相似条件

水轮机的相似条件是指模型水轮机与原型水轮机满足这些条件后,模型与原型中的水流流态相似,即模型水轮机中的水流运动就是原型水轮机水流运动的缩影,此时模型水轮机与原型水轮机水力性能相似,因而也有相似的工况。

要想模型水轮机与原型水轮机相似,就要满足力学相似条件。两个水轮机的液流如果是力学相似,必须具备以下三个条件:几何相似、运动相似和动力相似。

1. 几何相似

几何相似即两个水轮机的全部过流部分形状相似,对应线性尺寸成比例。满足几何相似的一系列大小不同的水轮机,称为同轮系水轮机,如图 2-50 所示。即

$$\beta_1' = \beta_{1m}', \quad \beta_2' = \beta_{2m}', \quad \varphi = \varphi_m \tag{2-36}$$

$$\frac{D_1}{D_{1m}} = \frac{b_0}{b_{0m}} = \frac{a_0}{a_{0m}} = \cdots \tag{2-37}$$

式中 β_1'、β_2'、φ——水轮机转轮叶片的进口安装角、出口安装角、转角;

D_1、b_0、a_0——水轮机的转轮直径、导叶高度、导叶开度。

记有下标 m 者,代表模型参数,以下同此。

满足几何相似同轮系的水轮机才能建立起运动相似或动力相似。

2. 运动相似

运动相似即同轮系两水轮机的过流部分对应点的速度方向相同、大小成比例,相应夹

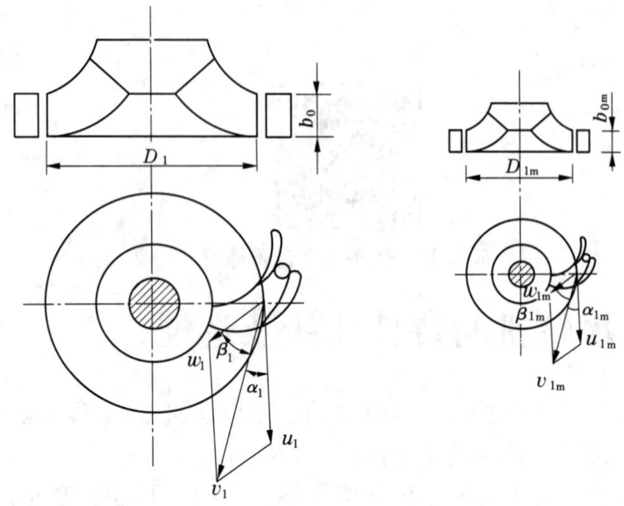

图 2-50　水轮机相似条件

角相等，亦即两对应点的速度三角形相似。两个水轮机运动相似的工况称为水轮机的相似工况，如图 2-50 所示。即

$$\frac{v_1}{v_{1m}}=\frac{u_1}{u_{1m}}=\frac{w_1}{w_{1m}}=\cdots \tag{2-38}$$

$$\alpha_1=\alpha_{1m},\quad \beta_1=\beta_{1m} \tag{2-39}$$

式中　v_1、u_1、w_1、α_1、β_1——进口绝对速度、进口圆周速度、进口相对速度、进口绝对速度与圆周速度的夹角、进口相对速度与圆周速度的夹角。

从几何相似和运动相似的关系来说，运动相似时必须是几何相似，但几何相似的水轮机不一定是运动相似，因为有各种不同工况。

两个水轮机运动相似就称此两个水轮机为等角工作状态（或相似工况）。

3. 动力相似

动力相似是指同轮系两个水轮机在相似工况下，各对应点所受力为同名力，且方向相同、大小成比例。此外，还包括相同的边界条件。例如，一个水流有自由表面，另一个水流也必须有自由表面。

在进行模型试验时，完全满足上述力学相似的三个条件是困难的，有时是不可能的（如表面相对糙度、黏滞力等），必须把这些矛盾主次分清，抓住主要矛盾，忽略某些次要条件，得出近似的关系式，待由模型换算到原型时，再进行适当的修正。

2.3.1.2　水轮机的相似定律

同一系列水轮机保持运动相似的工况状况简称为水轮机的相似工况。水轮机在相似工况下运行时，其各工作参数（如水头 H、流量 Q、转速 n 等）之间的固定关系称为水轮机的相似定律，或称相似律、相似公式。

1. 转速相似律

$$\frac{n}{n_m}=\frac{D_{1m}\sqrt{H\eta_h}}{D_1\sqrt{H_m\eta_{hm}}} \tag{2-40}$$

式(2-40)称为水轮机的转速相似律，亦称为转速方程式。它表示相似水轮机在相似工况下其转速与转轮直径成反比，而与有效水头的平方根成正比。

2. 流量相似律

$$\frac{Q\eta_v}{Q_m\eta_{vm}}=\frac{D_1^2\sqrt{H\eta_h}}{D_{1m}^2\sqrt{H_m\eta_{hm}}} \tag{2-41}$$

式中 $Q\eta_v$——有效流量。

式(2-41)称为水轮机的流量相似律，亦称为流量方程式。它表示相似水轮机在相似工况下其有效流量与转轮直径平方成正比，与其有效水头的平方根成正比。

3. 出力相似律

$$\frac{N}{N_m}=\frac{D_1^2(H\eta_h)^{3/2}\eta_m}{D_{1m}^2(H_m\eta_{hm})^{3/2}\eta_{mm}} \tag{2-42}$$

式(2-42)称为水轮机的出力相似律，亦称为出力方程式。它表示相似水轮机在相似工况下其有效出力与转轮直径平方成正比，与有效水头的3/2次方成正比。

假定 $\eta_h=\eta_{hm}$、$\eta_v=\eta_{vm}$、$\eta_m=\eta_{mm}$ 和 $\eta=\eta_m$ 时，得出近似相似律公式如下：

$$\frac{n}{n_m}=\frac{D_{1m}\sqrt{H}}{D_1\sqrt{H_m}} \tag{2-43}$$

$$\frac{Q}{Q_m}=\frac{D_1^2\sqrt{H}}{D_{1m}^2\sqrt{H_m}} \tag{2-44}$$

$$\frac{N}{N_m}=\frac{D_1^2H^{3/2}}{D_{1m}^2H_m^{3/2}} \tag{2-45}$$

2.3.1.3 水轮机的单位参数

在进行水轮机模型试验时，由于试验装置情况和要求不同，水轮机的模型直径和试验水头也不相同，因此模型试验得到的参数 n、Q、N 也就不可能相同，这样就不便于进行水轮机的性能比较。为了比较时有一个统一的标准，通常规定把模型试验成果都统一换算到转轮直径 $D_1=1$ m、有效水头 $H=1$ m 时的水轮机参数，这种参数就称为单位参数。单位参数有单位转速 n_1'、单位流量 Q_1'和单位出力 N_1'。

将式(2-43)~式(2-45)三式分别改写为

$$\frac{nD_1}{\sqrt{H}}=\frac{n_mD_{1m}}{\sqrt{H_m}}=n_1' \tag{2-46}$$

$$\frac{Q}{D_1^2\sqrt{H}}=\frac{Q_m}{D_{1m}^2\sqrt{H_m}}=Q_1' \tag{2-47}$$

$$\frac{N}{D_1^2H^{3/2}}=\frac{N_m}{D_{1m}^2H_m^{3/2}}=N_1' \tag{2-48}$$

由上述表达式可看出，当水轮机转轮直径 $D_1=1$ m、水头 $H=1$ m 时，n_1'、Q_1'、N_1'分别等于水轮机的转速、流量和出力，所以 n_1'、Q_1'、N_1'分别被称为单位转速、单位流量和单位出力，统称为单位参数。

目前，在模型中整理试验成果时，或在初步设计时，都采用式(2-46)~式(2-48)，它应用简便，但比较粗糙，常作近似计算。特别是在水轮机选型计算中，可利用单位参数确定原型水轮机的主要参数（水轮机的直径 D_1、转速 n 和流量 Q 等）。

同系列水轮机在相似工况下，单位参数值是相等的，而当工况改变时，其值也要随之改变为另一个新的常数。因此，水轮机单位参数可以表示出相似水轮机的特性，是几何相似水轮机保持相似工况的一种判别准则。同时对几何形状不同的各种系列水轮机，利用单位参数可以比较方便地进行过流能力、转速高低、出力大小的性能比较，选择性能较好的转轮。

显然，单位参数（n'_1、Q'_1、N'_1）就代表了同轮系水轮机的一个工作状态（工况）。水轮机效率最高时的工作状态（工况）称为最优工作状态（最优工况），相应于最优工作状态（最优工况）的单位参数称为最优单位参数，并分别以 n'_{10}、Q'_{10}、N'_{10}表示。

由流量相似律可知：$Q = Q'_1 D_1^2 \sqrt{H}$，则：

$$N'_1 = \frac{N}{D_1^2 H^{3/2}} = \frac{9.81QH\eta}{D_1^2 H^{3/2}} = \frac{9.81Q'_1 D_1^2 H^{3/2}\eta}{D_1^2 H^{3/2}} = 9.81\eta Q'_1$$

由上述可知，单位出力 N'_1是由单位流量 Q'_1换算得来的，所以只应用单位转速n'_1 和单位流量 Q'_1就可表示水轮机的工作状态（工况）。

2.3.1.4　**水轮机的比转速**

水轮机的单位参数 n'_1、Q'_1、N'_1只能分别从不同的方面反映水轮机的性能。为了找到一个能综合反映水轮机性能的参数，提出了比转速的概念。

由 $n'_1 = \dfrac{nD_1}{\sqrt{H}}$，$N'_1 = \dfrac{N}{D_1^2 H^{3/2}}$ 可得：

$$n_s = n'_1 \sqrt{N'_1} = \frac{n\sqrt{N}}{H^{5/4}} \tag{2-49}$$

由式（2-49）可知，当工作水头 $H=1$ m，发出功率 $N=1$ kW 时，n_s 在数值上等于水轮机所具有的转速 n，故称 n_s 为水轮机的比转速。

比转速 n_s 是与水轮机转轮直径无关的一个重要的综合性参数，它反映了水轮机的转速 n、出力 N 和水头 H 的相互关系。显然，当工作状态（工况）不同时，单位参数不同，所以 n_s 也不同。对同轮系水轮机而言，如果工作状态一定，则 n_s 就是唯一的。通常规定以设计工况（设计水头、额定转速、额定出力）的比转速 n_s 值作为水轮机轮系的代表特征参数（也有采用最优工况下的比转速作为代表的）。n_s 也可作为水轮机选择的主要依据。

以水轮机比转速的整数值代表水轮机转轮型号，从型号就可定性地估计该水轮机的基本性能和转轮形状。选择水轮机时，如果客观条件允许，采用比转速较高的水轮机是有利的，因为：

（1）在相同水头和相同出力条件下工作的水轮机，比转速越大则转速越高，机组尺寸较小，故厂房尺寸也小，可降低水电站投资。

（2）在水头一定的情况下，水轮机转速相同时，比转速大的水轮机出力也大，其动能效益可增大。但比转速大的水轮机，其气蚀系数也大，这就限制了比转速的提高。

因此，在满足气蚀性能要求下，尽可能选比转速较高的水轮机。

2.3.2　水轮机效率与单位参数的修正

2.3.2.1　水轮机效率的修正

水轮机的单位参数公式,是假定在相似工况下模型水轮机和原型水轮机效率相等的条件下导出的,而实际上两者的效率是有差别的。其原因是:

(1)原型水轮机与模型水轮机过流部件的加工精度基本相同,糙率不可能按比例加工,因此两个水轮机的水力损失是不同的,原型水轮机的水力损失要比模型水轮机的水力损失小。

(2)通过原型水轮机和模型水轮机的水流,其黏滞力是相等的,但其对水轮机的相对影响是不同的,对原型的影响要比对模型的影响小得多。

(3)由于制造工艺等因素,原型与模型水轮机转轮与固定部件的间隙基本相同,但原型水轮机的相对容积损失和相对机械损失要比模型水轮机小得多。

综上所述,原型水轮机的效率与模型水轮机的效率相比较大。因此,将模型试验所得到的参数换算成原型水轮机时必须进行修正。水轮机的效率是由水力效率、容积效率和机械效率三部分组成的,但模型试验只能测出水轮机的总效率,故在进行效率修正时只能对水轮机总效率进行修正。

按照《小型水轮机基本技术条件》(GB/T 21718—2021)和《水轮机基本技术条件》(GB/T 15468—2020)的规定,效率修正采用的第一种方法如下。

混流式水轮机:

$$\Delta\eta = k \times (1 - \eta_{m\cdot max}) \times \left[1 - \left(\frac{D_{1m}}{D_1}\right)^{0.2}\right] \tag{2-50}$$

轴流式水轮机:

$$\Delta\eta = k \times (1 - \eta_{m\cdot max}) \times \left[0.7 - 0.7 \times \left(\frac{D_{1m}}{D_1}\right)^{0.2} \times \left(\frac{H_m}{H}\right)^{0.1}\right] \tag{2-51}$$

式中　$\eta_{m\cdot max}$——模型水轮机的最优效率;

k——系数,$k=0.5\sim0.7$,改造机组取小值,新机组取大值;

H、H_m——原型水轮机和模型水轮机的转轮公称直径,m;

D_1、D_{1m}——原型水轮机水头和模型水轮机试验水头,m。

对小型反击式水轮机还应进行加工工艺和异形部件引起的效率修正。

第二种方法是根据过流流态(雷诺数)来修正(国际电工委员会标准 IEC60193 推荐公式)。第三种方法是对过去已有的模型试验曲线且已换算到标准雷诺数的模型试验资料的推荐公式。此两种方法及冲击式水轮机效率具体修正公式不再详述,具体可参见上述规范。对于其他工况时原型水轮机效率为

$$\eta = \eta_m + \Delta\eta \tag{2-52}$$

对于转桨式水轮机,因每一个轮叶装置角 φ 都有一个最高效率 $\eta_{\varphi\cdot max}$,相应于不同轮叶装置角的最高效率都有一个效率修正值 $\Delta\eta_\varphi$,故对转桨式水轮机应按不同轮叶装置角 φ 分别计算。

2.3.2.2　单位转速 n_1'和单位流量 Q_1'的修正

原型水轮机在其他工况下的单位转速和单位流量，即

$$n_1' = n_{1m}' + \Delta n_1' \tag{2-53}$$

$$Q_1' = Q_{1m}' + \Delta Q_1' \tag{2-54}$$

单位转速和单位流量的修正值为

$$\Delta n_1' = n_{10}' - n_{10m}' = n_{10m}'\left(\sqrt{\frac{\eta_{max}}{\eta_{m\cdot max}}} - 1\right) \tag{2-55}$$

$$\Delta Q_1' = Q_{10}' - Q_{10m}' = Q_{10m}'\left(\sqrt{\frac{\eta_{max}}{\eta_{m\cdot max}}} - 1\right) \tag{2-56}$$

注：式(2-55)、式(2-56)中下标 10 者，代表最优工况参数，以下同此。

一般 $\Delta Q_1'$与 Q_1'相比很小，可忽略不计，即不再进行单位流量的修正。对单位转速，当 $\frac{\Delta n_1'}{n_{10m}'} = \left(\sqrt{\frac{\eta_{max}}{\eta_{m\cdot max}}} - 1\right) < 3\%$时，$\Delta n_1'$亦可忽略不计，不进行单位转速的修正。

2.3.3　水轮机的特性曲线

水轮机在工作时，能表示其主要性能的主要参数有转轮直径、转速、水头、流量、功率、效率、空化系数、开度及单位参数等，用来表示这些参数之间相互关系的曲线称为水轮机特性曲线。水轮机的特性曲线可分为线性特性曲线和综合特性曲线两类。

2.3.3.1　线性特性曲线

线性特性曲线按其所表达的内容不同，又分为转速特性曲线、工作特性曲线和水头特性曲线。

1. 转速特性曲线

转速特性曲线表示水轮机在导叶开度 a_0、叶片转角 φ 和水头 H 为常数时，其他参数与转速之间的关系，如图 2-51 所示。

不同比转速的水轮机其转速特性也是不同的，在偏离额定转速时，水轮机的效率下降较快；而高比转速水轮机下降较慢。比较图 2-52 所示曲线可以看出，低比转速水轮机的效率对转速的变化比较敏感。

码 2-41　图片-混流式水轮机效率特性曲线

2. 工作特性曲线

一般来说，在机组负荷经常变化的情况下，为表示水轮机工作在固定的转速和水头下的特性而绘制的曲线，称为水轮机工作特性曲线，如图 2-53 所示。为了了解水轮机效率随流量及出力的变化关系，常需绘制出 D_1、H 和 n 为常数时的 $\eta=f(N)$、$\eta=f(Q)$及 $Q=f(N)$曲线，其中 $\eta=f(N)$曲线又称为效率特性曲线，$Q=f(N)$曲线又称为流量特性曲线。

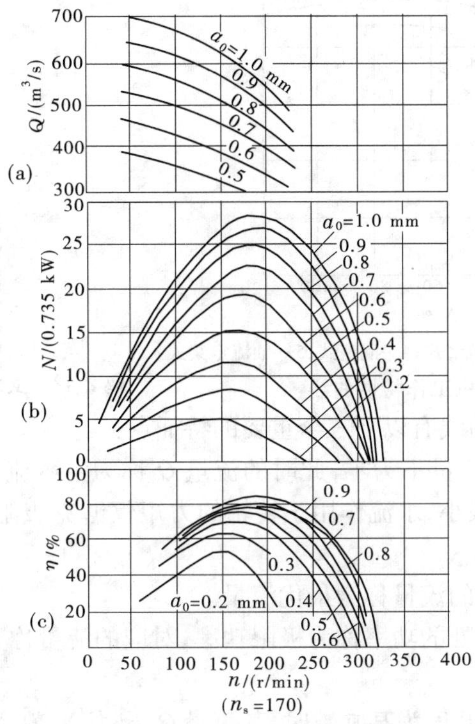

图 2-51 水轮机转速特性曲线

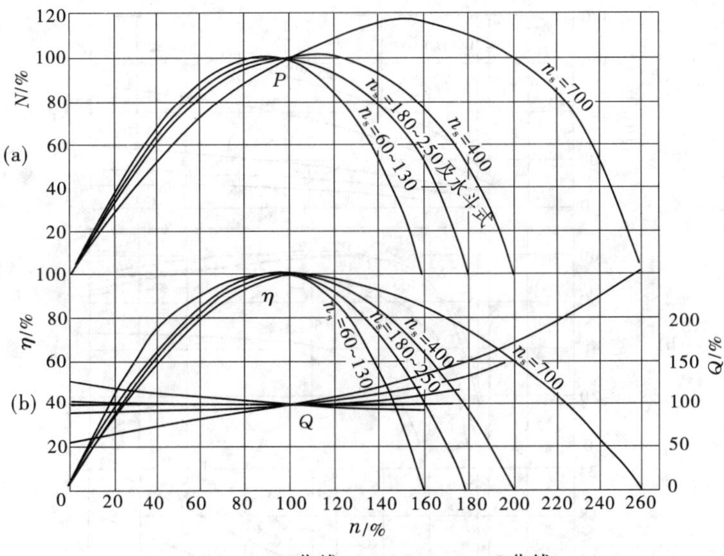

(a) n—N曲线; (b)n—η、n—Q曲线

图 2-52 各类型水轮机转速特性的比较

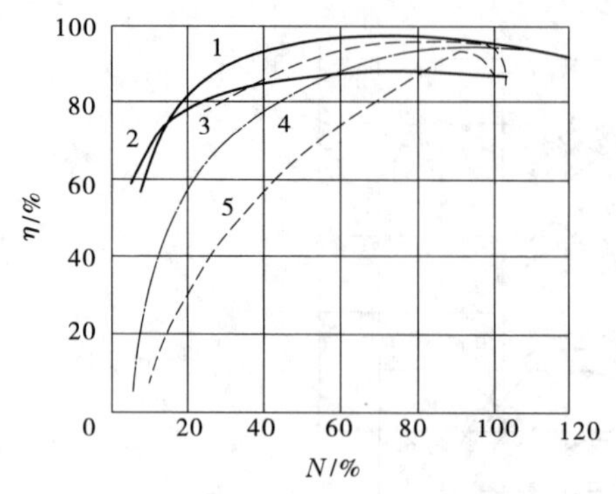

1—斜流式;2—水斗式;3—轴流转桨式;4—混流式;5—轴流定桨式。

图 2-53　水轮机工作特性曲线

码 2-42　文本-水轮机的工作特性曲线

水轮机的工作特性曲线有以下三个重要的特征点:

(1)当功率为零时,流量不为零,此时的流量 Q 称为空载流量,对应的导叶开度称为空载开度。这时的流量很小,水流作用于转轮的力矩仅够克服阻力而维持转轮以额定转速旋转,没有输出功率。

(2)效率最高点对应的流量称为最优流量。

(3)功率曲线最高点处的功率称为极限功率,对应的流量称为极限流量。

3. 水头特性曲线

水轮机在转速、导叶开度为某常数时,其流量 Q、出力 N、效率 η 与水头 H 之间的关系曲线称为水头特性曲线。如图 2-54 所示为水轮机水头特性曲线。

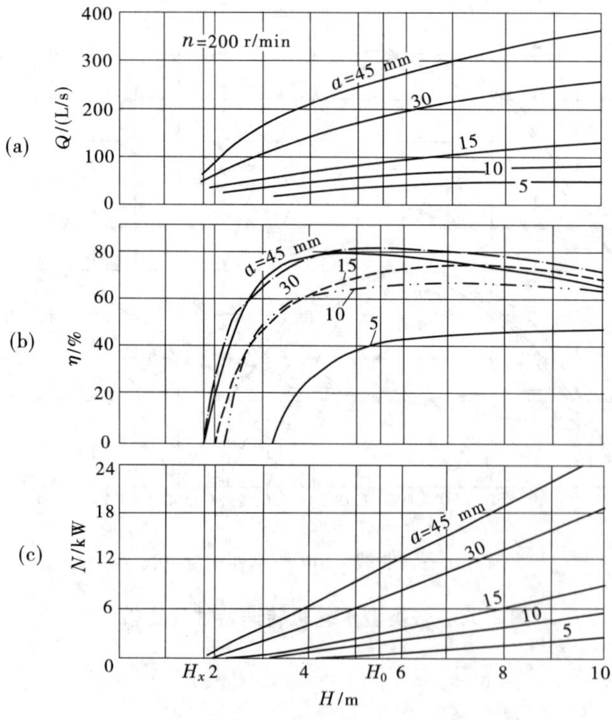

图 2-54　水轮机水头特性曲线

2.3.3.2　综合特性曲线

能反映水轮机各参数变化的曲线称为综合特性曲线。综合特性曲线又分为主要(或转轮)综合特性曲线和运转(或运行)综合特性曲线。

1. 主要综合特性曲线

在以 n'_1为纵坐标和以 Q'_1为横坐标的坐标系中,绘出等效率线 $\eta = f(n'_1, Q'_1)$ 、等导叶开度线 $a_0 = f(n'_1, Q'_1)$ 、等气蚀系数线 $\sigma = f(n'_1, Q'_1)$ 及相应出力限制线。该坐标系中的任意一点就表示了该轮系水轮机的一个工况(工作状态)。由这些曲线所组成的图形就可全面反映该轮系水轮机的特性,这个图形就称为水轮机的主要综合特性曲线。图 2-55~图 2-57 为不同类型水轮机的主要综合特性曲线示例。

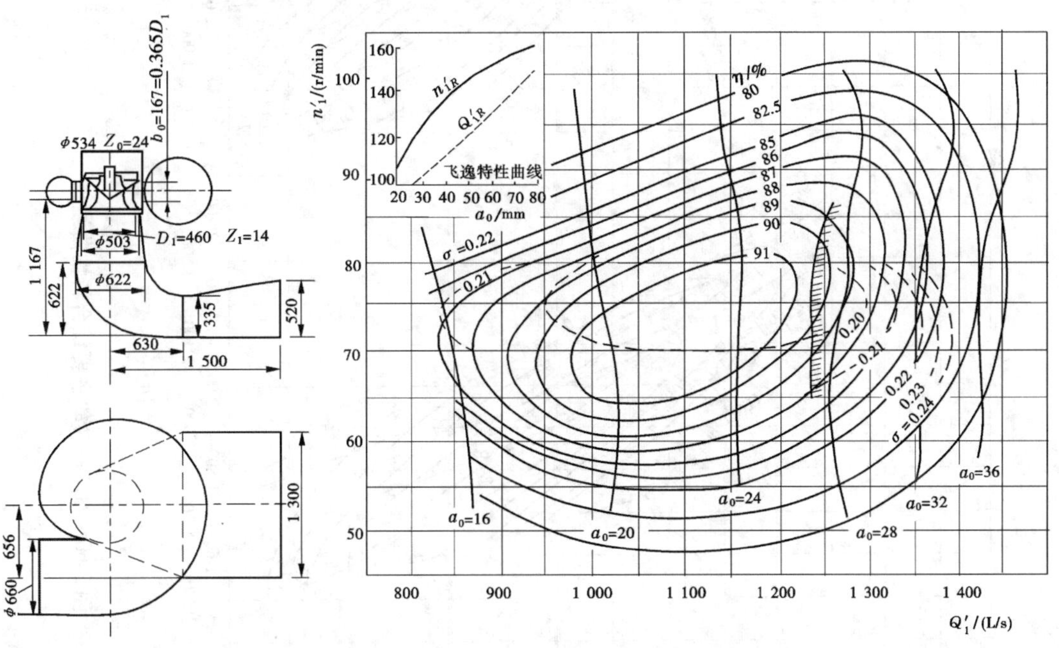

图 2-55　HL240-46 转轮主要综合特性曲线

主要综合特性曲线是由模型试验得出的,反映的是模型水轮机的全面特性,因此在换算为原型参数时需进行修正。

2. 运转综合特性曲线

主要综合特性曲线虽然能全面反映水轮机的特性,但未能直观地反映水轮机主要参数之间的关系,查用不便。运转综合特性曲线是表示某一固定水轮机(D_1 和 n 为定值)各主要参数之间的关系曲线,即在以 H、N 为纵横坐标的坐标系中,绘出等效率曲线 $\eta = f(N,H)$ 和等吸出高度曲线 $H_s = f(N,H)$ 及出力限制线,如图 2-58 所示。

运转综合特性曲线一般由水轮机厂家提供,也可由主要综合特性曲线根据相似律换算绘出。图中出力限制线受两方面的影响:水头较高时,水轮机出力较大,此时出力受发电机容量限制,其限制线为一条竖直线;水头较低时,水轮机出力较小,达不到发电机额定

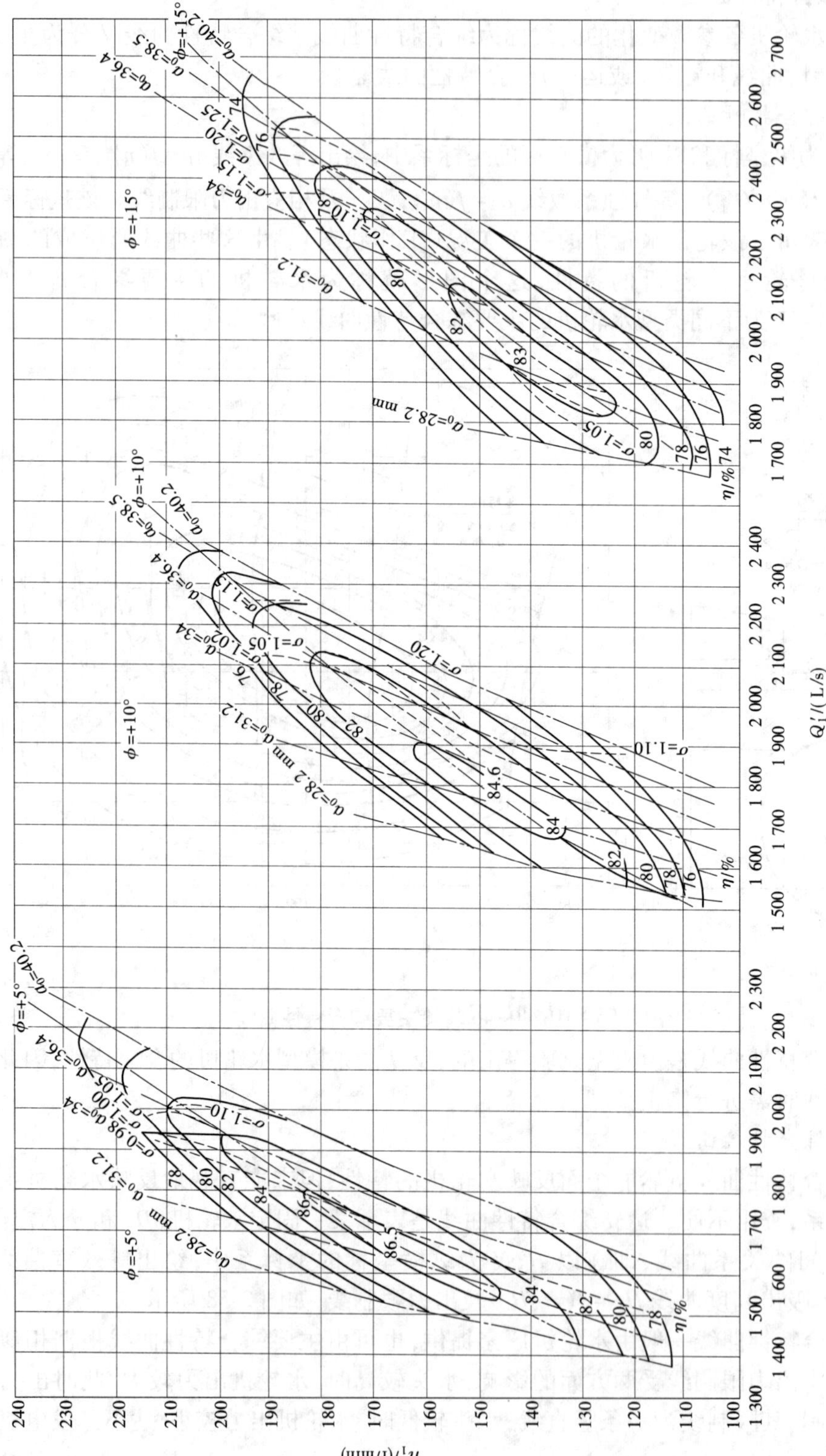

图 2-56　ZD760 转轮主要综合特性曲线

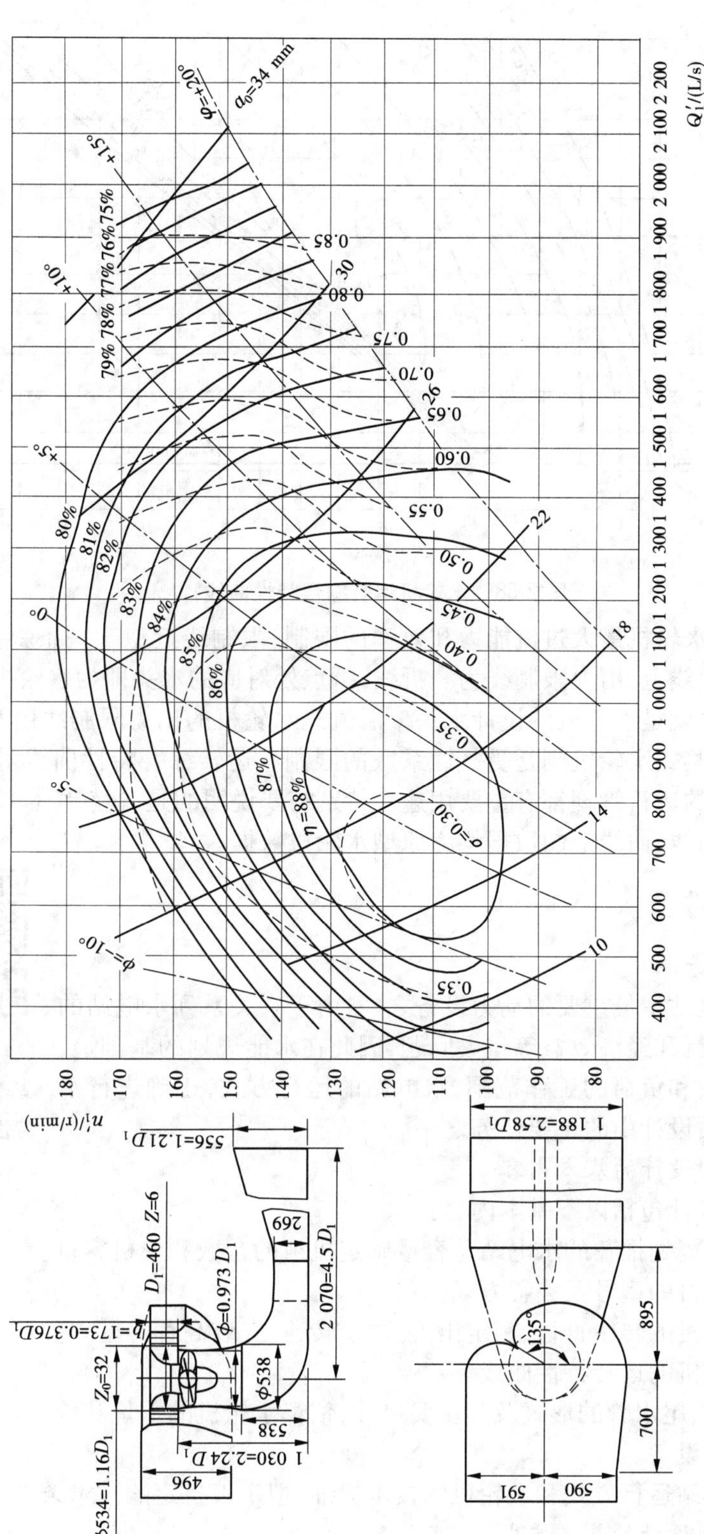

图 2-57　ZZ440 转轮主要综合特性曲线

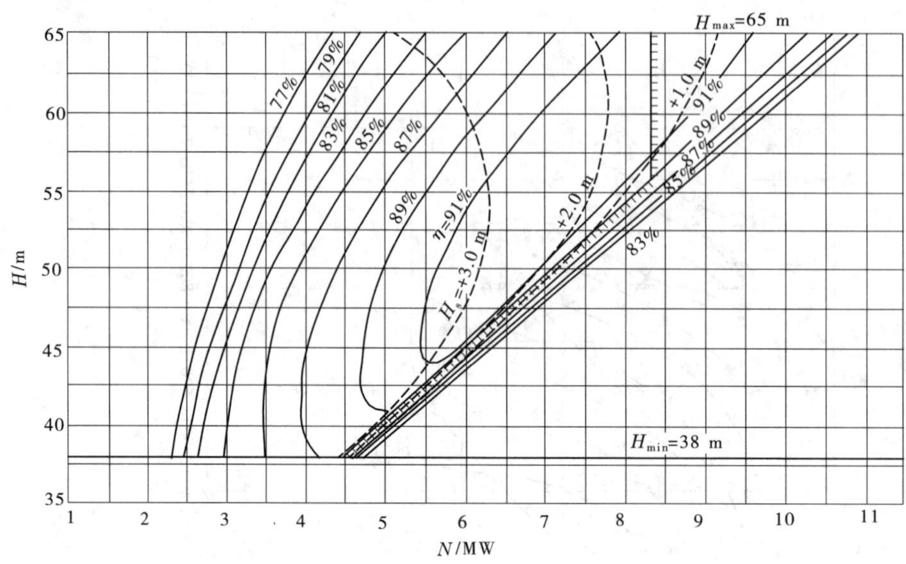

图 2-58 水轮机运转综合特性曲线

容量,此时出力受水轮机最大过流能力和效率的限制,限制线近似于一条斜直线。所以,在运转综合特性曲线上,出力限制线为一折线,折点处对应的水头即为水轮机达到额定出力的最小水头，也就是水轮机的设计水头。混流式水轮机的出力限制线由 5%出力限制线换算而来,而转桨式水轮机则是受气蚀系数的限制。运转综合特性曲线对水轮机的选择,特别是水轮机的运行管理都有重要用途。特别需要说明的是,运转综合特性曲线是原型水轮机的特性曲线,曲线上的数据均为原型水轮机数据。

2.3.4 水轮机选型

码 2-43 思维导图-水轮机的特性曲线及选型

2.3.4.1 水轮机选择

水轮机是水电站中最重要的动力设备之一,由于它关系到水电站的工程投资、安全运行和经济效益等重大问题,因此在水能规划的基础上,根据水电站的水头和负荷的工作范围、水电站的运行方式,正确进行水轮机选择是水电站设计中的主要任务之一。

1. 水轮机选型设计的基本内容

水轮机选型设计包括以下基本内容:

(1)根据水能规划推荐的水电站总容量确定机组的台数和单机容量。

(2)选择水轮机的型号及装置方式。

(3)确定水轮机的转轮直径、额定出力、同步转速、安装高程等基本参数。

(4)绘制水轮机的运转特性曲线。

(5)确定蜗壳、尾水管的形式及其主要尺寸,估算水轮机的重量和价格。

(6)选择调速设备。

(7)结合水电站运行方式和水轮机的技术标准,拟定设备定购技术条件。

2. 水轮机选型设计的基本要求

水轮机的选型设计要充分考虑水能、水文、地质、枢纽布置及水轮机制造、运输、安装、运行维护和电力系统等方面的因素，并和水工、电气设计协调，列出水轮机可能的待选方案进行动能经济比较和综合分析，力求选出技术上先进可靠、经济上合理的水轮机，具体的要求可归纳如下：

（1）水轮机有较好的能量特性，在额定水头时能保证发出额定出力，额定水头以下的机组受阻容量小，水电站全厂机组平均效率高。

（2）水轮机性能要与水电站的整体运行方式和谐一致，机组运行稳定、可靠灵活，有良好的抗空蚀和抗磨损性能，对多泥沙河流上的水电站更应如此。

（3）水轮机的结构设计合理，便于安装与操作、检修与维护。

（4）选择生产实力强、制造技术水平高、合作信誉好的制造厂商，使机组制造、供货、设备的技术要求能得到可靠保证。

（5）考虑适度合理的经济节省原则。

3. 水轮机选型设计需要收集和整理的基本资料

水轮机选型设计时需要收集和整理的基本资料有以下几个方面。

1）枢纽工程资料

枢纽工程资料包括河流水能总体规划、开发方式、水文、地质、水库调节性能、枢纽布置、水电站类型、厂房形式、工程施工组织、工期安排等。其中，水电站的总装机容量、保证出力、径流数据、水质状况、上游特征水位与下泄流量间的关系、下游水位与流量的关系、引水渠道特征尺寸与底坡等都是选型设计时要直接使用的主要资料。

2）电力系统资料

电力系统资料包括水电站所在系统负荷构成、负荷规划，水电站在系统中担当的角色、系统对水电站的特殊要求及与其他水电站并列调配运行方式等。

3）水轮机产品技术资料

水轮机产品技术资料包括国内外水轮机的型谱、产品目录及相关技术特性资料，水轮机生产厂商的技术水平、执行标准、经营状况与信誉等级，国内外正在设计、施工和已经运行的同类水电站的水轮机选型设计及运行效果等方面的有关资料。

4）运输及安装条件

了解设备供应地和水电站之间的交通条件、设备的现场装配条件、现场使用专用加工设备的可行性等。

5）其他

工程投资意向及一些其他特殊要求。

4. 确定机组台数和单机容量时要考虑的因素

依据水能计算结果确定水电站总装机容量时，不仅要考虑水电站设计保证率、保证出力、备用容量、多年平均发电量、水电站年利用小时等动能参数，还要从宏观上考虑水电站的总投资、年效益等经济指标。除有特殊要求或在小型水电站中受来流条件限制，才考虑安装不同型号和不同容量的机组外，一般情况下，同一水电站中希望安装同一型号和相同容量的水轮机，这对水电站的设计、建设以及运行与维护都是有利的。下面的讨论是基于安装相同型号和相同单机容量的机组进行的。确定水电站机组台数和单机容量时，还要综合考虑以下的因素。

1）机组台数与工程建设费用的关系

在水电站的装机容量基本已定的情况下，机组台数增多，单机容量减小。通常大机组单位千瓦耗材少,整体设备费用低。另外,机组台数少,厂房所占的平面尺寸也会减少。因此,较少的机组台数有利于降低工程建设费用。

2)机组台数与设备制造、运输、安装及枢纽布置的关系

单机容量大,可能会在制造、安装和运输方面增加一定的难度。然而有些大型或特大型水电站,由于受枢纽平面尺寸的限制,总希望单机容量制造得大些,如葛洲坝水电站、三峡水电站。

3)机组台数与水电站运行效率的关系

水轮机在额定出力或接近额定出力时,运行效率较高。机组台数不同,水电站的平均效率也不同。机组台数越少,平均效率越低。但机组台数多到一定程度,再增加机组台数对水电站运行效率的效果提高就不显著了。通常在系统中担任基荷的水电站,经常满负荷运行,一般选择较少的机组台数。若在系统中担任峰荷且承担调频任务,由于负荷经常变动,为了使每台机组都能在高效率区工作,则相应选择较多的机组台数。另外,机型不同,高效率工作区范围大小也不同。如轴流转桨式水轮机或水斗式水轮机就要比混流式机组高效率工作区域宽,而轴流定桨式水轮机高效率工作区域最窄。对于高效率工作区域较窄的,机组台数应适当多一些。

4)机组台数与水电站运行维护的关系

机组台数多,单机容量小,运行方式灵活,单台事故所产生的影响小,机组轮换检修容易安排,难度也小。但机组台数多,发生事故的概率也随之增高,同时管理人员多,维护耗材多,运行费用也相应提高。

5)机组台数与电气主接线的关系

对采用扩大单元的电气主接线方式,机组台数为偶数有利。但由于大型机组主变压器受容量限制,采用单元接线方式,机组台数的单、偶数就无所谓了。

从上述的分析可以看出,在选择水电站机组台数时,要考虑的因素很多,彼此关联,甚至相互制约。因此,在确定机组台数时,要根据具体条件具体分析,进行综合平衡。一般水电站机组不应少于2台,对于具体的水电站,要经过充分的技术、经济分析论证,从而确定出合适的机组台数。

2.3.4.2 水轮机的标准系列

对于水力发电工程,由于各开发河段水力资源的自然条件不同,开发利用的情况不同,所以各水电站的工作水头和应用流量范围也不同。水轮机受自身能量特性、空蚀特性及强度条件等限制,适应的水头和流量范围也有一定的限制,像轴流定桨式水轮机对工作流量的适应范围就非常狭窄。如果过分追求水电站的经济、安全和高效运行,就必须有很多种不同类型、不同系列和不同尺寸的水轮机来适应各种水电站的要求,这样,不仅使水轮机的型号、品种和数目相当烦杂,而且也增加了科研、设计工作的难度,提高了设备生产费用和制造成本。为了克服这些缺点,同时又能使水轮机基本满足不同自然条件的水电站,水轮机行业在长期生产实践和模型试验的基础上,推荐出一些水轮机的标准系列,尽可能使水轮机的生产达到某种程度的系列化、通用化和标准化。一方面,减少和控制水轮机的系列和每个系列的品种,以便于缩短生产周期和降低生产成本;另一方面,也能够使那些常规的、没有特殊要求的水电站按各自的自然条件和要求选到合适或相对合适的水轮机。

在有关的水电站设计手册中,对水轮机的标准系列进行了规定和汇总,供选择水轮机时比较和参考。下面对其中的一些内容简单介绍如下。

1.水轮机的系列型谱

我国在1974年汇总编制了反击式水轮机暂行系列型谱,型谱中列出的转轮是经长期实践验证适应于某一水头段相对优秀的转轮。表2-8是大中型轴流式水轮机暂行系列型谱及对应的转轮参数;表2-9为大中型混流式水轮机暂行系列型谱及对应的转轮参数,表2-10为中小型轴流式、混流式水轮机暂行系列型谱及对应的转轮参数。在型谱中,水轮机使用的转轮型号规定一律采用统一的比转速代号,由于这些转轮都是国外的研究成果,刚引进时型号标注比较混乱。制定型谱时,曾用型号的水轮机已安装在我国的水电站中运行,为了便于对照和查阅相关资料,在型谱中也列出了部分曾用旧型号。

表2-8 大中型轴流式水轮机转轮参数(暂行系列型谱)

适用水头范围 H/m	转轮型号		转轮叶片数 Z_1	轮毂比 d_g/D_1	导叶相对高度 b_0/D_1	最优单位转速 n'_{10} (r/min)	推荐使用的单位最大流量 Q'_1/(L/s)	模型气蚀系数 σ_m
	使用型号	曾用旧型号						
3~8	ZZ600	ZZ55,4K	4	0.33	0.488	142	2 000	0.70
10~22	ZZ560	ZZA30,ZZ005	4	0.40	0.400	130	2 000	0.59~0.77
15~20	ZZ460	ZZ105,5K	5	0.50	0.382	116	1 750	0.60
20~36(40)	ZZ440	ZZ587	6	0.50	0.375	115	1 650	0.38~0.65
30~55	ZZ360	ZZA79	8	0.55	0.350	107	1 300	0.23~0.41

表2-9 大中型混流式水轮机转轮参数(暂行系列型谱)

适用水头范围 H/m	转轮型号		导叶相对高度 b_0/D_1	最优单位转速 n'_{10}/(r/min)	推荐使用的单位最大流量 Q'_1/(L/s)	模型气蚀系数 σ_m
	使用型号	曾用旧型号				
<30	HL310	HL365,Q	0.391	88.3	1 400	0.360*
25~45	HL240	HL123	0.365	72.0	1 240	0.200
35~65	HL230	HL263,H_2	0.315	71.0	1 110	0.170*
50~85	HL220	HL702	0.250	70.0	1 150	0.133
90~125	HL200	HL741	0.200	68.0	960	0.100
	HL180	HL662(改型)	0.200	67.0	860	0.085
110~150	HL160	HL638	0.224	67.0	670	0.065
140~200	HL110	HL129,E_2	0.118	61.5	380	0.055*
180~250	HL120	HLA41	0.120	62.5	380	0.060
230~320	HL100	HLA45	0.100	61.5	280	0.045

注:有*者为装置空蚀系数σ_s,$\sigma_s=\dfrac{10-\dfrac{\nabla}{900}-H_s}{H}$。

表 2-10　中小型轴流式、混流式水轮机转轮参数(暂行系列型谱)

适用水头范围 H/m	转轮型号		最优单位转速 n'_{10}/(r/min)	设计单位转速 n'_1/(r/min)	设计单位流量 Q'_1/(L/s)	模型气蚀系数 σ_m	模型转轮	
	使用型号	曾用旧型号					直径 D_{1m}/mm	叶片数 Z_1
2~6	ZD760 $\varphi=+10°$	ZDJ001 $\varphi=+10°$	150	170	1 795	1.0		
4~14	ZD560 $\varphi=+10°$	ZDA30 $\varphi=+10°$	130	150	1 600	0.75		
5~20	HL310	HL365	90.8	95	1 470	0.36*	390	15
10~35	HL260	HL300	73	77	1 320	0.28*	350	15
30~70	HL220	HL702	70	71	1 140	0.133	460	14
45~120	HL160	HL638	67	71	670	0.065	460	17
20~180	HL110	HL129, E_2	61.5	61.5	360	0.055*	540	17
125~240	HL110	HLA45	61.5	62	270	0.035	400	17

注:有 * 者为装置气蚀系数。

在水头 9 m 以下,使用轴流定桨式水轮机时,推荐采用我国金华水轮机厂研制的金华一号,也就是 ZD760 型转轮,其相应参数见表 2-11。

表 2-11　ZD760 型转轮参数

转轮叶片数 Z_1	4		
导叶相对高度 b_0	0.45		
叶片装置角/(°)	+5	+10	+15
最优单位转速 n'_{10}/(r/min)	165	148	140
最优单位流量 Q'_{10}/(L/s)	1 670	1 795	1 965
模型空蚀系数 σ_m	0.99	0.99	1.15

另外,还有一些转轮,虽然没有在型谱上,但经过实际应用,觉得效果还不错,一些相关的手册也向用户做了推荐,如表 2-12 所示。

表 2-12 可供选用的大中型混流式水轮机转轮参数

适用水头范围 H/m	转轮型号		导叶相对高度 b_0/D_1	最优单位转速 n'_{10}/(r/min)	推荐使用的单位最大流量 Q'_1/(L/s)	模型空蚀系数 σ_m
	使用型号	曾用旧型号				
45~65	HL002	A-36	0.250	70.0	882	
<70	HLA112		0.315	77.0	1 250	0.140
80~120	HL001	A-12	0.200	68.5	890	0.086
<150	HLD06a		0.224	70.0	840	0.055
250~320	HL006	A-34	0.100	61.5	242	0.035
250~400	HL133	HL683	0.100	61.0	228	0.035
240~450	HL128	F-8	0.075	60.0	188	0.045

水斗式水轮机目前常用的有两个轮系,其转轮参数见表 2-13。

表 2-13 水斗式水轮机转轮参数

适用水头范围 H/m	转轮型号		水斗数 Z_1	最优单位转速 n'_{10}/(r/min)	推荐使用的单位最大流量 Q'_1/(L/s)	模型空蚀系数 σ_m	说明
	使用型号	曾用旧型号					
100~260	CJ22	Y_1	20	40	45	8.66	对 CJ22 适当加厚根部可用至 400 m 水头
400~600	CJ20	P_2	20~22	39	30	11.30	

2. 水轮机转轮尺寸系列

反击式水轮机转轮标称直径 D_1 的尺寸系列规定如表 2-14 所示。

表 2-14 反击式水轮机转轮标称直径系列 单位:cm

25	30	35	(40)	42	50	60	71	(80)	84
100	120	140	160	180	200	225	250	275	300
330	380	410	450	500	550	600	650	700	750
800	850	900	950	1 000	(1 020)	(1 130)			

注:括号中的数字仅适用于轴流式水轮机。

3. 水轮发电机标准同步转速

水轮发电机的标准同步转速与磁极对数有关,如表 2-15 所示。

表 2-15　磁极对数与同步转速关系

磁极对数 p	3	4	5	7	8	9	10	12	14
同步转速 n/(r/min)	1 000.0	750.0	600.0	428.6	375.0	333.3	300.0	250.0	214.3
磁极对数 p	16	18	20	22	24	26	28	30	32
同步转速 n/(r/min)	187.5	166.7	150.0	136.4	125.0	115.4	107.1	100.0	93.8
磁极对数 p	34	36	38	40	42	44	48	50	
同步转速 n/(r/min)	88.2	83.3	79.0	75.0	71.4	68.2	62.5	60.0	

除特别小的水电站外，水轮发电机是同轴连接，所以水轮机的转速必须和发电机的转速一致。

4. 水轮机系列应用范围图

通过归纳整理，可以绘制成水轮机系列应用范围总图，系列应用范围总图分为大型水轮机和中小型水轮机两种情况。

图 2-59 为中小型水轮机的系列应用范围总图。在该图中，基本上是以平行四边形划定了不同的区域，平行四边形的上、下两边为出力界线，左、右两边为适用水头范围。只要依据水电站的水头范围和单机出力，就可从该图中找出对应的转轮型号。对水轮机行业来说，虽然制定标准系列有许多优点，但和保护知识产权、提倡竞争存在着某种程度上的冲突。因此，在选择水轮机时，一定要了解行业信息和最新动态，广泛收集资料。另外，对

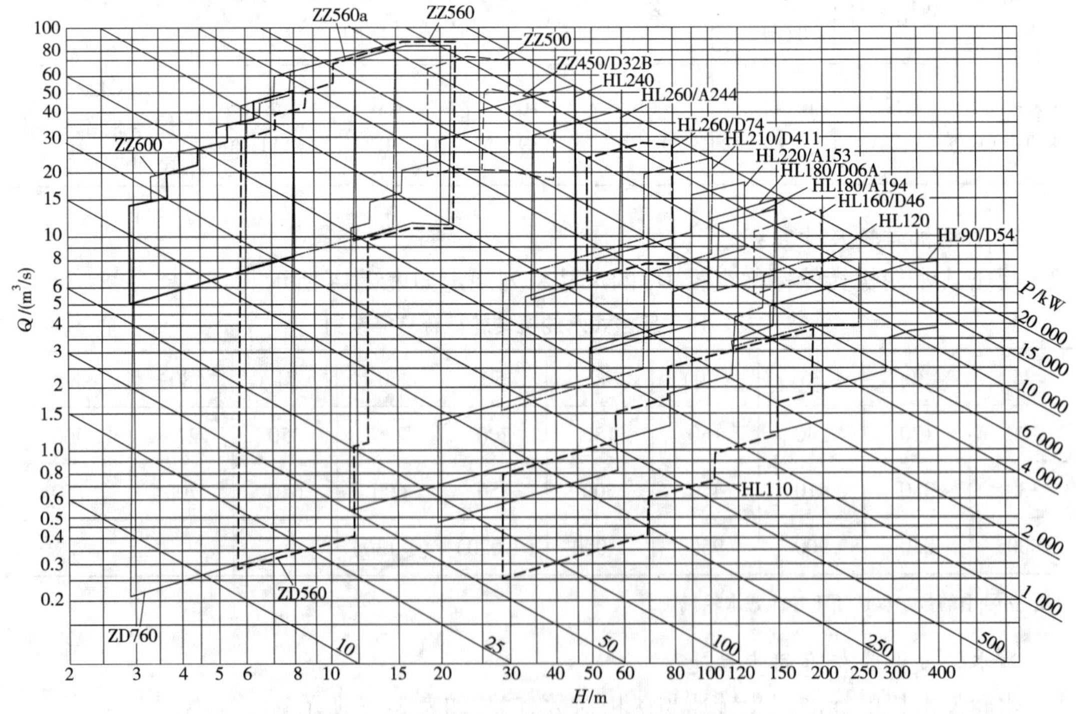

图 2-59　中小型水轮机的系列应用范围总图

于如水轮机标称直径的标准系列,在当前市场经济条件下,水轮机并不是批量生产的产品,一些水轮机生产厂家并不严格按照标准转轮系列的尺寸生产,这点在老水电站的改造中尤为常见。

2.3.4.3 确定水轮机型号及主要参数的基本方法

水轮机的选型设计通常和水电站的设计过程同步进行,水电站的设计大致可分为五个阶段,即任务书阶段、可行性研究阶段、初步设计阶段、技术设计阶段(一般又把初步设计和技术设计合为一个阶段,称为扩大初设)和施工设计阶段。对于不同的设计阶段,水轮机选型设计所做的工作深度也不同。

在水轮机选型设计中,确定水轮机型号及主要参数的方法有多种,具体使用哪种方法,与工程的建设体制、工程的规模、技术观念和水平、工程设计的不同阶段、工程的重要程度,甚至和工程设计人员的习惯等多种因素有关。下面仅做一般性的归纳。

1. 用系列型谱(或标准系列)结合主要综合特性曲线法

根据水电站的水头段查系列型谱或标准系列选出合适的水轮机型号,然后结合该系列水轮机的综合特性曲线换算出原型机的各种参数。如果在该水头段有几种型号入选,要根据计算结果、不同型号的特点和适用性等进行综合比较,从中选出相对较优的水轮机。该方法普遍用于大中型水电站的水轮机选型设计,精度能基本满足工程设计的最终要求,其缺陷是受标准系列的局限性、时效性制约,有时难以获得符合工程条件的最佳设计效果。

2. 专题研究法

对于特别重要的工程或特大型水力发电工程(如我国的葛洲坝水电站、小浪底水电站、三峡水电站等),为了避免第一种方法的缺陷,根据水电站的水头段、枢纽布置、制造技术等相关的其他因素,参考现有的标准系列和实际应用成果,拟定水轮机比转速的范围,专门设计出不同型号的水轮机模型转轮进行反复的试验研究,从中选出最适合该工程的模型,再依据最终选定的模型机组的综合特性曲线和工作参数,换算成该工程原型机的特性和工作参数。这种方法的优点是针对性强、设计效果好,其缺陷是进行研究耗费的时间长,所需的费用也很高。

3. 查系列范围图法

依据水电站的水头范围和单机出力,在系列范围总图中查出对应的型号。对于每一种型号(轮系),都有一张系列应用范围图与之对应,如图2-60所示。在应用时,根据设计水头和单机的额定容量,即可在图中查出对应的原型机转轮直径和转速。当水头和出力的坐标点正好落在斜线上时,说明上、下两种直径和转速都可用,为了使水轮机的容量有所富裕,一般应选用较大的直径。

在每种系列应用范围图的旁边还给出了吸出高度和水头的关系曲线 $h_s = f(H)$ 。根据设计水头即可查出对应的 h_s 值,h_s 代表水轮机装置地点的海拔为零时的水轮机允许最大吸出高度,而实际上水轮机装置地点的海拔▽都大于零,因此对图中查出的吸出高度要进行修正,实际的水轮机吸出高度为

$$H_s = h_s - \frac{\nabla}{900} \tag{2-57}$$

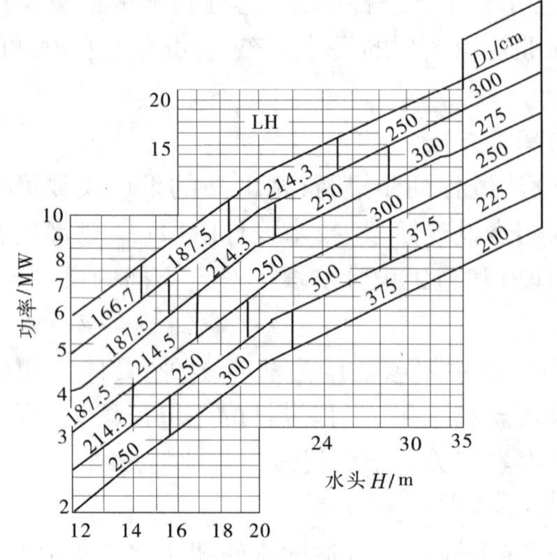

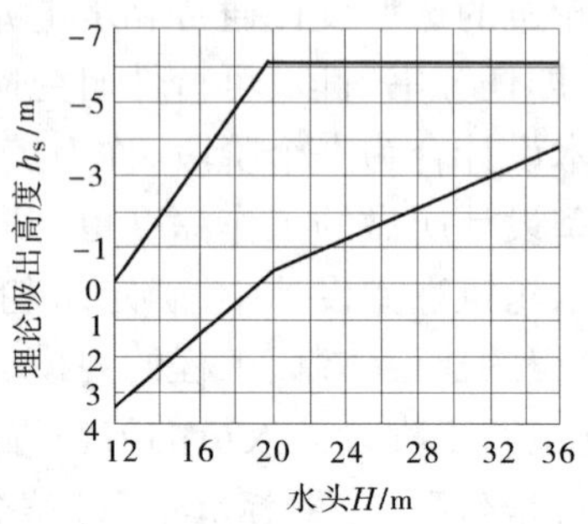

图 2-60 转桨式水轮机(ZZ440)应用范围图

对于混流式机组,空蚀系数的变化范围不大,$h_s=f(H)$线只有一条,根据水头查取 h_s 后,再按式(2-57)计算即可。而对于轴流转桨式水轮机,在水头和出力变化时,空蚀系数 σ 值的变化范围较大,因此在应用范围图中绘出了两条 $h_s=f(H)$线,应用时,可按设计水头和额定出力的坐标点在斜方格中的比例位置,在两条 $h_s=f(H)$线之间按相同比例定出对应的 h_s 值,再确定出吸出高度。

用系列应用范围图法选择水轮机的型号和主要参数非常简便,但结果不是很精确,故多用于河流梯级规划、任务书及工程的可行性研究阶段。

4. 套用法

套用法也称为类比法。这种方法是直接套用条件相近、已建成且运行效果良好的水电站的水轮机设计资料。该方法大大简化了设计工作,加快了设计进度。但由于工程条件的多样性和复杂性,两个工程之间总会或大或小地存在着一些差别,应用该法时,应分析拟建水电站和已建成水电站的具体条件,必要时进行适当的修改,切忌生搬硬套。该法多用于小型水电站的设计或工程设计的前期阶段。

5. 直接查产品样本法

对于小型水电站特别是小(2)型水电站,由于工程规模和机组额定容量较小,整体设计都比较简单,同类和相近的已有设计也较多,可依据水电站的水头和单机容量,直接查设备生产厂家的产品样本,确定水轮机的型号和主要参数,再参考同类和相近的设计加以验证即可。

6. 统计分析法

这种方法建立在对已建水电站的生产、设计、运行等大量资料统计分析的基础上,经过汇集已建水电站水轮机的基本参数,获得水轮机机型、单机容量、应用水头等诸参数的分类资料,再运用数理统计方法做出水轮机各参数之间的关系曲线或经验公式,如 $n_s=f(H)$ 、$n'_1=f(H)$ 、$Q'_1=f(H)$ 、$\sigma=f(n_s)$ 等。

在水轮机选型设计时,可以根据水电站的水头和单机容量等参数,利用统计曲线或经验公式,确定出水轮机的型号和基本参数;再依据选定的型号和参数,比照与其基本吻合的现有产品,展开进一步的设计。对于大型或特大型水电站,还可以向中标的水轮机厂商提出设备定购技术文件,由厂商负责完成“创新设计”及其专题研究,从而生产出符合要求的水轮机。

在实际应用时,往往是不同方法相结合,取长补短,从而提高水轮机选型设计的水平。

2.3.5 水轮机选型及蜗壳、尾水管设计案例

针对一个工程实例,主要介绍水轮机选择和确定蜗壳、尾水管主要轮廓尺寸的具体步骤。

2.3.5.1 工程概况

某水利枢纽位于河南省西峡县境内的丹江支流老灌河上,坝址在西峡县城北约 10 km 的袁家庄附近。该处地形、地质条件良好,水力资源丰富,可供修建大中型水库和水电站。流域下游为该县的主要产粮区和工业发展区,由于受电力不足的影响,严重制约了该地区的经济发展。为了解决该地区用电紧张问题和合理开发老灌河水力资源,拟定修建水利水电枢纽工程,以发电为主,结合防洪、城市供水、农田灌溉及水产等进行综合利用。

1. 流域资料

老灌河全长 254 km,流域面积为 4 219 km^2,总落差 1 340 m,河床平均比降约为 5.2%,坝址位于老灌河中游,距西峡县城约 10 km。坝址以上控制流域面积约为 2 580 km^2,多年平均降水量为 6.635 亿 m^3。坝址下游约 1.8 km 处有小水电站,装机容量 600 kW。在坝址和水电站之间的小水库库容约为 100 万 m^3,有效库容为 60 万 m^3。

2. 交通条件

在枢纽左岸有一条简易公路沿河向下游约 3 km 处与通向县城的主干公路相交;枢纽右岸山的另一边距坝址约 2 km 处有一条通向县城的主干公路。

3. 气候条件

(1)气温:该地区年平均气温为 15.1 ℃,最高气温为 42 ℃,最低气温为-14.2 ℃。

(2)降水:多年平均降水量约为 900 mm,降水量在时间和空间上分布很不均匀,一般是深山多于浅山和丘陵区,降水量的 61.8%集中于 6~9 月,其中 7~8 月占年降水量的 41.5%。

(3)风向和风速:多年平均最大风速为 7.63 m/s,相应风向为北东向。

4. 水能规划资料

(1)水库特征水位及相应库容如表 2-16 所示。

(2)泄洪流量及下游水位与流量的关系。大坝主要采用坝顶溢流泄洪,溢流坝净长度为 143 m,溢流坝坝顶高程为 288 m。5 年一遇洪水下泄流量为 1 500 m^3/s,20 年一遇洪水下泄流量为 3 050 m^3/s,50 年一遇洪水下泄流量为 4 100 m^3/s,500 年一遇洪水下泄流量为 7 700 m^3/s。水库下游河道水位与流量的关系见表 2-17。

表 2-16　水库特征水位及相应库容

水位/m		相应库容/万 m^3
校核洪水位	294.94	8 910
设计洪水位	291.56	7 380
正常蓄水位	288.00	5 200
发电死水位	271.80	1 800

表 2-17　水库下游河道水位与流量的关系

水位/m	246	247	248	249	250
流量/(m^3/s)	0	330	910	1 670	2 730
水位/m	251	252	253	254	255
流量/(m^3/s)	4 700	5 470	7 700	8 850	10 750

(3)水电站装机容量。水电站装机容量拟为 9 000 kW 左右，主要作调峰运行，保证出力 1 470 kW，年利用小时数 3 840 h，多年平均发电量为 3 686 万 kW · h。

5. 地形地质条件

1)地形

老灌河在坝址区为北东流向，该处河谷狭窄，主要为中高山区，相对高度多在 100～200 m，最高可达 700 m，山坡较陡峻，基岩裸露，河谷呈“V”字形，河谷宽度一般在 80～180 m，坝址处约为 140 m，河床底高 243～246 m。山坡坡度左岸为 40°～45°，右岸约为 30°。

2)地层岩性

坝址周围为太古界太华群及海西期侵入岩体，基岩裸露，第四系沉积很薄，残坡积也不发育，太华群岩性主要为云母石英片岩及石英片岩，多为中薄层，层间结合较好，坚硬，风化较轻。海西期侵入岩体主要为混合花岗片麻岩、角闪片麻岩等，岩石坚硬，完整密实。河床冲积层由近代漂砾、卵石、粗砂组成，厚 1～5 m。总体上讲，工程地质条件比较简单，没有明显不利的工程地质问题。

地形图及施工总体布置图见图 2-61。

2.3.5.2　工程项目指导

1. 厂区布置

站址选择要考虑：厂房形式的选择、施工场地的选择、厂房位置、交通条件、泄洪产生的影响、生活区和管理区位置的协调及对其他工程的协调影响。

(1)厂房形式的选择：根据已知资料，水电站正常蓄水位为 288 m，下游河道最低水位为 246 m。所以，最大水头差约为 42 m。属中水头厂房范围 30～100 m。若考虑采用河床式厂房或坝内式厂房，则由各方面资料可知，对于小型水电站来说，这两种形式都过于复杂，需要考虑的因素太多，而且也不经济，所以不予采用，应考虑采用坝后式厂房。

(2)施工场地的选择：在左岸由于坝下游 400 m 左右处的地形较为平缓，易于布置施工设备，进行厂房施工备料。

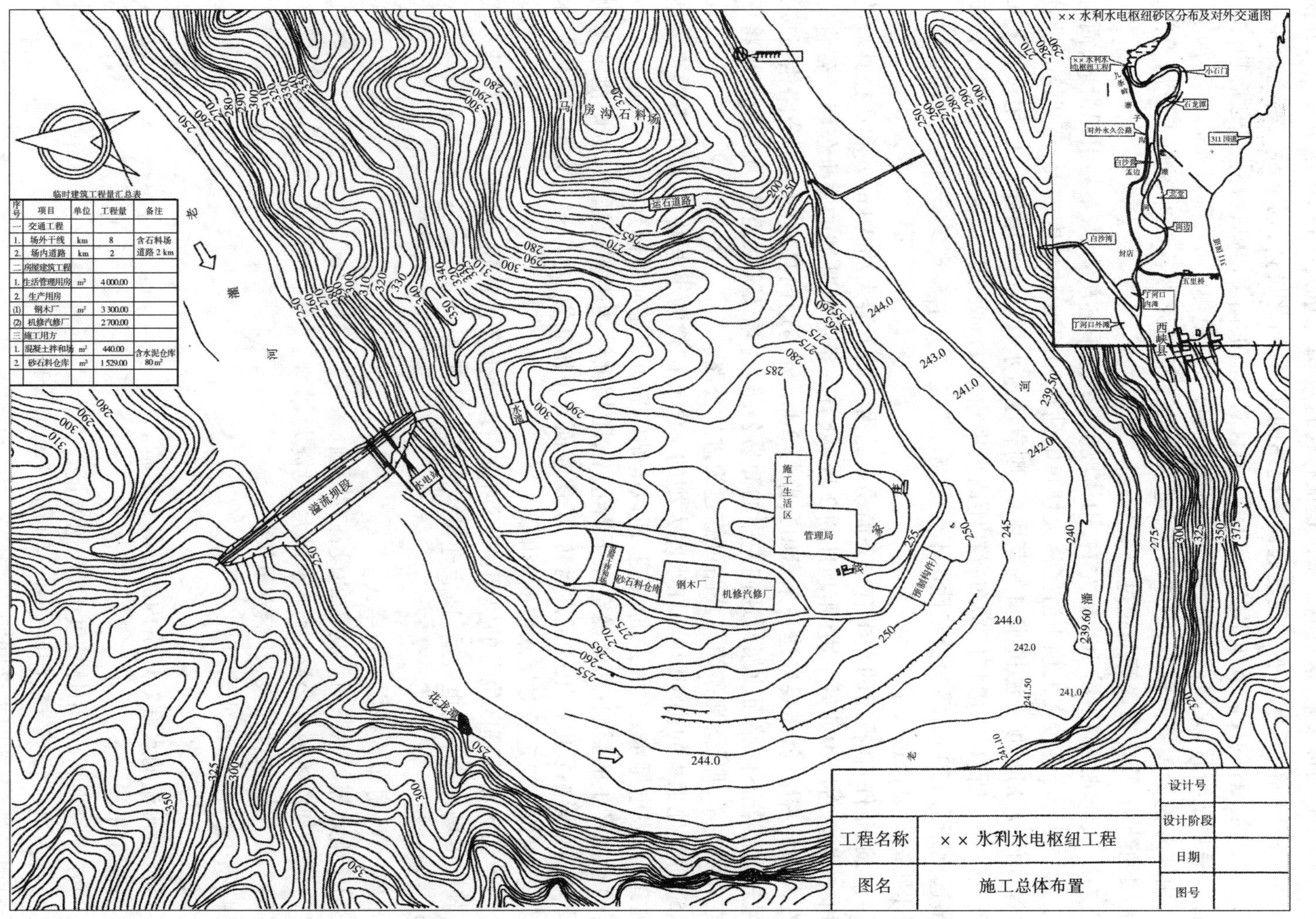

临时建筑工程量汇总表

序号	项目	单位	工程量	备注
一	交通工程			
1.	场外干线	km	8	含石料场道路 2 km
2.	场内道路	km	2	
二	房屋建筑工程			
1.	生活管理用房	m²	4 000.00	
2.	生产用房			
(1)	钢木厂	m²	3 300.00	
(2)	机修汽修厂		2 700.00	
三	施工用方			
1.	混凝土拌和场	m²	440.00	含水泥仓库 80 m²
2.	砂石料仓库	m²	1 529.00	

图 2-61 ××水利水电枢纽地形图及施工总体布置

(3)厂房位置:考虑开挖马房沟一地建厂房,直接打一条引水隧洞由大坝处引水。这样可以形成7~8 m的水头差,这对电站来说是很有利的,但开挖量大约在30万 m^3 以上,开挖量过大,经济成本高,而且本项工程是起调峰电站的作用,如此设计,则下游的小电站将关闭,那它对本项工程的反调节作用也就没有了,而且对下游的诸多电站也都会造成影响。

若厂房紧贴坝后,太靠近岸边,会受到挑流影响,靠岸里侧一些,则进水口需要加宽,增大了山体开挖量。暴雨季节,山体滑坡,进水口会逐渐淤死。若设冲沙闸于厂房下部,又使大坝的结构、管道布置等问题过于复杂。

在左岸从坝轴线向下游100 m左右,山体坡度较缓,开挖方量小,不易引起滑坡,而且护坡较为方便。若直接在大坝下游紧靠大坝建电站,则由于山体坡度较大,而开挖方量较大,再者,由于厂房与坝上游进水口的距离短,则有压进水管不宜采用分叉式,用独立式布置投资又较大。所以,考虑将厂房布置在距离大坝约100 m处的凹向左岸的山窝处,初步估计最远挑距为120 m,厂房稳定性可不受影响。但是会有水雾现象,若再将距离拉远一些,引水距离又显得过长了。

(4)交通条件:在枢纽的左岸有一条简易公路沿河向下游大约3 km处和通往县城的主干相交;枢纽右岸山的另一边,距坝址约2 km处有一条通向县城的主干公路。若将厂房设在大坝的右岸,就需要修建一条盘山公路与2 km外的通向县城的主干公路相衔接,工程量较大。若不修路而改架桥通向左岸的简易公路,这样又不太经济,所以应考虑将厂房设在大坝左岸,那么,那条简易公路可修建为进站公路。

(5)对其他工程的协调影响:在水库大坝的下游有已建的小电站,为保证下游水电站的正常运行,发电尾水必须汇入原河道,所以电站应靠近下游河道修建。

(6)泄洪产生的影响:站址确定在下游左岸,距坝轴线的距离应适当,否则泄洪产生的水雾可能会影响发电机组的正常运转,厂房应面对下游布置,可以避免大坝泄洪时的水流不稳定、水位不稳定及对尾水位的影响。

(7)生活区和管理区位置的协调:坝下游左右岸地形条件比较,左岸的袁家庄地形很平缓,到施工场地的距离也合适,适宜建设生活区和管理区。

2. 方案比较

方案一:厂房布置在坝的右岸。

(1)下泄水流的水汽对厂房内的设备有影响。

(2)需要架浮桥或修公路,施工干扰大,投资大。

(3)右岸山坡坡度较大,开挖方量较大。

(4)损失小,不考虑水击问题。

方案二:厂房紧靠坝布置。

(1)下泄水流的水汽对厂房内的设备有影响。

(2)施工干扰大。

(3)左岸靠近坝处,山体坡度大,开挖方量较大。

(4)有压进水管不宜采用联合式,用单元式会增大投资。

(5)损失小,不考虑水击问题。

方案三:厂房布置在距坝轴线下游100 m的左岸。

(1)水流挑射对厂房的影响小。

(2)交通便利,可利用已有的交通条件,减少工程投资。

(3)山体坡度较缓,开挖方量小。

(4)有压进水管可采用联合式,水头损失小,不考虑水击问题,投资少。

(5)便于进行施工总体布置。

方案四:在马房沟一地开挖,修建引水式水电站。

(1)泄洪对尾水无影响,可提高水电站运行效率。

(2)须埋设的压力引水管道较长,增大投资。

(3)发电尾水没有汇入原河道,影响下游已建工程的运行。

(4)水头损失大,水击压力大,需要设计调压室,增大投资。

综合以上分析,选第三方案最优。水电站厂房布置在左岸距坝轴线下游100 m处。

3.水轮机型号的选择

水轮机选择也叫水轮机的选型设计。水轮机是水电站中最重要的动力设备之一,由于它关系到水电站的工程投资、安全运行和经济效益等重大问题,因此在水能规划的基础上,根据水电站的水头和负荷的工作范围、水电站的运行方式,正确进行水轮机的选择是水电站设计的重要任务之一。

1)单机的选择容量

水电站的装机容量等于机组台数和单机容量的乘积。根据已确定的装机容量,就可以拟订可能的机组台数方案。在选择机组台数时可从下列方面考虑:

(1)机组台数与机电设备制造的关系。

机组台数增多时,机组单机容量、尺寸减小,因而制造及运输都比较容易,这对制造能力和运输条件较差的地区是有利的。但实际上小机组单位千瓦消耗的材料多,制造也较麻烦,故一般都希望选用较大的机组。

(2)机组台数与水电站投资的关系。

当选用的机组台数较多时,不仅机组本身单位千瓦的造价高,而且随着机组台数的增加,相应的闸门、管道、调速器、辅助设备和电气设备的套数就要增加,电气接线也较复杂,厂房平面尺寸也需加大,机组安装维护的工作量也增加,因此从这些方面来看,水电站单位千瓦的投资将随机组台数的增加而增加。但另外,采用小机组则厂房的起重能力、安装场地、机坑开挖量都可缩减,因此又可减少一些水电站投资。

总体来说,机组台数变化会引起水电站投资变化,在大多数情况下,机组台数增多将增大投资。

(3)机组台数与水电站运行效率的关系。

机组台数增多能够增加水电站的电能,但当增多到一定程度后,再增多时,对水电站的运行效率就不会有显著的影响了。

当水电站在电力系统中担任基荷工作时,选择机组台数少,可使水轮机在较长时间内以最优工况运行,使水电站保持较高的平均效率。

(4)机组台数与水电站运行维护工作的关系。

机组台数多,单机容量小,运行方式就比较灵活,机组发生事故后所产生的影响小,检修也较容易安排。但因运行操作次数随之增加,发生事故的概率增高了,同时管理人员增多,运行费用也提高了。因此,不宜选用过多的机组台数。

在技术经济条件相近时,应尽量采用机组台数较少的方案,但为了水电站运行的可靠性和灵活性,一般应不少于2台。

由于该水电站为调峰电站,为了增加供电可靠性,拟选4台发电机,则每台的装机容量为9 000/4=2 250(kW),可适当增加容量以保证可靠性,查《小型水电站发电设备手册》发电机标准系列,选单机容量 N_d=2 500 kW。

2)尾水渠设计及水头计算

由资料知,校核洪水按500年一遇进行计算,校核洪水位294.94 m时校核洪水量 $Q_{校核}$=7 700 m³/s相应的下游水位查下游水位与流量关系表2-17知,H=253.0 m,则相应的水位差为

$$H_1 = 294.94 - 253.0 = 41.94(\text{m})$$

设计洪水位291.56 m时下游设计洪水泄量为4 100 m³/s,查得相应的水位 H=250.7 m,相应的水位差为

$$H_2 = 291.56 - 250.7 = 40.86(\text{m})$$

正常蓄水位288.0 m时,其相应的下游最低水位为只有一台水轮发电机正常运行时的尾水渠渠首的水位,设计尾水渠长 L=100 m,渠底的坡度 i=1/1 000,尾水渠与原河道相交处渠底高程 $\nabla_{渠尾}$=246.0 m。渠底尾水渠的断面如图2-62所示。

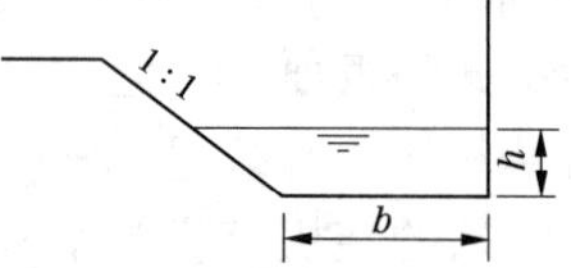

图2-62　渠底尾水渠的断面

尾水渠渠首的渠底高程 $\nabla_{渠首} = \nabla_{渠尾} + Li$ = 246.0+100×0.001=246.1(m)。尾水渠的渠首水深可按下式进行计算:

$$Q = AC\sqrt{Ri} \tag{2-58}$$

式中　A——渠首断面面积,$A = \frac{1}{2}(2b + h)h$;

C——谢才系数,$C = \frac{1}{n}R^{\frac{1}{6}}$,其中 n 为渠首的粗糙率,由资料知,此处为在开凿良好的岩石上喷浆,查《水力学》等相关资料知,n 取0.02;

R——水力半径,$R = \frac{A}{\chi}$,断面湿周 $\chi = b + (1+\sqrt{2})h$,b 为渠底宽,h 为渠首水深;

i——渠底水力坡降。

综合上式得:

$$Q = \frac{A}{n}R^{\frac{2}{3}}i^{\frac{1}{2}} = \frac{1}{2n}(2b + h)h\left[\frac{\frac{1}{2}(2b + h)h}{b + h + \sqrt{2}h}\right]^{\frac{2}{3}}i^{\frac{1}{2}} \tag{2-59}$$

根据经验,单机工作流量为14 m³/s。

(1)当1台水轮机工作时,把 Q=14、n=0.02、i=0.001、b=10.0代入式(2-59)用试算法得出下游渠首水深 h_1'=0.96 m。此时,上游为正常蓄水位时,出现最大水头:

$$H_3 = 288.0 - (246.1 + 0.96) = 40.94(\text{m})$$

(2)当4台水轮机都工作时,把 Q=14×4=56(m³/s)、n=0.02、i=0.001、b=10.0 m代入

式(2-59)用试算法得出下游渠首水深 $h_2'=1.90$ m。此时,上游为死水位时出现最小水头:

$$H_4=271.8-(246.1+1.90)=23.8(\text{m})$$

比较 H_1、H_2、H_3 和 H_4,设 1.0 m 的水头损失,则水电站的最大、最小水头分别为

$$H_{max}=41.94-1.0=40.94(\text{m})$$

$$H_{min}=23.8-1.0=22.8(\text{m})$$

多年平均水头 $H_{av}=(40.94+22.8)/2=31.87(\text{m})$,设计水头略低于 H_{av},取 $H_d=31.0$ m 进行计算。

3)水轮机主要参数的确定

由于水头范围为 22.8~40.94 m,初选水轮机型号为 HL240。

(1)确定水轮机转轮直径。

由于水轮发电机的单机容量为 $N_d=2\ 500$ kW,设效率 $\eta_d=92\%$,则水轮机的出力为 $N=\dfrac{N_d}{\eta_d}=\dfrac{2\ 500}{92\%}=2\ 717(\text{kW})$。由公式

$$D_1=\sqrt{\frac{N}{9.81Q_1'H_d^{\frac{3}{2}}\eta}} \tag{2-60}$$

由于转轮直径尚未确定,原型水轮机的效率 η 目前尚不能确定求出。通常计算时,可根据经验初步选定,待确定了水轮机转轮直径后再进行校核。虽然限制工况点的模型效率为 90.4%,但由于该点处原型水轮机的效率要高于模型水轮机的效率,所以初取 $\eta=91\%$,又知 $N=2\ 715$ kW,$Q_1'=1.24\ \text{m}^3/\text{s}$,代入上式得:

$$D_1=\sqrt{\frac{2\ 715}{9.81\times1.24\times31^{\frac{3}{2}}\times91\%}}=1.192(\text{m})$$

查水轮机标称直径表 2-14,取 $D_1=1.2$ m。

(2)效率的修正计算。

HL240 水轮机在最优工况下的最大效率为 $\eta_{m\cdot max}=92\%$,模型水轮机转轮直径为 $D_m=0.46$ m,则水轮机在最优工况下效率修正值为

$$\Delta\eta=k(1-\eta_{m\cdot max})\times\left[1-\left(\frac{D_m}{D_1}\right)^{0.2}\right]=0.7\times(1-92\%)\times\left[1-\left(\frac{0.46}{1.2}\right)^{0.2}\right]=0.97\%$$

水轮机在限制工况下的效率 $\eta=\eta_m+\Delta\eta=90.4\%+0.97\%=91.3\%$ 与假设 91% 基本相符。

(3)确定水轮机的转速。

根据公式 $n=\dfrac{n_1'\sqrt{H}}{D_1}$ 进行计算,其中 H 按 H_{av} 计算,$H_{av}=31.87$ m,$n_1'=n_{10}'=72$ r/min,

所以,$n=\dfrac{72\times\sqrt{31.87}}{1.2}=338.7(\text{r/min})$,查标称转速表,取 $n=333.3$ r/min。

(4)确定水轮机的吸出高度。

根据 $D_1=1.2$ m,$n=333.3$ r/min,$H_d=31.0$ m,得

$$Q_{max}'=\frac{N}{9.81D_1^2H_d^{\frac{3}{2}}\eta}=\frac{2\ 715}{9.81\times1.2^2\times31^{\frac{3}{2}}\times0.91}=1.224(\text{m}^3/\text{s})$$

$$Q_{max} = Q'_{max} D_1^2 \sqrt{H_d} = 1.224 \times 1.2^2 \times \sqrt{31} = 9.81(m^3/s)$$

$$n'_{1r} = \frac{nD_1}{\sqrt{H_d}} = \frac{333.3 \times 1.2}{\sqrt{31}} = 71.83(r/min)$$

由 Q'_{max} 和 n'_{1r}，从图 2-55 查得相应的气蚀系数 $\sigma = 0.20$，从图 2-48 查得气蚀系数修正值为 0.04，则

$$H_s = 10.0 - \frac{\nabla}{900} - (\sigma + \Delta\sigma)H_d = 10.0 - \frac{246}{900} - (0.20 + 0.04) \times 31 = 2.29(m)$$

由于吸出高度为 2.29 m 大于−4 m，所以满足水电站的要求。

（5）工作范围的检验计算。

在最大水头 $H_{max} = 40.94$ m 时，

$$n'_{1min} = \frac{nD_1}{\sqrt{H_{max}}} = \frac{333.3 \times 1.2}{\sqrt{40.94}} = 62.51(r/min)$$

在最小水头 $H_{min} = 22.80$ m 时，

$$n'_{1max} = \frac{nD_1}{\sqrt{H_{min}}} = \frac{333.3 \times 1.2}{\sqrt{22.80}} = 83.76(r/min)$$

在 HL240 型水轮机的主要综合特性曲线图上，分别画出 $Q'_{1max} = 1.224$ m^3/s，$n'_{1min} = 62.51$ r/min 和 $n'_{1max} = 83.76$ r/min 为常数的直线，如图 2-63 所示，这些直线所围成的阴影部分就是水轮机的工作范围。

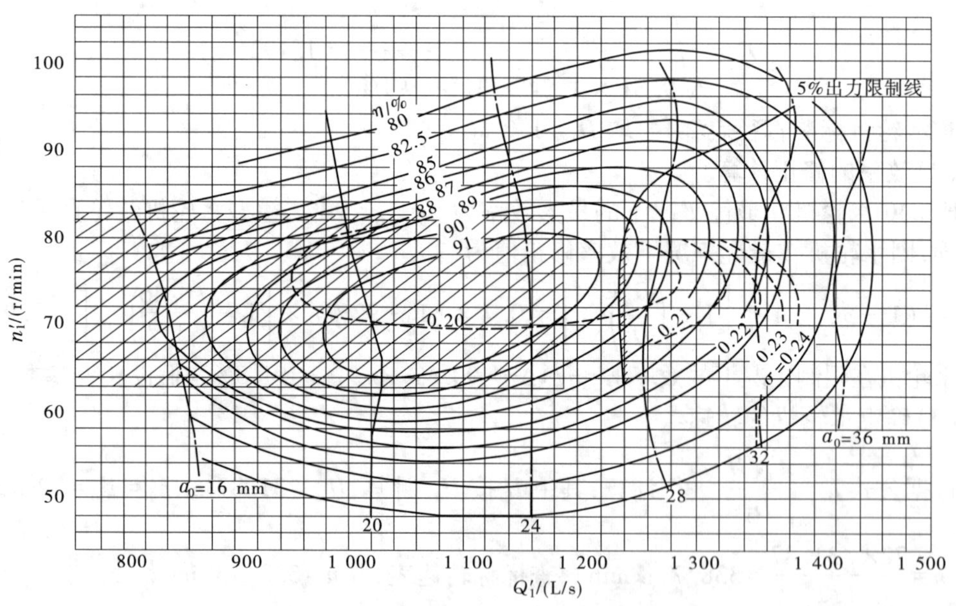

图 2-63　HL240 型水轮机工作范围检验

可以看出，水轮机的工作范围基本处于特性曲线的高效率区，说明 HL240 型水轮机，对于该算例当确定 $D_1 = 1.2$ m，$n = 333.3$ r/min 时，其工作范围还是比较合适的。如果水轮机的工作范围严重偏离综合特性曲线的高效率区，则需要调整所选定的 D_1 或 n，重新

进行校验计算。

(6)水轮机的设计工况。

由 $D_1=1.2$ m,$n=333.3$ r/min,$Q_1'=1.24$ m³/s,所以水轮机的设计水头为

$$H_d=\left(\frac{N}{9.81Q_1'D_1^2\eta}\right)^{\frac{2}{3}}=\left(\frac{2\ 715}{9.81\times1.24\times1.2^2\times91\%}\right)^{\frac{2}{3}}=30.73(\mathrm{m})$$

$$Q=Q_1'D_1^2\sqrt{H_d}=1.24\times1.2^2\times\sqrt{30.73}=9.90(\mathrm{m^3/s})$$

所以,水轮机的选型为 HL240-LJ-120,设计水头为 30.73 m,转速为 333.3 r/min。

(7)发电机的选择及辅助设备的选择。

设计水头为 30.73 m,转速为 333.3 r/min。查《小型水电站发电机设备手册》选与之相应的发电机为 TSL260/39-16-2500。

(8)调速器和油压装置的选择。

计算水轮机所需的调速功 A,根据公式 $A=(200\sim250)Q\sqrt{H_{max}D_1}$ 计算,系数按照高水头选取 200;Q 为最大工作水头下水轮机发出额定出力时的流量,$Q=Q_1'D_1^2\sqrt{H_{max}}$,查 HL240 型水轮机主要综合特性曲线得,与出力限制线的交点处的效率 $\eta_m=89\%$,故该点的 $\eta=\eta_m+\Delta\eta=89\%+0.4\%=89.4\%$,则

$$Q_1'=\frac{N}{9.81D_1^2H_{max}^{3/2}\eta}=\frac{2\ 715}{9.81\times1.2^2\times40.94^{3/2}\times0.894}=0.82(\mathrm{m^3/s})$$

$$Q=Q_1'D_1^2\sqrt{H_{max}}=0.82\times1.2^2\times\sqrt{40.94}=7.56(\mathrm{m^3/s})$$

所以,$A=200\times7.56\times\sqrt{40.94\times1.2}=10\ 598(\mathrm{N\cdot m})$。根据调速功知其为中小型调速器,查《小型水电站发电机设备手册》,选与之相应的调速器型号为 CT40,油压设备为 YHZ-0.6。

(9)压力管道直径及蝶阀的确定。

按经济流速确定压力管道的直径,压力管道的经济流速 v_e 一般为 4~6 m/s,取 $v_e=4$ m/s。

管道的直径计算公式:$D=1.13\sqrt{\dfrac{Q}{v_e}}$

对于主管道:$Q_{主}=39.6$ m³/s,$D_{主}=1.13\times\sqrt{\dfrac{39.6}{4}}=3.56(\mathrm{m})$

管道内流速:$V=\dfrac{4Q}{3.14D^2}$

$$V_{主}=\frac{4Q}{3.14D^2}=\frac{4\times39.6}{3.14\times3.56^2}=3.98(\mathrm{m/s})$$

对于支管道:$Q_{支}=9.9$ m³/s,$D_{支}=1.13\times\sqrt{\dfrac{9.9}{4}}=1.78(\mathrm{m})\approx2$ m

$$V_{支}=\frac{4\times9.9}{3.14\times2^2}=3.15(\mathrm{m/s})$$

查《水工设计手册水电站建筑物》,蝶阀的选型为 DF200-150,卧轴,名义直径为 2 m。

2.3.5.3 蜗壳外轮廓尺寸的确定

水轮机蜗壳是水流流经水轮机的第一个部件,也是水轮机尺寸最大的部件之一,有时蜗壳尺寸的大小,直接决定着水电站厂房平面尺寸的大小。蜗壳设计时要求能形成一定的环量,具有合理的断面尺寸、形状和强度,保证蜗壳内有较小的水力损失,使水流进入导水机构时装机容量小,流量均匀并形成轴对称进水。

本水电站的设计水头为30.73 m,对应的单机最大流量为9.9 m³/s,最大工作水头为40.94 m,由于最大工作水头大于40 m,所以选用金属蜗壳,按简化方法来确定蜗壳的外轮廓尺寸,对蜗壳的任一断面流量及尺寸计算如下:

已知计算公式为

$$Q_i = \frac{\varphi_i Q_{max}}{360°}, \qquad \rho_i = \sqrt{\frac{\varphi_i Q_{max}}{360° v_c \pi}}, \qquad R_i = r_a + 2\rho_i$$

$$v_c = K\sqrt{H_d} = 1 \times \sqrt{30.73} = 5.54(\mathrm{m/s})$$

式中 Q_i——该断面流量;

ρ_i——该断面半径;

Q_{max}——水轮机最大流量;

v_c——进口断面流速;

K——流速系数,取1;

R_i——主轴中心到该断面的距离;

r_a——水轮机座环的半径,取1.25 m;

φ_i——自蜗壳鼻端算起至计算断面的角度(°)。

对于蜗壳进口断面

$$Q_c = \frac{\varphi_0 Q_{max}}{360°} = \frac{345° \times 9.9}{360°} = 9.49(\mathrm{m^3/s})$$

$$\rho_c = \sqrt{\frac{\varphi_0 Q_{max}}{360° v_c \pi}} = \sqrt{\frac{345° \times 9.9}{360° \times 5.54 \times 3.14}} = 0.74(\mathrm{m})$$

$$R_c = 1.25 + 2 \times 0.74 = 2.73(\mathrm{m})$$

对于255°包角断面

$$Q_{255°} = \frac{\varphi_i Q_{max}}{360°} = \frac{255° \times 9.9}{360°} = 7.01(\mathrm{m^3/s})$$

$$\rho_{255°} = \sqrt{\frac{\varphi_i Q_{max}}{360° v_c \pi}} = \sqrt{\frac{255° \times 9.9}{360° \times 5.54 \times 3.14}} = 0.63(\mathrm{m})$$

$$R_{255°} = 1.25 + 2 \times 0.63 = 2.51(\mathrm{m})$$

对于165°包角断面

$$Q_{165°} = \frac{\varphi_i Q_{max}}{360°} = \frac{165° \times 9.9}{360°} = 4.54(\mathrm{m^3/s})$$

$$\rho_{165°} = \sqrt{\frac{\varphi_i Q_{max}}{360° v_c \pi}} = \sqrt{\frac{165° \times 9.9}{360° \times 5.54 \times 3.14}} = 0.51(\mathrm{m})$$

$$R_{165^\circ} = 1.25 + 2 \times 0.51 = 2.27(\mathrm{m})$$

对于 75°包角断面

$$Q_{75^\circ} = \frac{\varphi_i Q_{\max}}{360^\circ} = \frac{75^\circ \times 9.9}{360^\circ} = 2.06(\mathrm{m^3/s})$$

$$\rho_{75^\circ} = \sqrt{\frac{\varphi_i Q_{\max}}{360^\circ v_c \pi}} = \sqrt{\frac{75^\circ \times 9.9}{360^\circ \times 5.54 \times 3.14}} = 0.34(\mathrm{m})$$

$$R_{75^\circ} = 1.25 + 2 \times 0.34 = 1.93(\mathrm{m})$$

将蜗壳各计算断面的外缘连接起来便可得到蜗壳平面的单线图。

2.3.5.4　尾水管尺寸的确定

在水电站设计中,尾水管的形式和尺寸在很大程度上影响着厂房基础开挖和下部混凝土块体的尺寸。增大尾水管的尺寸可以提高水轮机的效率和过水能力,但使水电站的工程量和工程投资增大。因此,合理地选择尾水管形式在水电站厂房设计中有着重要的意义。

本设计选用弯肘型尾水管。查《水电站机电设计手册》,根据标准系列弯肘型尾水管尺寸按比例换算,其结果如表 2-18 所示。

表 2-18　尾水管尺寸　单位:m

型号	D_1	h	L	B_5	D_4	h_4	h_6	L_1	h_5
标准 Z_6	1.000	2.500	4.500	2.740	1.352	1.352	0.670	1.750	1.310
实际	1.200	3.000	5.400	3.288	1.622	1.622	0.804	2.100	1.572

【自测练习】

请扫描二维码,做自测练习。

码 2-44　任务 2.3 自测练习

任务 2.4　水轮机调速设备的选择

2.4.1　水轮机调节

2.4.1.1　水轮机调节的基本概念

水轮机是靠自然水能进行工作的动力机械。绝大多数水轮机都是用来带动同步交流发电机,构成机组。我们所说的“水轮机调节”就是指对构成机组的水轮机调节。随着电力系统负荷变化,水轮机相应地改变导叶开度(或针阀行程),使机组转速恢复并保持额定转速的过程,称为水轮机调节。实质就是:根据偏离额定值的转速(频率)偏差信号,调节水轮机的导水机构和轮叶机构,维持水轮发电机组功率与负荷功率的平衡。

2.4.1.2　水轮机调节的基本任务与途径

水轮发电机组把水能转换为电能,供用户使用。用户除要求供电安全可靠外,还要求电能的频率及电压保持在额定值附近的某一范围内,如频率偏离额定值过大,就会影响用户的产品质量。我国规定电能质量的标准:电力系统的频率应保持在 50 Hz,对电力网容量在 3 000 MW 及以上者,其允许偏差为 0.2 Hz;对容量在 3 000 MW 以下的地方电力网,其允许偏差为 0.5 Hz。用户端电压变动幅值的允许范围:35 kV 及以上的用户,为额定电压的 65%;10 kV 及以下的用户,为额定电压的 5%~10%。

电力系统的频率稳定主要取决于系统内有功功率的平衡,即系统内的有功功率与有功负荷的平衡。然而电力系统的负荷是不断变化的,其变化幅值可达系统总容量的 2%~3%,而且是不可预见的。此外,一天内系统负荷有上午、晚上两个高峰和中午、深夜两个低谷,这种变化是可以预见的,但其变化速度不可预见。电力系统负荷的不断变化必然导致系统频率的变化。

因此,必须根据用户有功负荷的变化所引起的机组转速变化的偏差,不断调节水轮发电机组的有功功率输出,使之与用户的有功负荷平衡,并维持机组转速(频率)在规定范围内,这就是水轮机调节的任务。可见,供电频率的稳定是通过发电机的有功调节,即由调速器来调节的。

供电电压的稳定是通过发电机的励磁装置来调节的,即调节水轮发电机组的无功功率输出,使之与用户的无功负荷平衡,以保持发电机的端电压变幅在允许范围内。可见,供电电压的稳定是通过发电机的无功调节,即励磁装置来调节的。

既然电力系统要求能够调节水轮发电机组的功率输出,那么采用什么方法和途径来完成这一任务呢?下面以单机带负荷运行机组为例说明这一问题。

水轮发电机组的运动方程式为

$$J = \frac{d\omega}{dt} = M_t - M_g \tag{2-61}$$

式中　J——机组转动部分的惯性矩,对于一定机组为常数;

ω——机组转动角速度,$\omega = \frac{\pi n}{60}$;

$\frac{d\omega}{dt}$——机组转动角加速度;

M_t——水轮机的主动力矩,由水流对水轮机叶片作用形成,推动机组转动,$M_t = \frac{rQH\eta}{\omega}$;

M_g——发电机的阻力矩,发电机定子对转子作用力矩与 M_t 方向相反。

机组型号选定后,J 为定值,当 $M_t = M_g$ 时,$\frac{d\omega}{dt} = 0$,则转速稳定,机组稳定工作。若电力系统负荷变化,将引起发电机 M_g 变化,$M_g \neq M_t$,导致 $\frac{d\omega}{dt} \neq 0$,由此会引起以下两种结果:

(1) $M_g > M_t$，增负荷，则 $\frac{d\omega}{dt} < 0$，水轮机转速降低。

(2) $M_g < M_t$，减负荷，则 $\frac{d\omega}{dt} > 0$，水轮机转速升高。

由上述两种结果可知，只要 $M_g \neq M_t$，必会引起水轮机转速变化，从而引起电流频率的变化，若频率 f 不变，只需 $\frac{d\omega}{dt} = 0$，即 $M_t = M_g$，这就要求不断调整水轮机主力矩 M_t 来适应不断变化的发电机阻力矩 M_g。水轮机引入流量的改变是通过调节水轮机导叶开度来实现的。

2.4.2　调速设备的工作原理

2.4.2.1　水轮机调速系统

1. 水轮机调速系统的组成

每台机组装设一套由调速器、油压装置等附属设备组成的调速系统，根据电力系统要求自动调整机组的出力，同时使机组保持一定的额定转速。调速设备一般由三部分组成：调速柜、接力器、油压装置。

1) 调速柜

单机容量不同，机型不同，调速系统也不一样，调速柜的外形尺寸变化不大，一般为方形，尺寸为 800 mm×800 mm×1 900 mm。它以机械的传动杆和油管与作用筒相连。因作用筒多布置在机墩的上游侧，所以调速柜也多布置在发电机的上游侧。

2) 接力器

接力器是个油压活塞，大中型机组都设置两个，用来推转调节环。调节环带动导水叶来控制水轮机的引用流量，以调节机组的出力。因蜗壳上游断面尺寸较小，接力器一般布置在上游侧机墩内。

3) 油压装置

油压装置是由压力油罐、储油槽和油泵组成的。油罐内油压为 2.5 MPa，供推动活塞用。油压靠压缩空气维持，所以油桶内上部为压缩空气。工作后的油回到储油槽，罐内油量不足时，由油泵将油槽中的油打入罐内。油泵一般为两台，一台工作，一台备用。

码 2-45　图片-水轮机调速器

码 2-46　图片-油压装置组成图

码 2-47　图片-压力油罐

码 2-48　图片-油压控制箱

2. 水轮机调速系统的特性

在水轮机调速系统适应负荷变化而保持转速不变的过程中，其工作状态有两种：一是转速不变的稳定状态，二是调节过程的调节状态。这两种状态的特性不同，第一种状态用调节系统的静特性来描述，第二种状态用动特性来描述。

1) 静特性

机组负荷不变,则机组转速恒定,调节系统处于稳定状态下,此时机组转速与机组负荷间的关系称为调速器的静特性。

2) 动特性

机组负荷发生变化时,调节过程中机组转速随时间的变化关系称为调速器的动特性。

2.4.2.2　调速器的工作原理

以机械液压型为例来介绍调速器的工作原理,如图 2-64 所示。

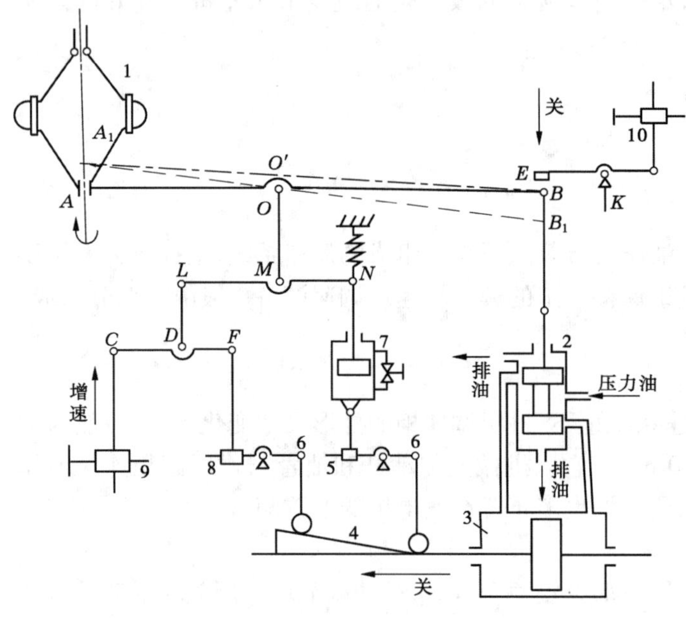

1—离心飞摆;2—主配压阀;3—接力器;4—斜块;
5—软反馈整定装置;6—框架转轴;7—缓冲器;8—反馈调整机构;
9—转速调整机构;10—开度限制机构。

图 2-64　调速器的工作原理图

码 2-49　动画-水轮机调速器的工作原理

机械液压式调速器主要由离心飞摆、主配压阀、接力器、缓冲器、反馈系统等组成。转速稳定时,飞摆 1 转速稳定,其下端点在 A 处,主配压阀 2 的活塞杆端点位于 B 点,其两活塞封住通向接力器 3 两端的油口,接力器不工作,此为初始平衡状态。当机组转速变化时,调速器开始工作。如负荷减小,转速增加,飞摆离心力加大飞摆外张,下端到 A_1 点,AOB 杆转到 A_1OB_1 位置,使主配压阀活塞下移,接力器右腔与压力油相通,左腔与排油管相通,接力器活塞左移关闭导水机构,入流量减小,水轮机转速下降。飞摆为测速元件,主配压阀为放大元件,接力器为执行机构。

在调速器中仅有上述三个机构是不完善的,由于惯性的作用会形成过调,为改善过调,还应设反馈调整机构 8。当接力器左移关闭时,活塞杆推动斜块 4 左移,使 8 上移,若 C 点不动,D 点则上移,使 LMN 杆绕 N 点顺时针转动,M 上移,O 点移到 O'点,使 AOB 杆占据 $A_1O'B$ 位置,主配压阀回复至中间位置不向接力器供油停止动作,避免过调现象,接力器停止工作，A 点、O 点分居于 A_1、O'位置，机组转速稍高于调节前的转速，调节前、后转速有偏差，它可有利于机组合理稳定地担负电力系统分配的负荷。

机组正常运行时，有时需要人为地改变机组的转速和负荷，以完成同期并列和增减负荷，故还设有转速调整 9。L 点除由反馈调整机构 8 控制外，还可由 C 点控制，C 点可由 9 来调整，也可由人工操作。10 为开度限制机构，可用于开、停机。

2.4.3 调速设备的选择

2.4.3.1 调速器的主要设备

调速器的主要设备包括调速柜、油压设备和接力器三部分。中小型水轮机调速器的这三部分通常组成一个整体，也称为组合式。组合式调速器结构紧凑，便于布置和安装，运行上也比较方便。大型水轮机调速器的油压设备和接力器尺寸均较大，采用分体式。

调速柜也称为调速器的控制柜，它通常将测量元件、放大元件、反馈元件集成在一起，具有数据采集和数据处理功能。如果是微机调速器，其中还装有微型计算机。调速柜的面板上设置有按钮和键盘，在水轮机安装和检修期间，用于调整相关参数。水轮发电机组正常运行时，调速器自动工作，改变运行方式以及开机或关机等操作，通常是通过中控室控制台上的按钮或计算机键盘来完成的，而无须在调速柜上直接操作。

油压设备是供给调速器压力油能源的设备，由压力罐、回油箱、油泵、输油管及附件组成。

油罐中油占 30%～40%，高压空气占 60%～70%，额定工作油压有的水电站为 2.5 MPa，有的水电站为 4.0 MPa。调速器工作时的高压油来自于油罐，低压侧的油通过回油管路进入回油箱。随着压力油罐内的油位降低，对于额定油压为 2.5 MPa 的水电站，当油压降到正常工作油压 2.3～2.7 MPa 的下限时，油泵自动启动，将回油箱中的油泵入压力油罐，当油压达到工作油压上限时，油泵停止工作。

接力器是调速器的执行元件，调速功的大小，不仅和调速器的工作油压有关，还和接力器活塞的面积有关。为了工作平稳和获得较大的调速功，大中型水电站每台机组通常设置有两个或两个以上的接力器。

2.4.3.2 调速设备的选择

1. 调速器的系列

1）型号组成

调速器产品型号由产品类别代号、规格代号、额定油压及制造厂代号四部分组成，各部分用横线分开。

1	2	-	3	-	4	-	5	6

各方框中数字的含义如下：

（1）第一部分为产品类别代号，由两部分构成：

1——Y 表示带压力罐；T 表示通流式。

2——T 表示调速器；ST 表示双调速器；DC 表示电动操作器；YC 表示液压操作器；DF

表示电子负荷调节器;CJT 表示冲击式调速器;DT 表示带压力罐的集成电路模拟型调速器;WT 表示微机型调速器。

(2)第二部分为规格代号:

3——不带接力器调速器表示主配压阀直径(mm)/许用输油流量(L/s);带接力器调速器表示接力器容量(N · m)。

(3)第三部分为额定油压:

4——额定油压,2.5 MPa、4.0 MPa、6.3 MPa。

(4)第四部分为制造厂代号、各厂表征产品特性或系列代号及改型代号:

5——制造厂代号,如 SK 表示天津水电控制设备厂;HDJ 表示哈尔滨电机厂等。

6——各厂产品特性或系列代号及改型代号。

2)型号示例

(1)TDBWT-100-4.0:不带压力罐的步进电机微机型调速器,天津电气传动设计研究所产品,其主配压阀直径为 100 mm,额定油压为 4.0 MPa。

(2)YT-6000-2.5:带压力罐的机械液压调速器,统一设计产品,接力器容量为 6 000 N · m,额定压力为 2.5 MPa。

(3)YDT-18000-4.0-SK05A:带压力罐的集成电路模拟型调速器,其接力器容量为 18 000 N · m,额定油压为 4.0 MPa,天津市水电控制设备厂 05 系列第一次改型产品。

(4)YC-10000-4.0:液压操作器,接力器容量为 10 000 N · m,额定油压为 4.0 MPa。

3)调速器

按容量可分为大型、中型、小型和特小型四个基本系列,如表 2-19 所示。

表 2-19 调速器容量划分系列

类别	接力器容量范围/(N · m)					配套机组功率/kW
	不带压力罐及接力器的调速器①	带压力罐及接力器的调速器	通流式调速器	液压操作器	电动操作器	电子负荷调节器
大型	>50 000					
中型	>10 000~50 000②	>10 000~50 000		>10 000~50 000	>10 000~50 000	
小型	>3 000~10 000②	>1 500~10 000		>3 000~10 000	>3 000~10 000	40,75,100
特小型	170~3 000②	170~1 500③	170~3 000	170~3 000	350~3 000	3,8,18

注:①系指调速器能配置的接力器容量。

②系指单喷嘴冲击式水轮机调速器。

③特小型不推荐采用电调。

2. 调速器选择的一般原则

调速器选择的一般原则如下:

(1)根据水轮机的出力和水头等有关工作参数,小型机组以所需的调速功为基本依据进行选择合适的调速器,大中型机组需确定出接力器的直径和容量、主配压阀的直径及压力油箱(罐)的总容积,从而选出合适的调速器。

(2)对于大型水电站及中小型水电站中容量相对较大、在小电网中担任调频任务、单机带孤立负荷的运行方式、对电能品质要求较高或在系统中有较大冲击负荷的水电站,应选择调节品质好、自动化程度高的调速器。

(3)当机组引水管道较长时,在压力管道内产生较大水击压力的情况下,宜选择调节规律较好的调速器,以减小水击压力。

(4)对于容量较小、在系统中地位不重要、经常承担基荷的机组,宜选用调节方式简单、性能稳定、价格便宜的调速器,以节省投资。

(5)选择调速器应考虑与相关设备的功能匹配和协调,避免高端产品和低端产品结合,导致通信不畅,利用率不高,造成不必要的浪费。

3. 中小型调速器的调速功估算

中小型水轮机中的反击式水轮机一般可采用以下经验公式进行计算:

$$A = (200 \sim 500)Q\sqrt{H_{max}D_1} \tag{2-62}$$

式中 A——调速功,kg·m;

H_{max}——最大水头,m;

Q——最大水头下额定出力时的流量,m^3/s;

D_1——水轮机转轮直径,m。

冲击式水轮机的调速功 A 一般可按下式进行计算:

$$A = 9.81Z_0\left(d_0 + \frac{d_0^3H_{max}}{6\ 000}\right) \tag{2-63}$$

式中 Z_0——喷嘴数目,个;

d_0——额定流量时的射流直径,m。

由计算出的调速功选择合适类型的调速器。

4. 大型水轮机调速器主接力器的选择

1)导叶接力器的选择

对大型调速器通常采用两个接力器来操作导水机构,每个接力器的直径 d_s 可按下列经验公式计算:

$$d_s = \lambda D_1\sqrt{\frac{H_{max}b_0}{P_0D_1}} \tag{2-64}$$

式中 λ——计算系数,可由表 2-20 查取;

P_0——调速系统的额定油压, kg/cm^2(或 MPa);

b_0——导叶高度,m;

D_1——水轮机转轮直径,m。

表中 λ 较小值用于型谱中一般过流能力的转轮,较大值用于增大流量改进后的新转轮。

表 2-20　计算系数 λ

水轮机水头范围	水轮机形式	标准导叶形式	叶型相对偏心 e_0	蜗壳包角 φ_0/(°)	λ
所有水头	混流式	不对称	0. 05	345	0. 140~0. 155
		对称	0. 05	345	0. 135~0. 150
低水头	轴流式	对称	0. 05	180	0. 135~0. 150
				225~270	0. 145~0. 160
中水头		不对称	0. 05	225~270	0. 135~0. 150
高水头				345	0. 135~0. 150

由式(2-64)计算得到 d_s 值,便可在标准接力器系列表 2-21 中选择相邻较大的直径。

表 2-21　标准接力器系列

接力器直径/mm										
	200	225	250	275	300	325	350	375	400	450
	500	550	600	650	700	750	800	850	900	

接力器最大行程 S_{max}(mm)可由下列经验公式求得,即

$$S_{max} = (1.4 \sim 1.8)a_{0\,max} \tag{2-65}$$

式中　a_{0max}——导叶最大开度,mm,可由模型水轮机的导叶最大开度计算得到,即

$$a_{0max} = a_{0m \cdot max}\frac{D_0 Z_{0m}}{D_{0m} Z_0} \tag{2-66}$$

式中　D_0、D_{0m}——原型、模型水轮机导叶的轴心圆的直径,m;

Z_0、Z_{0m}——原型、模型水轮机的导叶数目。

式(2-65)中较小的系数用于转轮直径 D_1<5 m 的情况。将所求得的 S_{max} 的单位化为 m,则可求得两个接力器的总容积 $\overline{V}_s$(m^3),为

$$\overline{V}_s = 2\pi\left(\frac{d_s}{2}\right)^2 S_{max} = \frac{\pi d_s^2 S_{max}}{2} \tag{2-67}$$

2)转桨式水轮机转轮的叶片接力器的计算

转桨式水轮机转轮叶片接力器装设在轮毂内,它的直径 d_c、最大行程 S_{cmax} 和容积 $\overline{V}_c$ 可按式(2-68)和式(2-69)进行估算。

$$d_c = (0.3 \sim 0.45)D_1\sqrt{\frac{25}{P_0}} \tag{2-68}$$

$$S_{cmax} = (0.036 \sim 0.072)D_1 \tag{2-69}$$

$$\overline{V}_c = \frac{\pi d_c^2}{4}S_{cmax} \tag{2-70}$$

在式(2-68)和式(2-69)中,较小的系数用于 D_1>5 m 的水轮机。

5. 水轮机调速器主配压阀的选择

通常主配压阀的直径与通向接力器的油管直径是相等的。通过主配压阀油管的流量

为

$$Q=\frac{\overline{V}_s}{T_s} \tag{2-71}$$

式中 T_s——导叶从全开到全关的直线关闭时间,s。

导叶接力器的容积 $\overline{V}_s$ 还可由推动导叶的调速功进行估算,此处不再赘述。

油管直径即主配压阀的直径为

$$d=\sqrt{\frac{4Q}{\pi v_m}} \tag{2-72}$$

式中 v_m——管内油的流速,一般在 4~8 m/s 范围内选取,管道较短和工作油压较高时可选用较大的流速。

大型调速器是以主配压阀的直径为表征组成系列的,因此按式(2-72)计算出主配压阀直径 d,便可选择对应的调速器型号。

对于双调节的转桨式水轮机,操作转轮叶片的主配压阀直径与操作导水机结构的主配压阀直径相同,由于转轮叶片接力器运动速度一般比导叶接力器缓慢得多,所以能够满足导叶接力器运动的主配压阀也一定能够满足转轮叶片接力器的要求。

6. 水轮机调速器油压装置的选择

水轮机调速器油压装置的工作能力是以压力油箱的总容积和额定油压为表征的。压力油箱的总容积 $\overline{V}_k$ 可按式(2-73)、式(2-74)估算。

对混流式水轮机:

$$\overline{V}_k=(18\sim 20)V_s \tag{2-73}$$

对转桨式水轮机:

$$\overline{V}_k=(18\sim 20)V_s+(4\sim 5)\overline{V}_c \tag{2-74}$$

【自测练习】

请扫描二维码,做自测练习。

码 2-50 任务 2.4 自测练习

知识技能点小结

不同类型的水轮机结构特点、运行情况与效率等各不相同,所以适用情况也不同。不同水轮机的组成部件与型号有所差异,反击式水轮机一般有四大基本过流部件,即引水部件、导水部件、工作部件和泄水部件。水斗式水轮机由引水管、喷管、外调节机构、转轮、机壳及尾水槽等组成。水轮机的基本工作参数,主要有工作水头 H、流量 Q、出力 N、效率 η、

转速 n 等。水轮机蜗壳和尾水管是反击式水轮机的两个重要组成部件,蜗壳断面尺寸的主要参数有断面形状、包角 φ_0 和进口平均流速 V_c,蜗壳断面尺寸确定主要是通过确定相关参数,进行水力计算,绘制蜗壳断面和平面的单线图。直锥形尾水管和弯锥形尾水管主要根据相关经验公式确定断面尺寸,弯肘形尾水管一般推荐采用定型的标准肘管。

水轮机工作过程中会产生能量损失,按损失特性可分为容积损失、水力损失和机械损失,水轮机运行过程中工况经常发生变化,效率最高的工况为最优工况,水轮机在无撞击进口和法向出口条件下处于最优工况。由空化造成的过流表面的材料损坏称为气蚀,水轮机在运行时会引起气蚀现象,根据气蚀产生的部位不同,气蚀可分为翼型气蚀、间隙气蚀、空腔气蚀、局部气蚀四种类型,气蚀现象对水轮机的危害较大,需要采取一定的措施防止和减轻其危害,合理确定水轮机的安装高程。

了解水轮机特性才能选择适合的水轮机。水轮机特性是借助于模型试验成果通过模型水轮机与原型水轮机的相似关系转换运用到原型水轮机上的,水轮机在各种工况下运行的特性可用水头 H、流量 Q、转速 n、出力 N、效率及气蚀系数等参数及水轮机特性曲线来表达,水轮机的特性曲线包括线性特性曲线和综合特性曲线两类。

水轮机是水电站中最重要的动力设备之一。由于它关系水电站的工程投资、安全运行和经济效益等重大问题,因此在水能规划的基础上,根据水电站的水头和负荷的工作范围、水电站的运行方式,正确进行水轮机选择是水电站设计中的主要任务之一。确定水轮机型号及主要参数的基本方法有用系列型谱结合主要综合特性曲线法、专题研究法、查系列范围图法、套用法、直接查产品样本法及统计分析法等。

水轮机是靠自然水能进行工作的动力机械。通过调节流入水轮机流量的大小,使机组出力与外界负荷相适应,保证机组在额定转速下运行,从而保证机组发出的电流频率满足电力系统的要求。

知识技能训练

一、简答题

1. 水轮机主要的类型有哪些?

2. 反击式水轮机的过水部件由哪几部分组成? 各有何作用?

3. 水轮机的主要工作参数有哪些? 各是何含义?

4. 气蚀的主要危害是什么? 减少和防止气蚀的危害应该从哪些方面着手?

5. 什么叫水轮机的最优工况? 什么叫无撞击进口? 什么叫法向出口?

6. 什么是气蚀系数与水轮机的吸出高度? 各类型水轮机允许吸出高度和安装高程如何确定?

7. 水轮机选型的基本内容及选择方法有哪些?

8. 水轮机调节的基本任务是什么?

二、单项选择题

1. (　　)水轮机应用范围广(20~700 m),结构简单,运行稳定且效率高,是应用最广泛的一种水轮机。

A. 混流式　B. 轴流式　C. 斜流式　D. 贯流式

2. (　　)水轮机的应用水头为 3~80 m，在中低水头、大流量水电站中得到广泛应用。

A. 混流式　B. 轴流式　C. 斜流式　D. 贯流式

3. 某水轮机型号为 ZZ560-LH-800，其中 ZZ 表示的是(　　)。

A. 轴流转桨式水轮机　B. 轴流定桨式水轮机

C. 混流式水轮机　D. 切击式水轮机

4. 某水轮机型号为 HL220-LJ-200，其中 200 表示(　　)。

A. 转轮标称直径　B. 转轮型号　C. 主轴型号　D. 工作水头

5. 水轮机过流部分局部凸凹不平时，也会引起局部真空，形成(　　)。

A. 叶型气蚀　B. 间隙气蚀　C. 空腔气蚀　D. 局部气蚀

6. 两个水轮机的过流部件形状相同、尺寸成比例是(　　)相似。

A. 运动　B. 几何　C. 动力　D. 物理

7. 满足相似条件，原型、模型水轮机各参数之间的相互关系称为水轮机的(　　)。

A. 相似条件　B. 相似律　C. 运动相似　D. 动力相似

8. 水轮机效率最高时的工作状态称为(　　)。

A. 正常工作状态　B. 较好工作状态　C. 最优工作状态　D. 不确定

9. 水轮机调节实质上是(　　)调节。

A. 流量　B. 转速　C. 流速　D. 水头

三、判断题

1. 冲击式水轮机主要利用水的势能。(　　)
2. 低水头水轮机一般采用混凝土蜗壳。(　　)
3. 水轮机调速器通过调节水轮机的效率对水轮机进行调节。(　　)
4. 混流式水轮机是指轴面水流轴向流入、轴向流出转轮的反击式水轮机。(　　)
5. 水轮机的工作水头是指水轮机进口和出口测量断面总水头差。(　　)
6. 尾水管的动能恢复系数越大，水轮机效率越高，因此动能恢复系数越大越好。(　　)
7. 只有几何相似的水轮机才有可能工况相似。(　　)
8. 水轮机的最优工况只有一个。(　　)
9. 计算水轮机转速和直径时应使用额定水头。(　　)
10. 水轮机的最大允许吸出高度应选择各水头下吸出高度的最大值。(　　)

项目3 水电站进水和引水建筑物设计

【项目导语】

水电站进水口位于引水系统的首部,起着引进符合发电要求(足够的进水能力、水头损失小、流量可控、拦污、拦沙、防冰、稳定、安全等)用水的功用,引水建筑物主要是集中落差,形成发电水头,输送发电流量的作用,各类进水口和引水建筑物不仅有建筑物构造设计方面的要求,还牵涉水力学、机械设备方面的内容,同时进水和引水建筑物又存在不同的类型,我们应该把握好各类建筑物的相同点和不同点,以便设计符合要求的进水和引水建筑物。

项目在开展过程中,要求我们严格遵循规范的规定和计算方法,这样才能设计出合理适用的水电站进水和引水建筑物。规范是工程经验的总结,是中华优秀传统文化的传承,我国古代修建的都江堰、郑国渠、灵渠、白渠、坎儿井等工程为我们设计进水和引水建筑物提供了宝贵的经验,正如党的二十大报告指出,“中华优秀传统文化源远流长、博大精深,是中华文明的智慧结晶”“我们必须坚定历史自信、文化自信,坚持古为今用、推陈出新”。项目穿插的坪江水电站创造性地将无压引水和有压引水结合起来,提升了发电的经济效益,它不仅告诉我们工程设计需要结合现场条件因地制宜确定方案,同时也是一种创新做法的体现,值得每一名水利水电工程技术人员学习。

《小型水电站初步设计报告编制规程》(SL/T 179—2019)规定,初设时应从地形地质、泥沙、水流条件、工程布置、下游生态需水、施工、运行、工程占地、环境保护、工程量及投资等方面进行综合分析比较,选定引水建筑物的型式和布置。说明各引水建筑物的水力计算条件、计算方法;选定进水口布置、结构型式、控制高程、断面尺寸、孔口和渐变段的型式及拦污栅、闸门、操作平台布置和必要的防排冰、沉排沙设施布置;选定引水道的位置、结构型式、控制高程、断面尺寸、坡度等。对引水建筑物的闸门(阀)及启闭设备应选定闸门(阀)、拦污栅及启闭机的布置方案、型式、容量、数量和主要尺寸及参数,选定防止腐蚀、冰冻、淤堵、磨损等的设计方案、措施以及制造安装和维护检修条件;论述闸门(阀)在正常及事故情况下运行的可靠性,说明充水平压及通气措施、操作方式,说明拦污栅的操作方式、排污、清污措施。在设计水电站进水和引水建筑物时,还应遵循《水利水电工程进水口设计规范》(SL 285—2020)、《水利水电工程沉沙池设计规范》(SL/T 269—2019)、《水电站引水渠道及前池设计规范》(SL 205—2015)、《水工隧洞设计规范》(SL 279—2016)、《小型水力发电站设计规范》(GB 50071—2014)、《水电站进水口设计规范》(NB/T 10858—2021)、《小型水电站初步设计报告编制规程》

码3-1 规范-《水利水电工程进水口设计规范》(SL 285—2020)

码3-2 规范-《水利水电工程沉沙池设计规范》(SL/T 269—2019)

(SL/T 179—2019)、《水利水电工程项目建议书编制规程》《SL/T 617—2021》、《水利水电工程可行性研究报告编制规程》(SL/T 618—2021)的相关规定。

码 3-3　规范-《水电站引水渠道及前池设计规范》(SL 205—2015)

【项目目标】

了解进水口功用、类型及适用条件,了解沉沙池工作原理、类型及排沙方式,了解引水渠道和隧洞的类型、工作特点;理解有压进水口的类型,理解无压进水口类型及设计要求,理解引水渠道和引水隧洞经济断面确定和水力计算的目的;掌握有压进水口尺寸拟定及设备布置,掌握无压进水口组成、布置,掌握引水渠道和引水隧洞线路布置及尺寸拟定。

【项目要求】

知识要点	能力要求	所占分值(100 分)	自评分数
进水口的功用、要求及类型	能够根据水电站基本资料,选择进水口位置和类型	10	
有压进水口	能识别有压进水口类型,会进行有压进水口尺寸拟定及设备布置	35	
无压进水口	能进行无压进水口布置设计	20	
引水建筑物	能够根据水电站基本资料进行引水渠道和隧洞的类型选择,线路布置,尺寸拟定	35	

任务 3.1　进水口的功用、要求及类型

3.1.1　进水口的功用和要求

进水建筑物简称进水口,是指从天然河道或水库中取水而修建的专门水工建筑物。水电站进水口是指以发电为目的而专门修建的进水建筑物。水电站进水口位于引水系统的首部,其功用是引进符合发电要求的用水。

水电站进水口应满足下列基本要求:

(1)要有足够的进水能力。在任何工作水位下,进水口都应保证按照负荷要求引进所需的流量。因此,在枢纽总体布置时,必须合理安排进水口的位置和高程;选用足够的过水断面尺寸;防止产生吸气漩涡;一般按水电站的最大引用流量 Q_{max} 设计。

(2)水头损失要小。进水口的位置应合理,外形轮廓应平顺,使水流通畅地进入引水道;断面尺寸应足够,以使水流速度控制在允许范围内,尽可能减小水头损失。

(3)可控制流量。进水口需设置闸门,为进水和引水系统的检修创造条件,并进行紧急事故关闭,截断水流,避免事故扩大。对无压引水式水电站,引用流量的大小也可由进口闸门控制。

(4)水质要符合要求。不允许有害泥沙进入引水道和水轮机,因此进水口要设置拦污、拦沙、沉沙、防冰及冲沙、排冰设施。

(5)满足对水工建筑物的一般要求。进水口结构要有足够的强度、刚度和稳定性,并且结构简单,施工方便,造型美观,便于运行、检修和维护等。

3.1.2 水电站进水口的类型

水电站进水口按水流条件可分为无压进水口和有压进水口两大类。

码3-4 思维导图-水电站的进水口

3.1.2.1 无压进水口

流道全程有自由水面,且水面以上净空与外界大气保持良好贯通的进水口称为无压进水口。无压进水口的主要特征是:取河流或水库的表层水,进水口的水流具有自由水面,水流为无压流,其后一般紧接无压引水建筑物,适用于从天然河道或水位变化不大的水库中取水。无压引水式水电站的进水口一般为无压进水口。

3.1.2.2 有压进水口

流道均淹没于水中,并始终保持满流状态,具有一定的压力水头的进水口称为有压进水口。有压进水口的主要特征是:进水口位于水库死水位以下的一定深度,引进深层水,水流为有压流,其后常与有压引水隧洞或压力管道连接,适用于从水位变化幅度较大的水库中取水。有压进水口也称为深式进水口或潜没式进水口。有压引水式水电站和坝后式水电站的进水口大都属于这种类型。

【自测练习】

请扫描二维码,做自测练习。

码3-5 任务3.1自测练习

任务3.2 有压进水口

3.2.1 有压进水口的类型及适用条件

有压进水口的类型主要取决于水电站的开发和运行方式、引用流量、枢纽建筑物的总体布置要求,以及地形地质条件等因素,可分为隧洞式、压力墙式、塔式和坝式四种主要类型。

3.2.1.1 隧洞式进水口

闸门布置于山体竖井中,入口与闸门井之间的流道为隧洞段的进水口称为隧洞式进水口,也称为竖井式进水口。隧洞式进水口的基本特征是:在隧洞进口附近的岩体中开挖竖井,闸门布置在竖井中,竖井的顶部布置启闭设备及操作室,如图3-1所示。

隧洞式进水口由进口段、闸门段和渐变段三部分组成。进口段的横断面一般为矩形,平面及立面上均开挖成喇叭形,以使进口水流顺畅;进口处应设置拦污栅,常布置成倾斜,以扩大水流过栅面积,降低过栅流速,减小水头损失。闸门段是安置检修闸门和工作闸门的洞段,过水断面仍为矩形。渐变段为由矩形断面逐步过渡到有压隧洞圆形断面的过渡段。这种布置的特点是结构比较简单,能充分利用围岩的作用,钢筋混凝土工程量较小,不受风浪和冰冻的影响,受地震影响也较小,工作安全可靠,但竖井开挖较困难。其适用于工程地质条件较好、岩体比较完整坚硬、山坡坡度适宜、易于开挖竖井和平洞的情况。

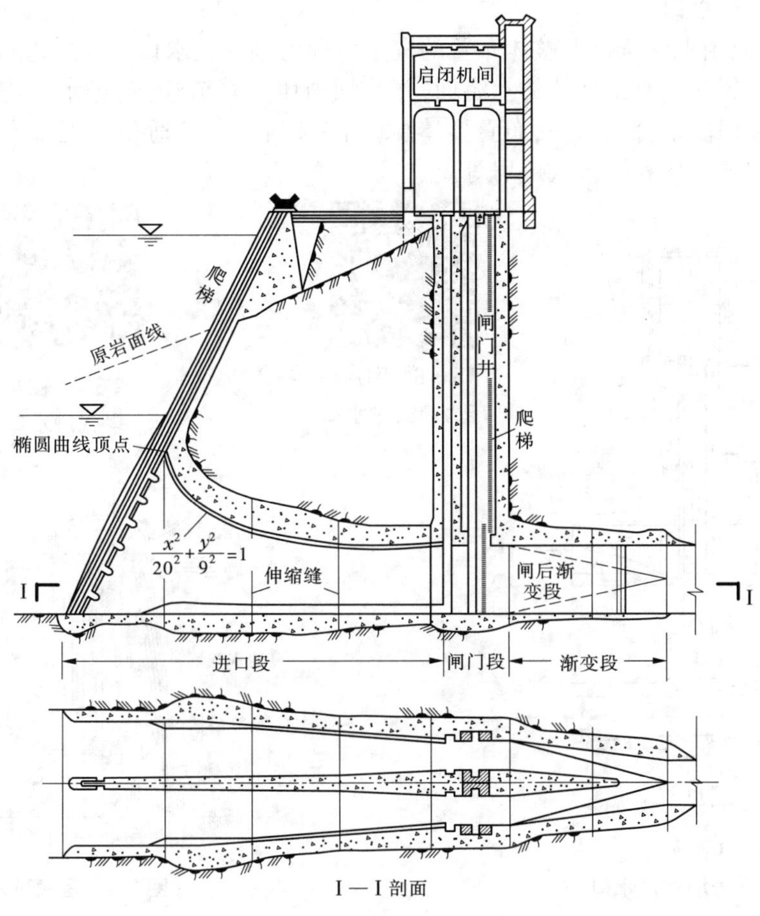

图 3-1　隧洞式进水口

3.2.1.2　压力墙式进水口

闸门门槽(含拦污栅槽)贴靠倾斜岸坡布置的进水口称为压力墙式进水口,也称为岸塔式进水口。压力墙式进水口的基本特征是:进口段和闸门段均布置在山岩之外,形成一个紧靠山岩的单独墙式建筑物,如图 3-2 所示。压力墙式进水口结构承受水压力及山岩压力,要求有足够的强度及稳定性。有时,为了简化结构布置,增加结构的稳定性及可靠性,可将进水口布置成倾斜的。压力墙式进水口适用于地质条件较差、山坡较陡、不易开挖竖井的情况。

3.2.1.3　塔式进水口

在大坝或库岸以外独立布置的进水口称为塔式进水口,根据需要可设计成单面单孔进水或周围多层多孔径向进水。塔式进水口的基本特征是:进口段、闸门段及其一部分框架形成一个独立的塔式结构,耸立在水库之中,塔顶设操作平台及启闭机室,用工作桥与岸坡或坝顶相连,如图 3-3 所示。这种布置的特点是:进水口可一边或四边进水,然后将水引入塔底的竖井中;塔身是直立的悬臂结构,结构复杂,施工较困难,还要承受风浪压力及地震力,要求有足够的强度和稳定性以及坚固的地基。其适用于采用当地材料坝的枢纽中,以及水库岸坡地质条件差或地形平缓,无法采用压力墙式进水口的情况。

3.2.1.4 坝式进水口

在挡水坝或挡水建筑物上整体布置的进水口称为坝式进水口。坝式进水口的基本特征是：进水口布置在混凝土坝体的上游面，并与坝内压力管道连接，进水口与坝身合成一体，进口段和闸门段常合二为一，布置紧凑，如图3-4所示。其适用于混凝土重力坝的坝后式厂房、坝内式厂房和河床式厂房等。

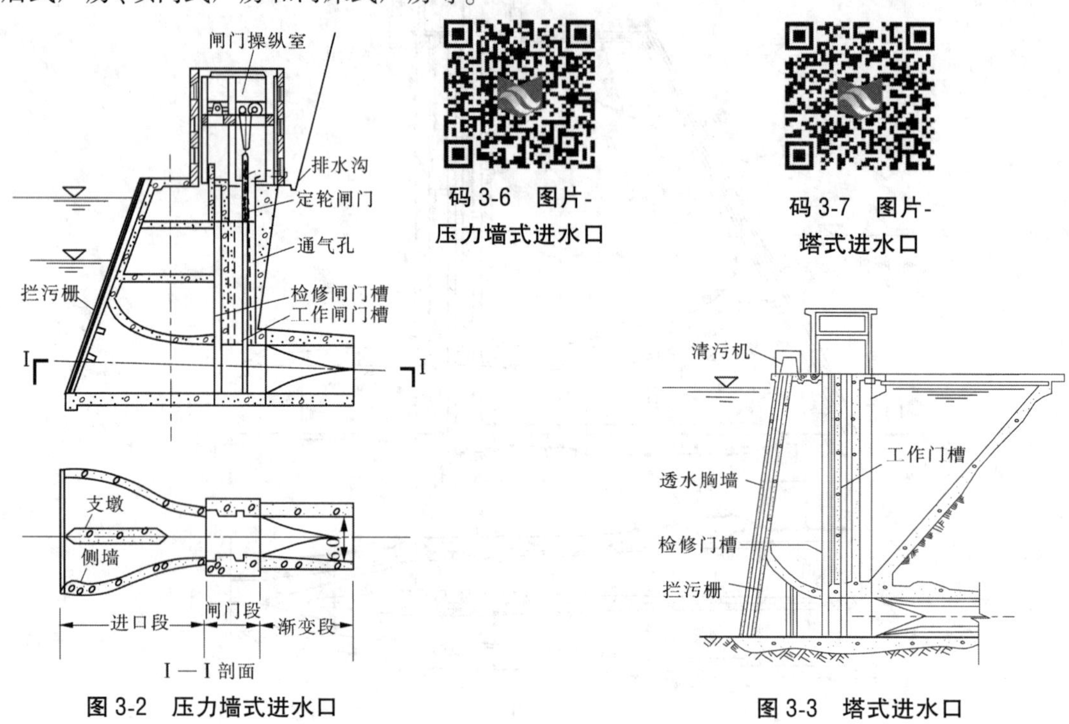

图3-2 压力墙式进水口

图3-3 塔式进水口

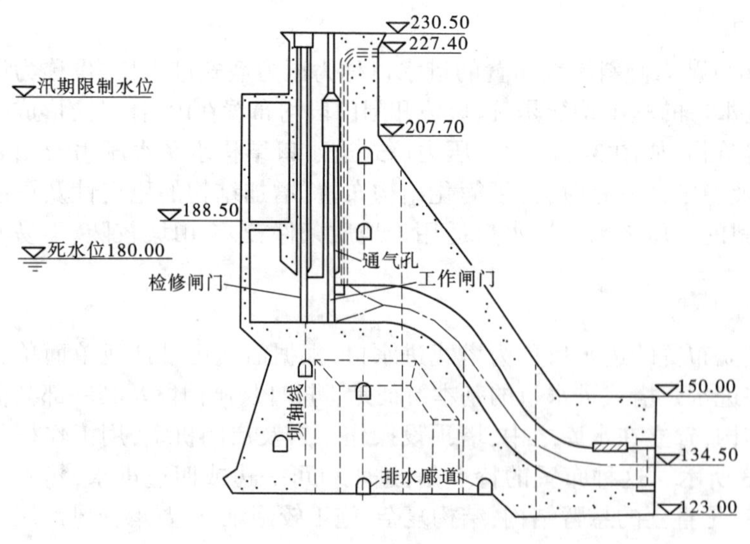

图3-4 坝式进水口

码3-8 图片-坝式进水口

3.2.2 有压进水口的布置

3.2.2.1 有压进水口的位置及高程

(1)有压进水口的位置。水电站有压进水口在枢纽中的位置应根据地形地质条件、水位变幅、隧洞线路、进水口型式等综合考虑确定。应尽量使进水口水流平顺、对称,无回流和漩涡,不出现淤积,不聚集污物,泄洪时仍能正常进水。进水口后接压力隧洞,应与洞线布置协调一致,选择地形、地质及水流条件较好的位置。

(2)有压进水口的高程。有压进水口的顶部高程应低于运行中可能出现的最低水位,并有一定的淹没深度,以不产生漏斗状吸气漩涡为原则,如图 3-5 所示。漏斗状吸气漩涡不仅会带入空气,而且会吸入漂浮物,引起噪声和振动,减小过流能力,影响水电站的正常发电。

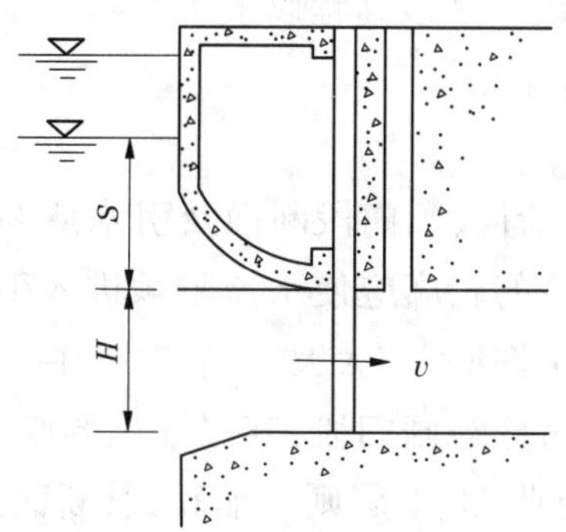

图 3-5 有压进水口的高程

码 3-9 动画-有压进水口吸气漩涡的产生

根据已建工程的经验,不出现吸气漩涡的临界淹没深度按下式估算:

$$S = Cv\sqrt{H} \tag{3-1}$$

式中 H——闸门净高,m;

v——闸门断面平均流速,m/s;

S——闸门门顶低于最低水位的临界淹没深度,m;

C——经验系数,对称水流取 0.55,边界复杂和侧向水流取 0.73。

式(3-1)中未计入风浪影响。若考虑风浪影响,计算所得的 S 值应加上 1/3 的浪高。由于影响漩涡的因素很复杂,式(3-1)只能用于初步确定进水口淹没深度。对于已建水电站,若运行中出现吸气漩涡,可在进水口处放置浮排消除漩涡,效果良好。

码 3-10 文本-进水口有压流相关水头损失的计算

保证进水口内为压力流,最小淹没深度 S 可按下式估算:

$$S = k\left(\Delta h_1 + \Delta h_2 + \Delta h_3 + \Delta h_4 + \Delta h_5 + \frac{v_5^2}{2g}\right) \tag{3-2}$$

式中 k——安全系数,不小于 1.5;

S——最小淹没深度,不小于 2 m;

Δh_1——拦污栅水头损失,m;

Δh_2——有压进水口喇叭段水头损失,m;

Δh_3——闸门槽水头损失,m;

Δh_4——压力管道渐变段水头损失,m;

Δh_5——进水口流道沿程水头损失,m;

v_5——进水口流道平均流速,m/s。

在满足进水口前不产生漏斗状吸气漩涡及引水道内不产生负压的条件下,进水口的布置高程应尽可能高些,以改善结构的受力条件,降低闸门、启闭设备及引水道的造价,也便于进水口的维护和检修。

有压进水口底板高程通常应高于水库设计淤沙高程以上 1.0~1.5 m。如无法满足,则应设置冲沙设施,以保证进水口不被淤沙堵塞。

3.2.2.2 **有压进水口轮廓尺寸的拟定**

有压进水口的轮廓尺寸主要受拦污栅断面、闸门段断面及引水隧洞过水断面控制。在满足引进发电所需流量的前提下,进水口的轮廓应使水流平顺进入引水道,水头损失小,避免产生涡流和负压现象。进口水流的流速不宜太大,一般控制在 1.5 m/s 左右。

(1)进口段。进口段的作用是连接拦污栅与闸门段,其尺寸主要受拦污栅断面面积控制。进口段的底板一般为水平,两侧稍有收缩,上唇则收缩较大,断面为矩形。上唇收缩曲线一般采用 1/4 椭圆或圆弧,两侧收缩曲线为 1/4 圆弧,以使进水顺畅,如图 3-1 所示。椭圆曲线方程为

$$\frac{x^2}{a^2}+\frac{y^2}{b^2}=1 \tag{3-3}$$

式中 a——椭圆长半轴,$a=(1.0\sim1.5)D$,通常取 $1.1D$,D 为引水道直径;

b——椭圆短半轴,$b=(1/3\sim1/2)D$,通常 $a/b=3\sim4$。

进口段的长度没有一定的标准,在满足工程结构布置和水流顺畅的条件下,尽可能紧凑。

(2)闸门段。闸门段是进口段与渐变段的连接段,闸门及启闭设备布置于此。闸门段的体形主要取决于所采用的闸门、门槽形式以及结构受力条件。

闸门段为矩形断面,其高度一般等于或略大于引水道直径,宽度等于或略小于引水道直径,长度主要由闸门及启闭设备布置需要确定。事故闸门净过水面积一般为引水道的 1.1~1.25 倍,检修闸门净过水面积与事故闸门相等或稍大些。

(3)渐变段。渐变段是矩形闸门断面过渡到圆形引水隧洞的过渡段。通常采用圆角过渡,圆角半径 r 可按直线规律变化,如图 3-6 所示。渐变段的长度宜为后接水道宽度或直径的 1~2 倍,流道的扩散角宜为 6°~12°。对于抽水蓄能电站进水口,流道的扩散角应取较小值,并且不得大于 10°。

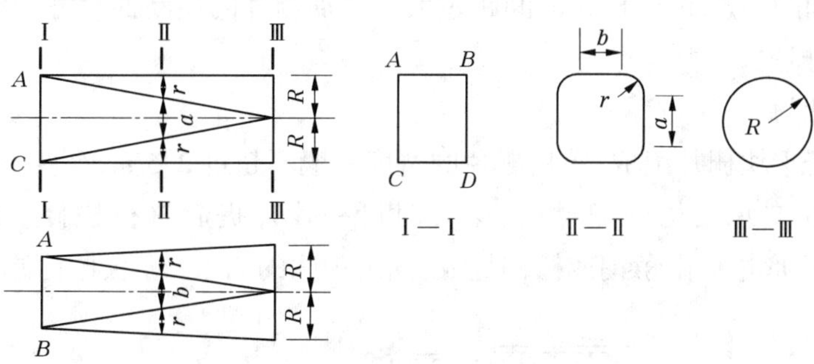

图 3-6　渐变段

上述拟定方法对坝式进水口同样适用,但是为适应坝体的结构要求,进水口长度要缩短,进口段与闸门段常结合在一起。坝式进水口一般都做成矩形喇叭口形状。进水口的中心线可以是水平的,也可以是倾斜的,视与压力管道的连接条件而定,如图 3-4 所示。坝式进水口的渐变段长度一般取引水道直径的 1.0~1.5 倍。

3.2.3　有压进水口的主要设备

有压进水口的主要设备包括拦污设备、闸门及启闭设备、通气孔及充水阀等。

3.2.3.1　拦污设备

拦污设备的作用是防止河流及水库中漂木、树枝、树叶、杂草、垃圾、浮冰等污物进入进水口,并不使漂浮物堵塞进水口,保证闸门和机组的正常运行,主要拦污设备为拦污栅。工程经验表明,进水口拦污栅极易被漂浮物堵塞,须经常清理,若清理不及时,可能造成水电站出力减小甚至停机,毁坏拦污栅。工程上为减小进水口处拦污栅的压力,常在远离进水口几十米之外加设一道粗栅或拦污浮排,拦住粗大的漂浮物,并集中清除。

1. 拦污栅的布置

码 3-11　图片-拦污栅

(1)拦污栅的立面布置。拦污栅的立面布置可以是垂直的或倾斜的。隧洞式进水口和压力墙式进水口的拦污栅常布置成倾斜的,倾角为 60°~70°,如图 3-1 和图 3-2 所示。这种布置的优点是过水断面大,过栅流速小,易于清污。塔式进水口的拦污栅可布置成垂直的,也可布置成倾斜的,如图 3-3 所示。坝式进水口的拦污栅一般布置成垂直的,如图 3-4 所示。

(2)拦污栅的平面布置。拦污栅的平面形状可以是平面的或多边形的。隧洞式进水口及压力墙式进水口一般常用平面布置,便于清污;塔式进水口和坝式进水口,两种形状均可采用,但多边形布置可增加过水断面。

2. 支承结构

拦污栅通常由钢筋混凝土框架结构支承,拦污栅框架由墩(柱)及横梁组成,墩(柱)侧面留槽,拦污栅片插入槽内,上、下两端分别支承在两根横梁上,承受水压力时相当于简支梁。横梁的间距一般不大于4 m,间距过大会增加栅片的横断面尺寸,减小净过水断面尺寸,增加水头损失。

3. 拦污栅结构

拦污栅由若干块栅片组成,每块栅片的宽度一般不超过2.5 m,高度不超过4 m,栅片像闸门一样插在支承结构的栅槽中,必要时可一片片提起进行检修。栅片的结构如图3-7所示,其矩形边框由角钢或槽钢焊成,固定中间的栅条,栅条上下端焊在栅框上。

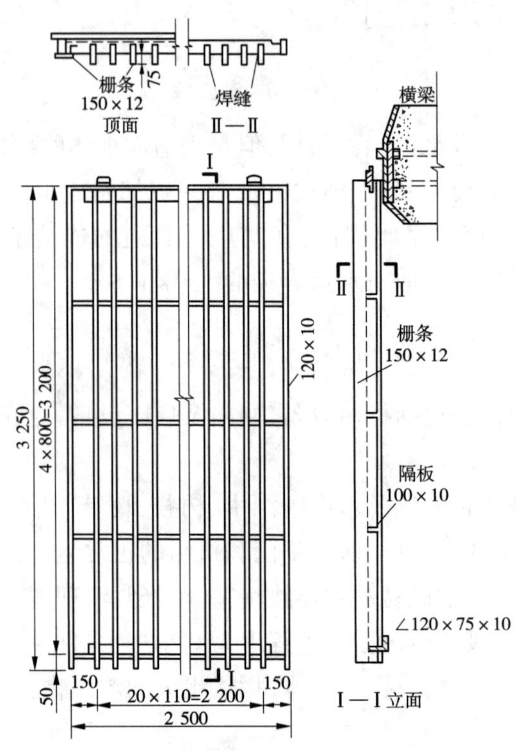

图3-7　拦污栅栅片的结构　(单位:mm)

4. 拦污栅设计

1) 过栅流速

过栅流速是指扣除墩(柱)、横梁及栅条等各种阻水断面后按净面积计算出的流速。拦污栅面积小,则过栅流速大,水头损失大,漂浮物对拦污栅的作用力大,清污困难;拦污栅面积大,则会增加造价,甚至造成布置困难。为便于清污,人工清污的允许过栅流速一般不大于1.0 m/s,机械清污的允许过栅流速一般限制在1.0~1.2 m/s。

2) 栅条的厚度、宽度及净距

栅条的厚度及宽度由强度计算确定。通常厚8~12 mm,宽100~200 mm。栅条净距b越大,拦污效果越差,水头损失越小;反之,拦污效果越好,水头损失越大。栅条净距b取决于水轮机的类型及转轮直径:轴流式水轮机,$b \approx D_1/20$,其中D_1为水轮机转轮直径;混流式水轮机,$b \approx D_1/30$;冲击式水轮机,$b \approx d/20$,d为喷嘴直径。

3)拦污栅与进水口的距离

拦污栅与进水口的距离应不小于洞径或管道直径,以保证水流平顺。

4)拦污栅的高度

拦污栅的总高度取决于库水位及清污要求。对于经常清污的情况,拦污栅顶应高于需要清污的最高水位;不需经常清污的拦污栅,顶部高程可做在汛前水位以上,以便每年有机会清理与维修拦污栅。

5.拦污栅的清污及防冻

码 3-12 图片-VR6 型拦污栅清污机

拦污栅清污方式有人工清污和机械清污两种。人工清污是用齿耙扒掉拦污栅上的污物,一般适用于小型水电站中淹没深度较浅的倾斜布置的拦污栅。大中型水电站进水口拦污栅需用清污机清污。污物不多的河流,也可定期吊起栅片进行清污或检修。若河流污物较多,也可设前后两道拦污栅,一道吊出清污,另一道拦污,以保证水电站正常运行。

寒冷地区应防止拦污栅冰冻。防冻方法常用的有两种:一是电热法,栅条上通以低于 50 V 电压的电流,形成回路,栅条发热解冻;二是将压缩空气用管道通到拦污栅上游面底部,使其从均匀布置的喷嘴中喷出气流,形成自下而上的夹气水流,将下层温水带至水面,防止拦污栅结冰。

3.2.3.2 闸门及启闭设备

为控制水流,进水口必须设置闸门。按工作性质,进水口闸门可分为工作闸门(动水中启、闭)、事故闸门(动水中闭、静水中启)和检修闸门(静水中启、闭)。对坝式进水口,应设置检修闸门和事故闸门或者检修闸门和工作闸门。对塔式进水口、竖井式进水口、岸坡式进水口,当压力管道末端设有进水主阀或厂内设有筒阀时,进水口可设置事故闸门一道,否则应设检修闸门和事故闸门各一道。对河床式水电站进水口,轴流式机组进水口应设置检修闸门和事故闸门,检修闸门是否与拦污栅共槽,应通过技术经济比较确定,灯泡贯流式机组当厂房尾水设有事故闸门时,进水口应设置检修闸门。

进水口通常设两道闸门,即事故闸门及检修闸门。事故闸门的作用是当引水道或机组发生事故时紧急关闭闸门,截断水流,防止事故扩大,不用于调节流量,仅在全开或全关的情况下工作。事故闸门通常悬挂在孔口上方,事故时要求在动水中快速关闭(2~3 min),静水中开启。引水道检修时,也常用事故闸门堵水。事故闸门一般为平板门,其启闭设备采用固定式卷扬启闭机或液压式启闭机,每扇闸门配置一套,以便随时操作闸门。事故闸门的操作应尽可能自动化,并考虑吊出检修的需要。事故闸门前后应设旁通管及平压阀,以便闸门开启前向门后充水平压,创造闸门静水开启条件。

检修闸门设在事故闸门上游侧,其作用是检修工作闸门及其门槽时用以堵水。检修闸门一般采用平板闸门,中小型水电站也可采用叠梁。检修闸门在静水中启闭,且可采用移动式启闭设备或临时启闭设备,可以几个进水口共用一道检修闸门,平时将检修闸门存放在储门室中。

3.2.3.3 通气孔及充水阀

1. 通气孔

通气孔设在有压进水口的事故闸门之后,其作用是当引水道充水时用以排气,当事故闸门紧急关闭放空引水道时用以补气,防止出现有害的真空。若闸门为前止水布置,可利用事故闸门后的竖井兼作通气孔,如图 3-1 所示;若闸门为后止水,则必须设专用的通气孔,如图 3-2 所示。通气孔内可设爬梯,兼作进人孔,其顶部应高出上游最高水位,防止水流溢出。通气孔内口应尽量靠近工作闸门下游面的引水道顶部,以便在任何情况下均能充分通气,减小负压。通气孔体形应平顺,避免突变。在必须转弯部位,尽可能具有较大转弯半径,以减小气流阻力。

通气孔的面积取决于事故闸门关闭时的进气量,进气量的大小一般取引水道的最大引水流量。通气孔的面积可按下式计算:

$$A = \frac{Q_a}{v_a} \tag{3-4}$$

式中 Q_a——进水口进水流量,一般为最大引水流量,m^3/s;

v_a——通气孔进气流速,露天式管道进水口一般采用 30~50 m/s,但不得大于引水道放空过程中水流速度的 15 倍,坝式进水口可取 70~80 m/s。

根据工程经验,发电引水道事故闸门后的通气孔面积不宜小于引水管道面积的 5%左右。

2. 充水阀

充水阀的作用是开启闸门前向引水道充水,平衡闸门前后水压,以便在静水中开启闸门,减小闸门启门力。充水阀的设置方法有两种:一种方法是将旁通管通至上游水中,下游接入工作闸门之后,旁通管上设充水阀;另一种方法是将充水阀设置在平板闸门上,利用闸门吊杆启闭。闸门关闭时,吊杆下压即可关闭;开启闸门前,先将吊杆吊起 20 cm 左右,这时充水阀开启(闸门门体未开),开始向引水道充水,充水完毕,再提升吊杆拉动闸门门体。

3.2.4 有压进水口的布置实例

坪江水电站进水口布置在大坝左侧,为深式进水口,如图 3-8 所示,由进水口段、拦污栅及检修平台、竖井式闸室及检修平台、启闭平台组成。

进口段长 40.00 m,底板高程 1 095.00 m,喇叭口顶高程 1 097.20 m,在死水位 1 100.00 m 的情况下能够满足淹没深度要求。进口喇叭段桩号 0±000.00~0+005.00 m,宽度由 2.8 m 渐变至 1.8 m,顶部衬砌厚 0.5 m,底部衬砌厚 0.5 m。桩号 0+005.00~0+027.00 m,隧洞尺寸 1.8 m×1.8 m(矩形断面),顶部衬砌厚 0.3 m,底部衬砌厚 0.3 m。进口设拦污栅,倾角 79°,拦污栅的维护、检修平台高程为 1 105.00 m。

闸室为矩形竖井式,闸室底板高程 1 095.00 m,建基面高程 1 094.50 m。底板衬砌厚 0.8 m,侧墙衬砌厚 0.8 m,竖井内布置事故检修闸门孔一个,闸门后布置 1.2 m×0.8 m 的爬梯井、通气孔,顶覆铁栅网格。闸室后布置长 9.5 m 的渐变段与压力隧洞连接。

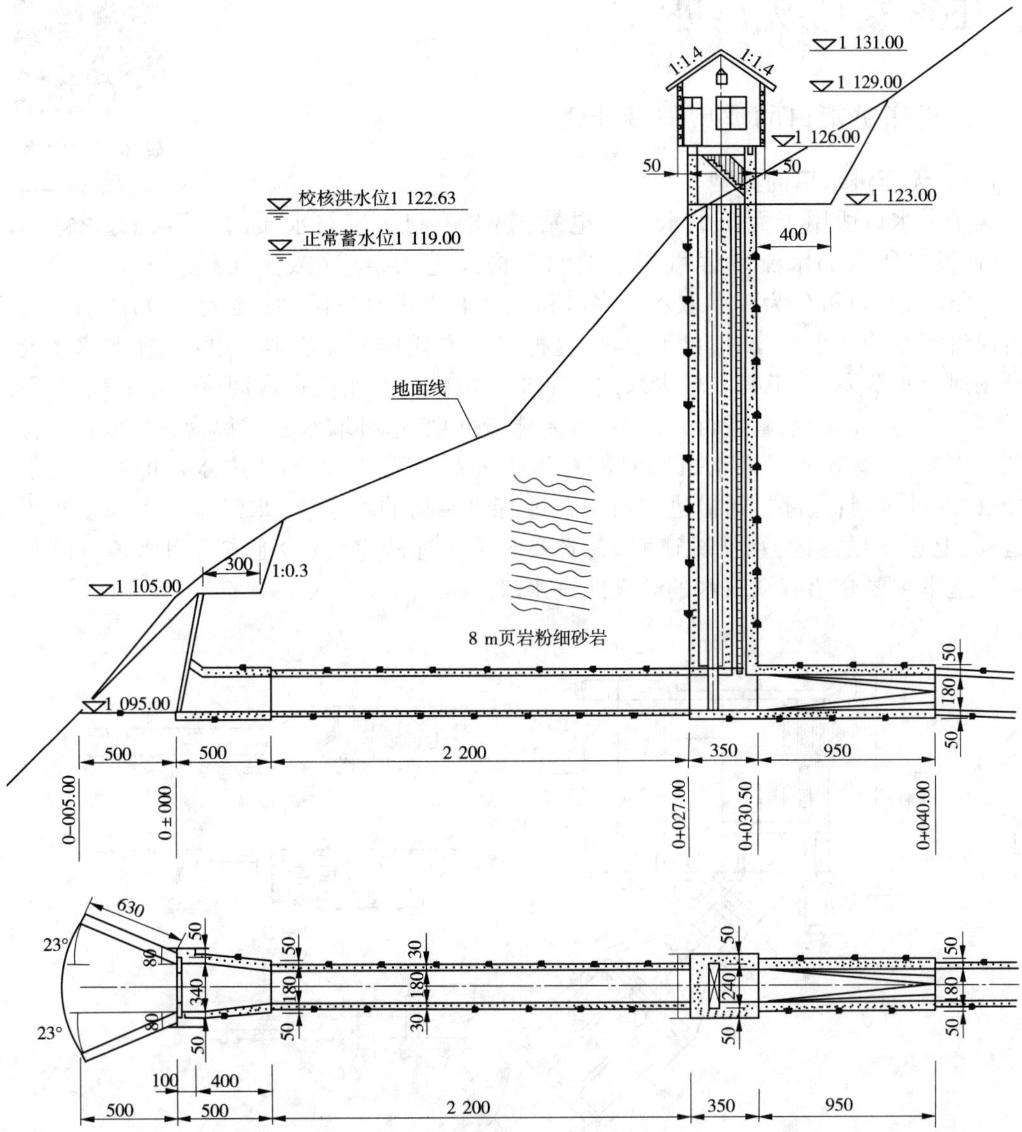

图 3-8　坪江水电站隧洞式进水口布置图　(尺寸单位:cm)

【自测练习】

请扫描二维码,做自测练习。

码 3-13　任务 3.2 自测练习

任务 3.3 无压进水口

码 3-14 文本-无坝取水——都江堰水利工程

3.3.1 无压进水口的类型与设计要求

3.3.1.1 无压进水口的类型

无压进水口适用于无压引水式水电站,起着控制水流与水质的作用,并使发电所需的水流以尽可能小的水头损失进入渠道(或无压隧洞)。无压进水口可分为有坝取水进水口和无坝取水进水口两种。当水电站的引用流量仅占河流流量的一小部分时,可不建坝,这种取水方式称为无坝取水,因无坝取水不能充分利用河流水资源,故工程上较少采用。如果水电站的引用流量占河流流量的较大部分,或者需要拦蓄一部分水量进行日调节,就要建造低坝,这种取水方式称为有坝取水。按布置和结构条件,有表面式进水口和底部拦污栅进水口两类,表面式进水口即开敞式进水口,或称为进水闸;底部拦污栅进水口是在过流建筑物的坎中,与水流垂直方向设置引水廊道,其上覆盖拦污栅,水从廊道引入,必要时再经冲沙室、沉沙池进入引水道,如图 3-9 所示。这里主要介绍有坝取水的开敞式进水口。

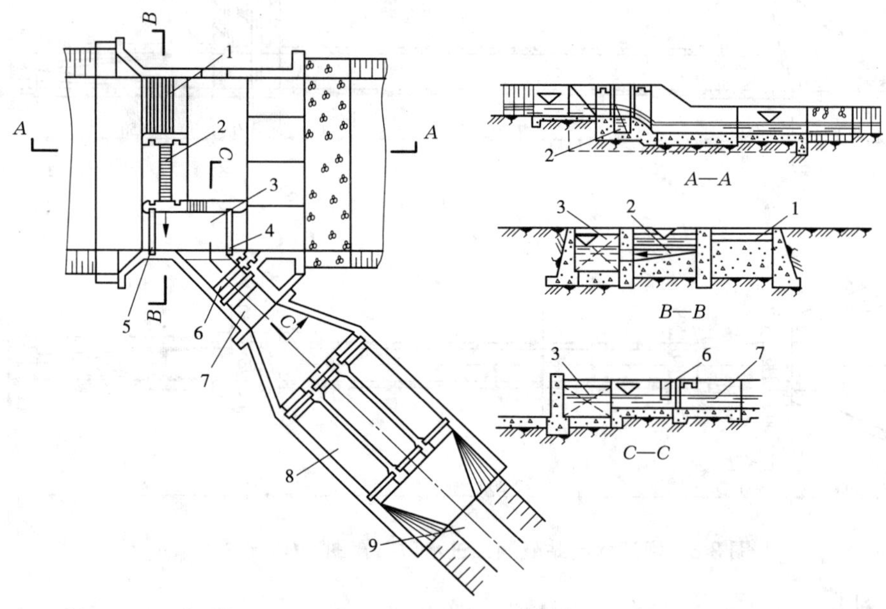

1—溢洪坝;2—设有拦污栅覆盖的底部引水廊道;3—冲沙室;4、5—冲沙室的下游闸门、上游闸门;6—排冰道;7—用于从冲沙室引水的进水口;8—沉沙池;9—引水渠。

图 3-9 底部拦污栅进水口

3.3.1.2 无压进水口的设计要求

无压进水口的特点是:水流为无压流,以引表层水为主,进水口后一般接无压引水道;因上游无大的水库,河中流量大,流速高(尤其在洪水期),水流挟带大量泥沙和漂浮物,在进水口前回旋淤积,防沙、防污及防冰问题突出,如处理不当,可能造成河道变形和危及建筑物的正常运行。

进水口防沙设计应满足以下要求:防止泥沙淤积、堵塞进水口闸门槽;减少泥沙对水轮机和水泵叶片的磨损;减小粗颗粒泥沙进入引水渠道。进水口防沙应按枢纽防沙要求,在进水口设置必要的拦沙、导沙、沉沙、冲沙和排沙等设施,对于无坝引水或虽有水库但无调节能力的引水工程进水口,应研究设置拦沙坎,布置引水明渠,并在渠内设置沉沙池、冲沙道、冲沙闸,将水沙分离后排放下游。

引水工程进水口防污设计应满足以下要求:进水口避免正对漂污物运移轨迹的主轴线;防止漂污物堵塞进水口拦污栅;进水口前积聚的漂污应能随时清除。引水工程进水口防污应按枢纽防污要求,在进水口前方设置拦污栅,并采取门前捞漂、机械清污或提栅清污等防污措施,必要时可布置拦漂、导漂污设施,集中清污。

码 3-15　文本-开敞式进水口的布置

进水口防冰设计应满足以下要求:避免流冰直接撞击进水口;防止冰块堵塞进水口;防止静冰、动冰压力损坏进水口建筑物;保证进水口拦污栅、闸门、启闭机及有关设备正常操作运行。进水口防冰应按枢纽防冰要求,在进水口采取必要的防冰、导冰、排冰等措施。有防冰要求的引水工程进水口,冬季运行时宜保持上游水流不间断稳定流动,形成不冻水面,保持连续运行,对于冰情严重地区的进水口,可采取结冰盖的运行方式,但进水口必须淹没在冰盖底面稳定水位以下,淹没深度不小于 2 m;采用结冰盖运行的进水口,冰盖入口处的流速应大于结冰流速,但不宜超过 0.7 m/s。预防或减轻引水工程进水口冰害可采取以下措施:调节进水口前的水温;人工破冰、机械破冰或设备(如拦污栅、闸门等)加热;在进水口建筑物的结冰范围内设置缓冲层;启闭机及相应设备宜设于室内,必要时可采取保温、采暖措施;在进水口前缘水下设管道充气,产生连续上升的气泡群,利用气泡防冰。

3.3.2　开敞式进水口位置选择

根据无压进水口的特点,进水口位置的选择应特别注意防沙、防污问题,并尽量选在河床比较稳定的河段的凹岸。水流的主流在凹岸,无回流,漂浮物不易淤积,且利用河湾处横向环流作用易于引进河流表层清水,进水口前不易淤积泥沙。当无合适的稳定河段可利用时,可采取工程措施建造人工弯道以形成环流。弯道半径为弯道断面平均宽度的 4~8 倍,弯道长度为弯道半径的 1~1.4 倍,如图 3-10 所示。

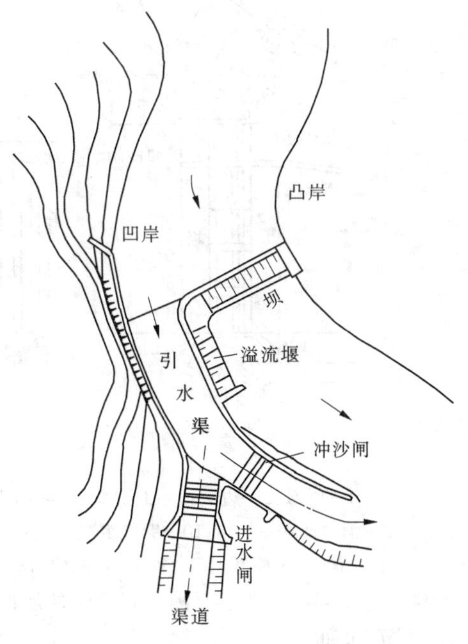

图 3-10　无压进水口布置图

为使水流平顺,在进水闸前应有一段喇叭口与河流相衔接,在喇叭口入口处可设置与水流方向成 30°~45°的浮排,用以拦截洪水期的漂浮物或冬季浮冰。当河流中漂木较多时,有时还需设置胸墙拦阻

漂木进入。

3.3.3 开敞式进水口的组成及布置

码 3-16 动画-无压引水式水电站进水口的组成

开敞式进水口的组成建筑物一般有拦河坝(或拦河闸)、进水闸、冲沙闸及沉沙池等。

建造拦河坝或拦河闸时,要充分考虑泥沙的影响,原则上要尽量保持河流原有的形态,洪水期要使上游泥沙(特别是推移质)绝大部分经冲沙闸下泄,不使其堆积在闸的上游。

进水闸与冲沙闸的相对位置应以“正面进水、侧面排沙”的原则进行布置。应根据自然条件和引水流量的大小确定最佳引水角度,条件许可时应尽量减小引水角度,一般不大于 20°~30°。进水闸轴线与冲沙闸轴线交角宜为 35°~45°,以保证防沙效果。当地形条件限制不能满足以上要求时,应适当加大冲沙闸的过水能力,并在进口前设分水墙,以形成冲沙槽,也可设置冲沙廊道排除进口前淤沙,冲沙廊道中水的流速应达到 4~6 m/s,以起到冲沙作用。

进水闸的底坎高程应高于冲沙闸底板高程 1.0~1.5 m,防止底沙进入引水道。冲沙闸的布置应以提高冲沙效果、施工方便为原则,因地制宜地进行,其底坎高程应高出河床 0.5~1.0 m。无压式进水口底板高程应保证在上游最低运行水位时,能够引进设计流量。

在非洪水期,引水比例较大,河道推移质泥沙较多时,可设拦沙坎防止底沙进入引水道。拦沙坎高度为冲沙槽设计水深的 1/4~1/3,不宜小于 1~1.5 m,拦沙坎与进水闸前水流方向宜成 30°~40°。带冲沙槽的进水口总体布置如图 3-11 所示。

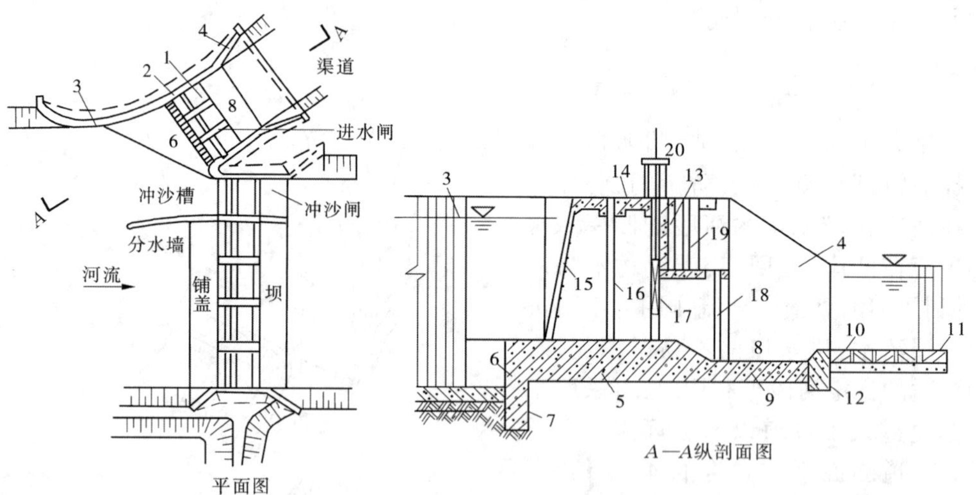

1—闸墩;2—边墩;3—上游翼墙;4—下游翼墙;5—闸底板;6—拦沙坎;7—截水墙;8—消力池;9—护坦;10—穿孔混凝土板;11—乱石海漫;12—齿墙;13—胸墙;14—工作桥;15—拦污栅;16—检修闸门;17—工作闸门;18—下游检修闸门;19—下游闸板存放槽;20—启闭机。

图 3-11 带冲沙槽的进水口总体布置图

3.3.4 沉沙池

有害泥沙一般指粒径大于 0.25 mm 的泥沙,布置进水口时,应尽可能防止有害泥沙进入引水道。河流泥沙分为推移质、悬移质和河床质。对于推移质中的有害泥沙，一般是通过进水口前拦沙坎防止的，对于悬移质中的有害泥沙，通常采用沉沙池进行处理。

沉沙池是指用以沉降挟沙水流中泥沙颗粒大于设计沉降粒径的悬移质泥沙、降低水流中含沙量的建筑物。按运行方式，可分为水力冲洗式沉沙池和非冲洗式沉沙池。水力冲洗式沉沙池可分为连续冲洗式沉沙池和定期冲洗式沉沙池。连续冲洗式沉沙池是指在连续供水的同时，将沉落的泥沙连续不断地冲排入下游河道的沉沙池，主要由上游连接段、工作段、下游连接段、排沙廊道等部分组成，如图 3-12 和图 3-13 所示。定期冲洗式沉沙池是指沉沙与冲洗交替运行连续供水的沉沙池。即当沉沙池中某池室淤积到一定程度后，出池含沙量及其粒径超过泥沙沉降设计标准时，及时进行冲洗，以恢复沉沙容积，同时将已冲洗后恢复沉沙容积的另一池室投入沉沙运行。定期冲洗式沉沙池由上游连接段、工作段(包括溢流堰区)、集水和排沙系统等组成，如图 3-14 所示。

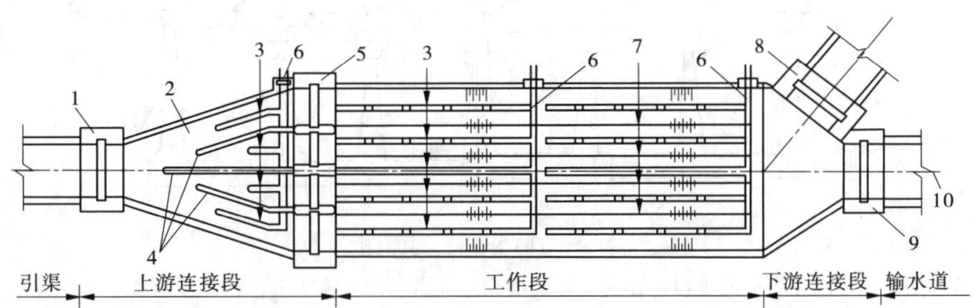

1—进口闸；2—扩散段；3—冲沙支廊道；4—配水墩；5—整流栅段；6—拦沙坎；7—冲沙主廊道；8—事故冲沙闸；9—出口闸；10—沉沙池中心线。

图 3-12　单室连续冲洗式沉沙池

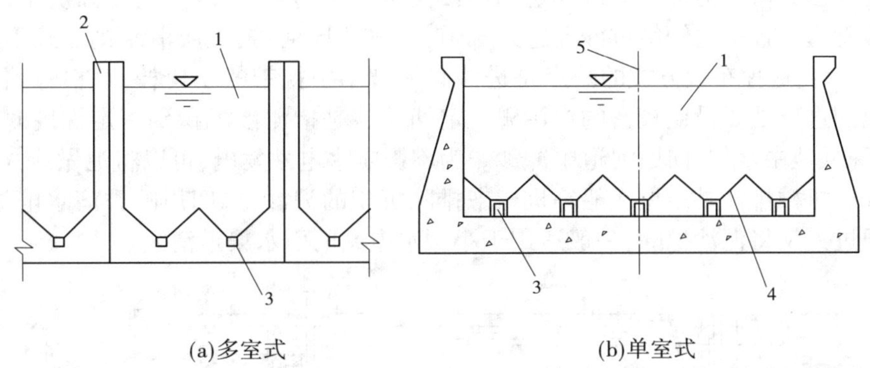

1—沉沙室；2—隔墙；3—冲沙支廊道；4—梯形槽壁；5—沉沙池中心线。

图 3-13　沉沙池截面形式

码 3-17　文本-水电站沉沙池设置条件、类型选择及布置

沉沙池的基本原理是加大过水断面，并通过分流墙或格栅形成均匀的低速区，减小水流挟沙能力，使有害泥沙沉积在池内，而使清水进入引水道。沉沙池内水流平均流速一般为 0.25~0.70 m/s，视有害泥沙粒径而定。水流流出沉沙池前，挟带的有害泥沙应能沉入池底，这就要求沉沙池有足够的长度。沉沙池的过水断面和长度要通过专门计算及试验来确定。

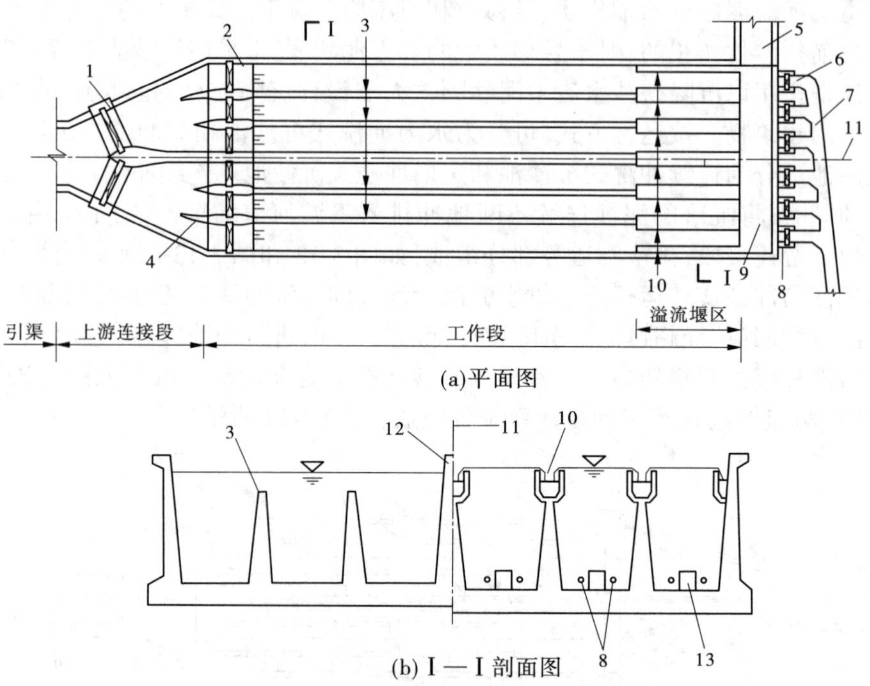

1—池室进口闸;2—池厢进口闸;3—池厢隔墙;4—配水墩;5—输水道;6—冲沙闸;7—排沙道;8—排沙底孔;9—横向集水槽;10—侧向集水槽;11—沉沙池中心线;12—池室隔墙;13—冲沙闸孔。

图 3-14 定期冲洗式沉沙池布置图

沉沙池内沉积的泥沙要及时排除。排沙方式分为人工清沙、机械排沙和水力冲沙三种。水力冲沙又可分为连续冲沙和定期冲沙两种。采用连续冲沙时,逐渐沉下的泥沙由底部冲沙廊道顶板中的倾斜进沙孔进入廊道,并排往原河道,上层清水则流往引水渠,如图 3-15 所示。这种布置方式的缺点是进沙孔易被水中挟带的小树枝、草根等堵塞,所以在沉沙池的进口处要设比较密的拦污栅。定期冲沙是指泥沙沉积到一定深度时,关闭池后闸门,降低池中水位,向原河道中冲沙。为不影响水电站发电,可以将池做成并列几个,轮流冲沙。机械排沙是用挖泥船等机械来排除沉积的泥沙,如四川映秀湾水电站。人工清沙是通过人工将泥沙挖除,一般适用于小型水电站的引水渠道清淤。

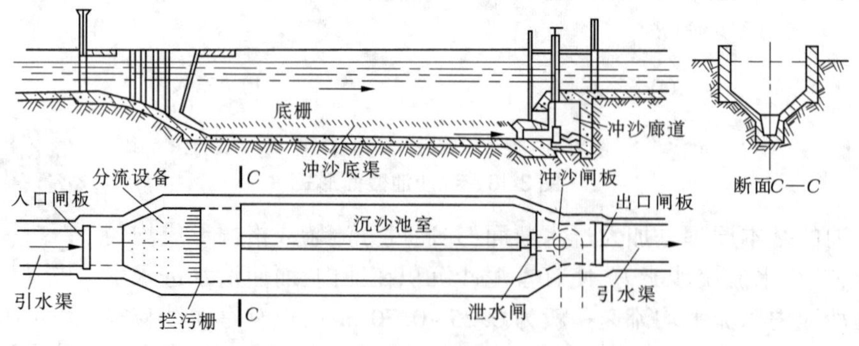

图 3-15 连续冲沙的沉沙池布置图

3.3.5　无压引水枢纽布置实例

坪江水电站第二个进水口位于朱家河，如图 3-16 所示。朱家河是溪坪河水库下游左岸的一条支流，承雨面积 4.67 km^2，其下游流经发电引水隧洞 1[#]、2[#]连接处。引水工程由底拦栅坝、引水明渠、沉沙池和竖井等组成。

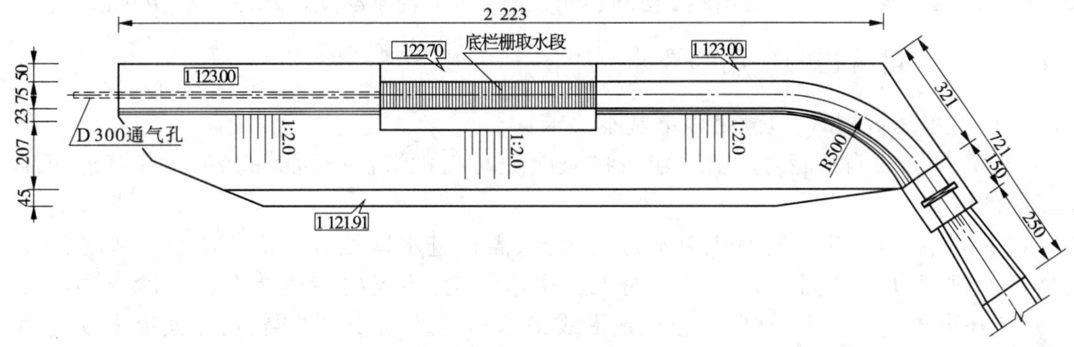

图 3-16　坪江水电站无压引水枢纽布置图　（单位：cm）

底拦栅坝坝顶高程 1 123.00 m，高于溪坪河水库正常蓄水位 4.0 m，坝高 2.5 m。

沉沙池位于取水坝左岸桩号 0+77.15～0+100.15 处，平面尺寸为 15.0 m×3.0 m（长×宽），底坡 $i=0.002$；冲沙孔孔口尺寸 0.5 m×0.5 m。引水明渠从桩号 0+100.15～0+827.00，总长 726.85 m，设计引水流量 0.6 m^3/s，断面尺寸为 0.9 m×0.9 m，纵坡 $i=0.001$。

竖井是朱家河引水明渠与坪江水电站发电引水隧洞的连接物，在坪江水电站发电引水隧洞桩号 1+900 处。采用 PVC 管，管径 0.5 m，管顶高程 1 121.70 m。顶部建一个 2.0 m×2.0 m 的矩形水池，并设宽 1.0 m 的泄水口。

【自测练习】

请扫描二维码，做自测练习。

码 3-18　任务 3.3 自测练习

任务 3.4　引水建筑物

引水建筑物的功用是集中落差，形成水头，输送发电所需的流量。按照水流状态可以分为无压引水和有压引水两大类。

(1) 无压引水建筑物的特点是：具有自由水面，引水建筑物承受的水压力较小，适用于无压引水式水电站以及河道或水库的水位变化不大，沿线地形平缓、岸坡稳定的情况。在结构形式上，无压引水建筑物最常用的有引水渠道或无压隧洞。渠道常沿山坡等高线布置，受地形地质条件制约，其长度和开挖工程量较大，且运行期需经常维护和检查，但施工方便,以往中小型水电站常采用渠道。目前,因无压隧洞的施工技术提高、运行可靠、维护工作小等特点,故中小型水电站采用无压隧洞在逐渐增多。

(2)有压引水建筑物的特点是:引水道水流为压力流,承受的水压力较大,适用于有压引水式水电站以及河道或水库水位变幅较大的情况。有压引水建筑物最常用的结构形式是有压隧洞,埋藏在岩体中的有压隧洞造价比较高,但运行可靠,使用年限长,维护工作量小,不受地表地形、气温及泥沙污物的影响,还可利用岩体承受内水压力和防止渗漏。

3.4.1 引水建筑物的功用与要求

设计引水建筑物时,应满足以下基本要求:

(1)有足够的输水能力。引水建筑物应能随时向机组输送所需的流量,并有适应流量变化的能力。

(2)水质符合要求。对有压引水建筑物,只需在进水口处采取措施防止有害泥沙及污物进入建筑物,以保证水质要求。对无压引水渠道,不仅要在渠首设置拦沙或冲沙设施,还要在渠道沿线采取措施,防止渠道沿线山体污物及泥沙进入渠道,在渠道末端压力前池还要再次采取拦污、防沙和排沙措施。

(3)运行安全可靠。引水建筑物中的渠道既要防冲又要防淤,为此渠内流速要小于不冲流速而大于不淤流速;渠道的渗漏要限制在一定范围内,过大的渗漏不仅造成水量损失,而且会危及渠道的安全;渠道中长草会增大水头损失,降低过水能力,在气温较高易于长草的季节,维持渠中水深大于1.5 m及流速大于0.6 m/s,可抑制水草生长;在渠道中加设护面既可减小糙率,又可防冲、防渗、防草,还有利于维护边坡稳定,但造价较高,严寒季节,水流中的冰凌会堵塞进水口拦污栅,可暂时降低水电站出力,使渠中流速小于0.45~0.60 m/s,以迅速形成冰盖的方法可防止冰凌的生成,为了保护冰盖,渠内流速应限制在1.25 m/s以下,并防止过大的水位变动。

(4)结构经济合理,便于施工运行。整个引水建筑物应通过技术经济比较,选择经济合理方案。引水渠道应能放空和维护及检修,并有排洪设施,结构布置合理,便于施工与运行。

3.4.2 引水渠道

3.4.2.1 引水渠道的类型

水电站渠道可当作引水渠,为无压引水式水电站集中落差,形成水头,并向机组输水;也用作尾水渠,将发电用过的水排入下游河道。尾水渠道通常很短,以下主要讨论引水渠道。引水渠道与一般灌溉和供水渠道不同。这是因为电力系统中的负荷随时间变化很大,水电站通常在系统中承担调峰作用,要求引水渠道的引用流量随负荷变化而变化,使渠道中的水位、压强也不断变化,通常称水电站的引水渠道为动力渠道。

根据引水渠道的水力特性,可分为自动调节渠道和非自动调节渠道两种类型。

1. 自动调节渠道

当水电站引用流量发生变化时,可由渠道自身调节渠内水深和水面比降,不必运用渠首闸门控制流量的渠道称为自动调节渠道。其主要特点是渠顶高程沿渠道全线不变,且高出上游最高水位;渠底按一定坡度逐渐降低,断面也逐渐加大;渠末不设泄水建筑物,如

图 3-17 所示。

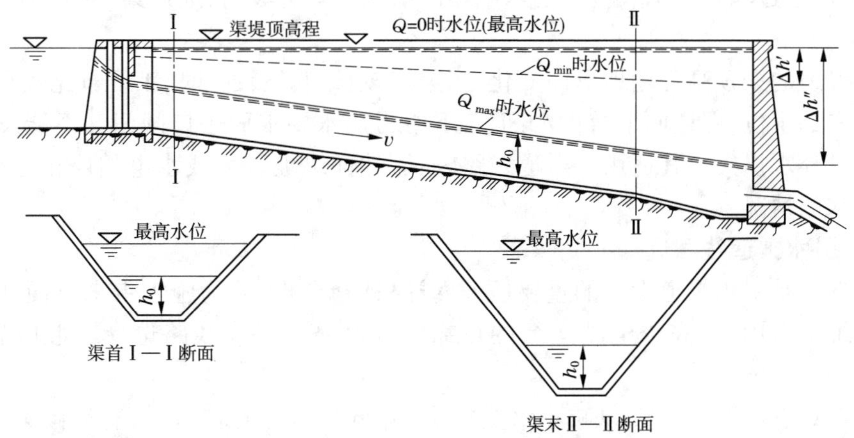

图 3-17　自动调节渠道示意图

当水电站引用流量等于渠道设计流量时，渠道内水面线平行于渠底，水深为正常水深，水面线为降水曲线；当水电站的引用流量为零时，渠道内水位与水库齐平，渠道不产生溢流和弃水现象；当水电站引用流量小于渠道设计流量时，渠道内水面线为壅水曲线。

这种渠道在最高水位和最低水位之间有一定的容积，可在一定程度上起调节作用，引用流量较小时可保持较高水头，为水电站适应负荷变化创造了条件，但所需工程量较大，适用于渠道线路短、地面纵坡较小、进水口水位变化不大，且下游无其他部门用水要求的情况。

码 3-19　微课-非自动调节渠道流量及水位的变化过程

2. 非自动调节渠道

当水电站引用流量发生变化时，由渠道末端的泄水建筑物（溢流堰）控制渠内水位变化和宣泄水量，并运用渠首闸门控制流量的渠道称为非自动调节渠道。其主要特点是渠道顶部大致平行于渠底，渠道的深度基本不变，在渠道末端的压力前池中设有溢流堰，如图 3-18 所示。

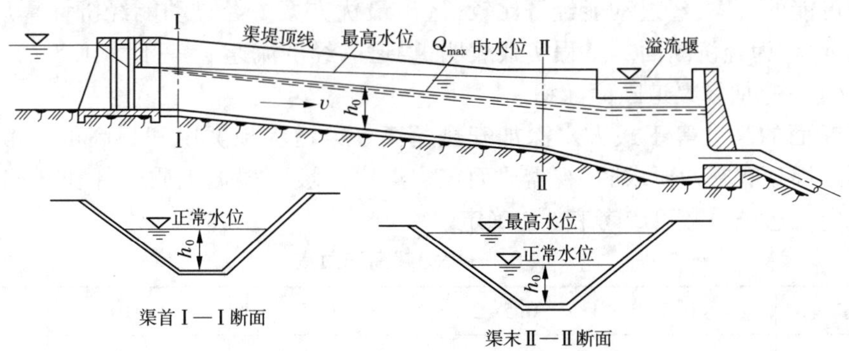

图 3-18　非自动调节渠道示意图

当水电站引用流量等于渠道设计流量时，渠道内水面线平行于渠底，水深为正常水深,压力前池水位低于堰顶;当水电站引用流量小于渠道设计流量时,渠道内水面线为壅水曲线,水位超过堰顶,开始溢流;当水电站的引用流量为零时,通过渠道的全部流量泄向下游。

这种渠道的渠顶高程随地形而变化,当渠道较长、底坡较陡时,工程量比较小;溢流堰可限制渠末的水位,保证向下游供水;但若下游无用水要求而进口闸门又不能及时关闭,则造成大量弃水损失。其适用于渠道线路较长、地面纵坡较大或水电站停止运行后仍需向下游供水的情况。

3.4.2.2 引水渠道线路选择

线路选择是引水渠道设计的重要任务,线路选择合理,可为施工带来方便,降低造价及管理与维护费用,提高水电站运行的可靠性和经济效益。线路选择一般应遵循以下原则:

(1)渠线应尽量短而直,以减小水头损失,降低造价。需转弯时,有衬砌渠道的转弯半径宜不小于渠道设计水位水面宽度的 2.5 倍,无衬砌的土渠宜不小于设计水位水面宽度的 5 倍。

(2)应选择地质条件较好的地段。避开大溶洞、大滑坡、泥石流等不良地质地段,在冻胀性、湿陷性、膨胀性、分散性、松散坡积物以及可溶盐土壤上布置渠线时,应采取相应的工程措施。

(3)渠线应尽量提高,以获得较大的落差。山区渠道宜沿等高线布置,采用明渠与无压隧洞或暗渠、渡槽、倒虹吸相结合的布置,减小工程量,避免深挖高填。宜少占或不占耕地,避免对现有建筑物干扰,必要时修建交叉建筑物,避免穿过集中居民点、高压线塔、重点保护文物、军用通信线路、油气地下管网以及重要的铁路、公路等。

3.4.2.3 引水渠道的断面尺寸确定

渠道边坡坡度取决于地质条件及衬砌的情况。在岩基中修建的渠道其边坡可近似于垂直成为窄深式矩形断面,在土基上一般采用梯形断面。另外,从建筑条件考虑,渠道可分为挖方渠道和半挖方渠道。在选择断面形式时,应尽量符合水力最佳断面,同时要考虑施工、技术方面的要求。确定断面尺寸时,首先要满足防冲、防淤、防止渠中长草等要求,拟定几个可能的方案,经过动能经济比较,选出最优方案。经过动能经济计算后,得到的渠道断面 A_e 称为经济断面。工程实践表明,渠道的经济流速 v_e 一般为 1.5~2.0 m/s,则可用 $A_e=Q_{max}/v_e$ 估算渠道断面面积。

渠道断面的高度等于最大水深加安全超高。渠道堤顶宽度和超高可参考表 3-1 确定。当渠道堤顶有交通要求时,视需要而定。渠道边坡可根据土质条件和开挖深度或填筑高度确定。边坡系数可参考表 3-2 确定。

表 3-1 渠堤超高和顶宽

流量/(m^3/s)	<0.5	0.5~2	2~5	5~10	10~50
渠堤超高/m	0.2	0.3	0.4	0.45	0.6~1.0
渠堤顶宽/m	0.5~0.8	0.8~1.0	1.0~1.25	1.25~1.5	1.5~2.0

表 3-2　渠道断面边坡系数

<table>
<tr><td rowspan="2">土壤种类</td><td colspan="2">$m=\cot\varphi$</td><td rowspan="2">土壤种类</td><td colspan="2">$m=\cot\varphi$</td></tr>
<tr><td>水下</td><td>水上</td><td>水下</td><td>水上</td></tr>
<tr><td>粉砂</td><td>3~3.5</td><td>2.5</td><td>粉壤土、黄土、黏土</td><td>1.25~1.5</td><td>0.5~0.75</td></tr>
<tr><td rowspan="2">细砂、中砂、粗砂
1.疏松和中等密实的</td><td rowspan="2">2.0~2.5</td><td rowspan="2">2.0</td><td>卵石和砾石</td><td>1.25~1.5</td><td>1.0</td></tr>
<tr><td>半岩性的抗水性土壤</td><td>0.5~1.0</td><td>0.5</td></tr>
<tr><td>2.密实的</td><td>1.5~2.0</td><td>1.5</td><td>风化岩石</td><td>0.25~0.5</td><td>0.25</td></tr>
<tr><td>壤土</td><td>1.5~2.5</td><td>1.5</td><td>未风化岩石</td><td>0.1~0.25</td><td>0</td></tr>
</table>

引水渠道水力计算的主要任务是根据设计流量，选择合理的断面尺寸以及水电站在不同运行方式下动力渠道的水头损失、水位和流速。在水电站的运行过程中，由于负荷的变化，动力渠道中可能出现恒定流和非恒定流两种流态。恒定流计算目的主要是确定水深与流量之间的关系；非恒定流计算目的是研究水电站负荷变化时渠道中水位和流速的变化过程。计算内容包括：

(1)水电站突然丢弃负荷时渠道涌波的计算，求出渠道沿线的最高水位，以确定堤顶高程。

(2)水电站突然增加负荷时渠道涌波的计算，求出渠道沿线的最低水位，以确定压力管道进口高程。

(3)水电站按日负荷图工作时渠道中水位及流速变化过程，以研究水电站的工作情况。

渠道恒定流和非恒定流的水力计算具体方法见有关专著，在此不详细阐述。

3.4.3　引水隧洞

引水隧洞是在山体内开挖而成的引水道，它是水电站常用的引水建筑物之一。

3.4.3.1　引水隧洞的特点和类型

1.引水隧洞的特点

水电站引水隧洞与渠道相比，具有以下优点：

(1)可采用较短的线路，并避开沿线不利的地形、地质条件。

(2)有压隧洞能适应水库水位的大幅度升降及水电站引用流量的迅速变化。

(3)避免沿程水质污染，不受冰冻影响，运行安全可靠。

(4)可利用岩石抗力承受部分内水压力，降低造价。

(5)施工不受地面气候等外界因素干扰和影响。

隧洞的主要缺点是对地质条件、施工技术及机械化的要求较高，单价较高，工期较长。但随着现代施工技术和设备的不断改进，以及隧洞衬砌设计理论的不断完善，这些缺点正被逐渐克服。目前，隧洞在我国已得到了广泛的应用。

2. 引水隧洞的类型

根据隧洞的工作条件,可分为无压隧洞和有压隧洞两种。根据隧洞的功用,可分为引水隧洞和尾水隧洞。

1) 无压隧洞

当用明渠引水,渠线盘山过长,工程量很大时,通过方案比较,可采用无压隧洞引水。无压隧洞宜采用圆拱直墙断面,当地质条件较差时,可选用方圆形或马蹄形断面,如图 3-19 所示。圆拱直墙断面圆拱中心角宜为 90°~180°,当需要加大拱端推力时,可选用小于 90°的中心角。断面的高宽比应根据水力学条件、地质条件选用,宜为 1.0~1.5,洞内水位变化较大时,宜采用大的比值。低流速无压隧洞在恒定流情况下,当通气条件良好时,洞内水面线以上空间不宜小于隧洞断面面积的 15%,高度不应小于 0.4 m;在非恒定流条件下,当计算中考虑了涌波时,数值可适当减小,对长度大于 1 000 m 的隧洞、不衬砌或锚喷衬砌隧洞,数值可适当增加。高流速无压隧洞横断面尺寸宜考虑掺气影响,通过试验确定,在掺气水面以上的空间,宜为断面面积的 15%~25%,当采用圆拱直墙断面时,水面线不宜超过直墙范围。各种断面形状的隧洞,从施工需要考虑,其断面宽度不小于 1.5 m,高不小于 1.8 m。为了防止隧洞漏水和减小洞壁糙率,并防止岩石风化,无压隧洞大都采用全部或部分衬砌。

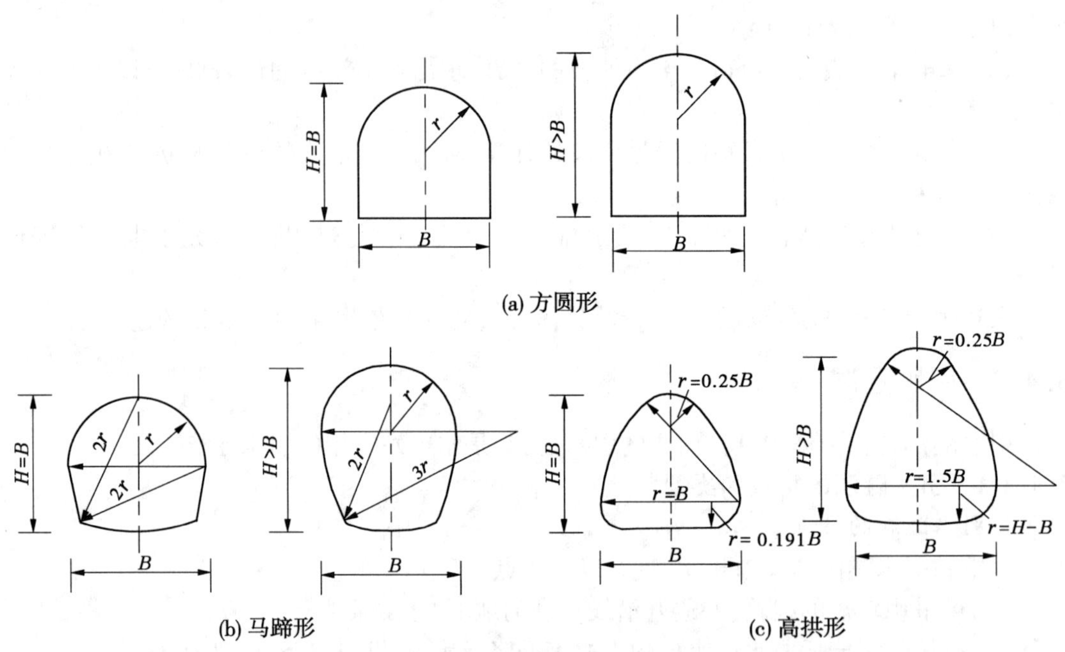

(a) 方圆形

(b) 马蹄形　　(c) 高拱形

图 3-19　无压隧洞的断面形状

2) 有压隧洞

有压隧洞是有压引水式水电站最常用的引水建筑物,隧洞中水流充满整个断面,承受较大的内水压力,其断面宜采用圆形断面。当围岩稳定性较好,内、外水压力不大时,可采用便于施工的其他断面形状。采用钻爆法施工时,圆形断面的内径不宜小于 2.0 m,非圆形断面的高度不宜小于 1.8 m,宽度不宜小于 1.5 m;采用掘进机械施工时,应满足设备开挖的最小尺寸要求。较长隧洞可采用多种断面形状和衬砌形式,但不宜过多过密,不同断面或衬砌形式之间应设置渐变段,渐变段的边界应采取平缓曲线,并便于施工。有压隧洞渐变段的圆锥角宜采用 6°~10°,对承受双向水流的渐变段应取小值。渐变段长度不宜小于 1.5 倍洞径(或洞宽)。

3.4.3.2　引水隧洞线路选择

码 3-20　视频-筑梦大河弯——雅砻江锦屏二级水电站

洞线的选择是隧洞工程设计中的重要内容,它直接关系到隧洞的造价、施工难易、施工安全、工程进度、运行可靠性和工程效益等,应结合进水口、调压室、压力管道及厂房位置等综合考虑。在满足水电站枢纽总体布置的前提下,隧洞线路布置的原则是:洞线短、弯道少,沿线的工程地质、水文地质条件好,并便于布置施工平洞。

1. 地质条件

隧洞沿线应尽可能位于完整坚硬的岩层、山坡稳定的地区中,避开岩体软弱、山岩压力大、地下水充沛及岩石破碎带等不利地质区。隧洞必须穿越软弱夹层或断层时,应尽可能正交布置。隧洞通过层状岩体时,对整体块状结构岩体及厚层并胶结紧密、岩石坚硬完整的岩体,交角不宜小于 30°;对薄层岩体,特别是层间结合疏松的陡倾角薄岩层,交角不宜小于 45°,以利于围岩稳定,提高承载能力。隧洞的进出口应选择在覆盖薄、风化层浅、岩石比较坚固完整的地段,避开容易滑坡的地带,以免施工和运行中发生塌方、堵塞洞口等事故。要考虑到运行中隧洞漏水使岩体浸湿后发生崩滑的可能性。

2. 地形条件

隧洞在平面上力求最短,在立面上要有足够的埋藏深度。尽量减少或避免与沟谷交叉,进口位置不应靠近陡壁,更不宜设于水面狭窄的山湾内。洞脸地形不宜过缓,否则引渠过长,进口建筑物工程量将加大。当隧洞左右地形显著不对称时,将对隧洞产生不利的附加荷载。隧洞进、出口和无压隧洞洞身,当采取合理的施工程序和工程措施,保证施工期及运行期安全时,对岩体最下覆盖厚度可不做具体规定。有压隧洞洞身的岩体最小覆盖厚度应计算确定,必要时采取有限元分析确定,有压隧洞岩体的最小覆盖厚度应保证围岩不产生渗透失稳和水力劈裂,围岩渗透水力梯度应满足渗透稳定的要求。高压隧洞还应满足洞内最大内水压力小于围岩最小地应力的要求。相邻隧洞之间的岩体厚度,应根据布置需要、地质条件、围岩应力和变形情况、隧洞断面形状和尺寸、施工方法和运行条件等综合分析确定,并应保证隧洞之间岩体运行期不发生渗透失稳和水力劈裂,其厚度不宜小于 2 倍的开挖洞径(或洞宽),若因布置需要,经论证岩体厚度可适当减小,但不应小于 1 倍的开挖洞径(或洞宽)。

3. 施工条件

对于长引水隧洞,施工条件是重要因素。为了加快施工进度,每隔一段距离开凿一条施工支洞,支洞外还要有相应的道路及附属设施。有压隧洞纵坡通常为 0.002~0.005,以便于施工排水及放空隧洞,若采用有轨运输,坡度宜小于 1%。

4. 水流条件

应力求水流平顺,水头损失小。隧洞线路要求短而直,以减小开挖量,使水流条件好,减少水头损失,提高经济效益。平面上必须转弯时,由于弯道会影响流态和压力分布,造成水头损失，应选取合适的转角和曲率半径。低流速无压隧洞采用曲线布置时，弯曲半径不宜小于 5 倍的洞径或洞宽，洞线转角不宜大于 60°，低流速有压隧洞可适当降低要求，弯曲半径不宜小于 3 倍的洞径或洞宽，转角不宜大于 60°。曲线两端应有长度不宜小于 5 倍的洞径或洞宽的直线段。高流速无压隧洞不应设置曲线段，高流速有压隧洞设置曲线段时，弯曲半径和转角宜通过试验确定。洞身段设置竖向曲线时，低流速无压隧洞的竖向曲线半径不宜小于 5 倍的洞径或洞宽，低流速有压隧洞可适当降低要求，高流速隧洞的形式和竖向曲线半径应通过试验确定。无压隧洞中，尽量不要形成反坡，避免坡度多变。在有压隧洞中，虽然洞身中一般不会产生空蚀现象，但为检修时易于排水和避免水流的可能分离现象，也不宜布置成反坡。平面布置中，还要重视隧洞进、出口轴线与河流主流的相对位置，应使进、出口水流顺畅。

3.4.3.3　引水隧洞线路选择案例

坪江水电站引水线路，根据地形、地质条件及工程总体布置方案，布置在河道左岸，由于坝前为水库调节，采用有压隧洞引水，其洞线根据地形条件，选择了两个方案（见图 1-11）进行比选：

方案一：折线洞方案：从库内进水口至调压井共 3 段，隧洞轴线是折线形。

从库内取水口 0+000 至坝后朱家河的 1+903.00 处，然后从朱家河桩号 1+903.00 至田家坎上 4#天坑的 4+246.20 处，再由田家坎上 4#天坑的 4+246.20 至纸木垭的 7+382.10 处（调压井在纸木垭山顶），隧洞全长 7 382.10 m。

方案二：直线洞方案：从库内进水口至调压井直线连通，洞线为直线形。

从库内取水口 0+000 至桩号 7+300.00 的调压井处，调压井在田家包山头南侧，隧洞全长 7 300.00 m。

通过对两个方案引水线路进行工程布置，可知两个方案并无明显差异。从施工、运行管理等方面考虑，方案二直线洞方案比方案一折线洞方案要短 82.10 m，水流条件较好，水头损失稍小，且总投资少 20 多万元，且直线洞方案比折线洞方案的施工要简单，故本阶段推荐方案二全隧洞直线方案。

3.4.3.4　引水隧洞经济断面的选择

对于引水隧洞，在水电站引用流量已定的情况下，选择的断面尺寸越大，工程投资越大，但电能损失较少；选择的断面尺寸越小，工程投资越小，但电能损失较大。这就需要通过技术、经济分析来确定最经济的断面。经济分析的原则与上述引水渠道的经济分析相同，一般是先假设几个隧洞断面方案，然后进行经济比较。对于一般中小型水电站，可用经济流速确定隧洞经济断面，有压隧洞的经济流速 v_e 一般在 4 m/s 左右，经济断面可由 Q_{max}/v_e 求出。

有压引水隧洞的水力计算包括恒定流计算和非恒定流计算两部分。前者主要是研究隧洞断面、引用流量、水头损失之间的关系，用以选择断面尺寸；后者是为了确定最高和最低内水压力线，作为隧洞衬砌强度计算和洞线高程布置的依据。对有压隧洞，应避免出现明满流交替的流态，在最不利运行条件下，全线洞顶处最小压力水头不应小于 2.0 m。

【自测练习】

请扫描二维码,做自测练习。

码3-21 任务3.4自测练习

知识技能点小结

水电站进水口是从天然河道或水库中取水而修建的专门水工建筑物,位于引水系统的首部,应满足有足够的进水能力、水质符合要求、水头损失小、可控制流量及其他对水工建筑物的一般要求。

按水流条件进水口可分为无压进水口和有压进水口。有压进水口可分为隧洞式、压力墙式、塔式和坝式,主要设备包括拦污设备、闸门及启闭设备、通气孔及充水阀,各部分尺寸应满足规范的要求。无压进水口分为有坝取水和无坝取水进水口两种,一般采用有坝取水,有坝取水的开敞式进水口一般由拦河坝、进水闸、冲沙闸及沉砂池等建筑物组成。

引水建筑物分为无压引水建筑物和有压引水建筑物,无压引水建筑物常用引水渠道或无压隧洞,有压引水常用有压隧洞。渠道和隧洞线路布置都应该考虑地质、地形、施工及水流条件情况,合理布线,其断面均应考虑动能经济计算选择经济断面。

知识技能训练

一、简答题

1.水电站进水口的功用和要求是什么?

2.有压进水口位置、高程确定应考虑哪些因素?

3.无压进水口有哪些特殊问题?

4.引水渠道断面设计的方法是什么?何为经济断面?

二、判断题

1.无压引水进水口,一般应选在河流弯曲段的凸岸。 ( )

2.有压进水口的底坎高程应高于死水位。 ( )

3.通气孔一般应设在事故闸门的上游侧。 ( )

4.进水口的检修闸门是用来检修引水道或水轮机组的。 ( )

5.有压进水口的顶部高程应低于运行中可能出现的最高水位,并有一定的淹没深度。 ( )

6.明渠中也会有水击现象产生。 ( )

7.渠道的经济断面是指工程投资最小的断面。 ( )

8.非自动调节渠道适用于渠道线路短,地面纵坡较小,进水口水位变化不大,且下游

无其他部门用水要求的情况。 (　　)

三、单项选择题

1. (　　)进水口的特征是:进口段和闸门段均布置在山岩之外,形成一个紧靠山岩的单独墙式建筑物。

A. 隧洞式　　B. 压力墙式　　C. 塔式　　D. 坝式

2. 以下不是拦污栅布置型式的是(　　)。

A. 垂直的　　B. 多边形的　　C. 悬挂的　　D. 倾斜的

3. 以下不是开敞式进水口组成建筑物的是(　　)。

A. 渐变段　　B. 拦河坝　　C. 冲沙闸　　D. 沉沙池

4. 有压隧洞宜常用(　　)断面。

A. 方形　　B. 马蹄形　　C. 高拱形　　D. 圆形

项目4　水电站平水建筑物设计

【项目导语】

水电站平水建筑物位于引水系统与压力管道之间，能够平稳水压，改善机组运行条件，同时具备其他的功能。一方面水流进入水轮机之前需要避免空蚀破坏，必须保证有压流的要求，设置压力管道；另一方面用电负荷的变化引起压力管道产生水锤破坏，由于水锤的存在，又会引起引水系统中产生水位波动现象，必须设置相应的平水建筑物（压力前池或调压室）来平稳水压、减小水锤、保证供电质量，所以平水建筑物对水电站安全运行起到非常大的作用。

实践没有止境，理论创新也没有止境。推进实践基础上的理论创新，首先要把握好习近平新时代中国特色社会主义思想的世界观和方法论，坚持好、运用好贯穿其中的立场观点方法。本项目涉及复杂的水位波动现象和水锤现象，同时它们又具有一定的关联性，要求我们在学习本项目时，具备不怕困难、刻苦钻研、勇于实践的精神，在掌握了教材相关内容后，对这些水力过渡现象相关的计算内容做一些更深入的研究，建立自主学习和终身学习理念，以便能正式地开展相关的工程设计工作。在具体的工作中，应具备一定的系统思维，不仅要考虑到平水建筑物“承上启下”的特殊位置，而且要注意水位波动和水锤的相互影响，只有用普遍联系的、全面系统的、发展变化的观点观察事物，才能把握事物发展规律。

党的二十大报告指出：“加强重点领域安全能力建设，确保粮食、能源资源、重要产业链供应链安全”“坚持安全第一、预防为主”“推进安全生产风险专项整治，加强重点行业、重点领域安全监管。提高防灾减灾救灾和急难险重突发公共事件处置保障能力，加强国家区域应急力量建设。”水电站平水建筑物事关水电站的平稳安全运行，许多的水电站运行安全实例也告诉我们，安全无小事、安全意识不能放松，因此我们应该在遵循职业规程规范和行业标准基础上，本着认真负责的担当精神，科学地设计平水建筑物。

码4-1　规范-《水利水电工程调压室设计规范》（SL 655—2014）

《小型水电站初步设计报告编制规程》（SL/T 179—2019）规定，初设时应选定调压室（前池）位置、结构型式、控制高程、主要尺寸、工作水位、泄水及必要的排沙、防排冰设施等。在设计水电站平水建筑物时，还应遵循《水利水电工程调压室设计规范》（SL 655—2014）、《水电站引水渠道及前池设计规范》（SL 205—2015）、《水电站调压室设计规范》（NB/T 35021—2014）、《小型水力发电站设计规范》（GB 50071—2014）、《小型水电站初步设计报告编制规程》（SL/T 179—2019）、《水利水电工程项目建议书编制规程》《SL/T 617—2021》、《水利水电工程可行性研究报告编制规程》（SL/T 618—2021）的相关规定。

【项目目标】

了解水电站不稳定工况及研究水锤的目的，了解日调节池的作用；理解水锤现象及传播过程,理解压力前池的作用,理解调压室的功用和工作原理;掌握减小水锤压力的措施,掌握压力前池的组成、布置及尺寸拟定方法,掌握调压室设置条件、布置方式与类型选择。

【项目要求】

知识要点	能力要求	所占分值(100分)	自评分数
水锤现象	能识别水锤现象,针对具体情况,可采取减小水锤压力的措施	20	
压力前池与日调节池	能说出压力前池的作用,能够识别压力前池组成建筑,会进行压力前池布置及尺寸拟定	45	
调压室	能说出调压室功用和工作原理,能够识别调压室布置方式和类型	35	

任务4.1 水锤现象

4.1.1 水电站的不稳定工况

水电站机组在稳定运行情况下,其出力与电力系统负荷保持平衡,称为水电站的稳定工况。此时,机组转速不变,水电站有压引水系统(压力引水隧洞、压力管道、蜗壳及尾水管)中的水流处于恒定流状态。

水电站在实际运行过程中,由于某些因素造成机组或水电站突然丢弃负荷,破坏了机组出力与电力系统负荷的平衡,迫使水电站自动调速器迅速改变水轮机的引用流量,引起机组转速发生变化,有压引水系统中产生非恒定流现象,称为水电站的不稳定工况。此时,负荷的变化必将引起导叶开度、水轮机流量、水电站水头和机组转速的变化。

引起不稳定工况的原因很多,可归纳为以下两类:

(1)正常运行情况下的负荷变化。在水电站正常运行情况下,由于大型用电设备的启动或停机以及水电站在电力系统中担任峰荷或调频任务时,机组出力发生较大的变化,要求水电站突然增加或丢弃较大负荷,因而产生水电站的不稳定工况。

(2)水电站事故引起的负荷变化。水电站运行中可能突然发生的事故有高压输电线路故障、母线短路、机组主要设备发生故障(如水轮发电机组轴承过热、调速系统故障等)及水电站主要建筑物突然失事等。这些突然事故都将引起水电站的负荷发生突然的较大的变化,从而产生水电站的不稳定工况。

在水电站压力引水系统和水轮发电机组特性确定时,对压力变化和转速上升大小,其控制作用的是导叶调节时间和调节规律。因此,在水电站设计时要计算调节过程中的最大水击压力变化值和最大转速上升值,并据此选择合理的导叶调节时间和调节规律,使水击压力变化和转速上升都在允许范围内。这在工程上称为调节保证计算,具体请参考有关专著。

4.1.2 水锤及其传播过程

在上述水电站的不稳定工况中,由于自动调速器迅速启闭导水叶(或阀门),在很短的时间内,压力管道中的流速将突然增大或减小,管中内水压力将急剧降低或升高,水轮机尾水管中的压力也将发生相反的变化。在水流的惯性作用和水体与管壁弹性的影响下，这种降低或升高的压力将以压力波的形式和一定的波速在压力管道中往复传播，形成压力交替升降的波动现象，并伴有锤击的声音和振动，这种水力现象称为水锤，其压力波称为水锤波。

由此可见，引起水锤的外因是压力管道中流速（流量）的突然改变，内因是压力管道中水流的惯性和水体与管壁弹性的相互作用。由于水锤压力的数值很大，在这种压力的作用下，应考虑水体的压缩性和膨胀性。

为了正确理解和解释水锤及其性质，现以简单压力管道（材料、管壁厚度、直径均沿管长不变）末端阀门瞬时全部关闭（关闭时间 $T_s=0$）为例，来说明水电站突然丢弃全部负荷时压力管道中水锤的发生和传播过程。图 4-1 所示为一简单压力管道，管道长度为 L，管道末端为阀门 A（或导水叶）端，管道进口与水库相连处为 B 端。当水电站处于稳定工况时，管中水流为恒定流，其平均流速为 V_0，水电站静水头为 H_g，管内压力为 P_0。若不计管道摩阻损失，则当阀门瞬时全部关闭后，水锤波在压力管道中的传播可分为以下 4 种状态。

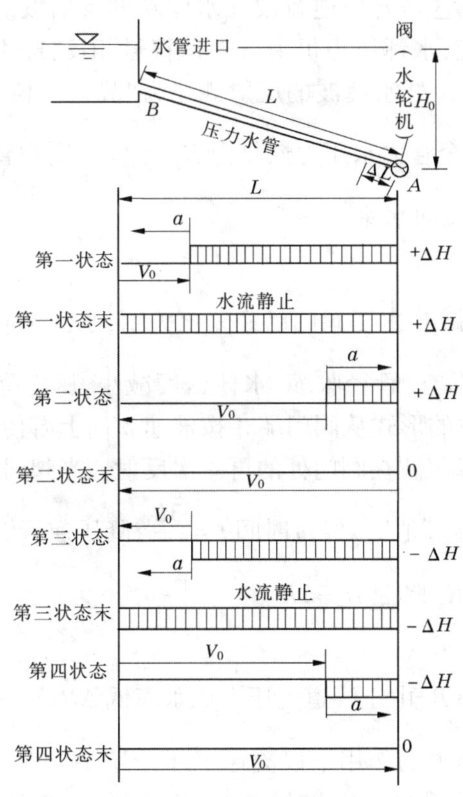

图 4-1 水锤波传播过程

码 4-2 微课-水锤波的传播过程

4.1.2.1 第一状态

在阀门关闭前，水流以流速 V_0 向阀门方向流动。当阀门瞬时全部关闭（$t=0$）时，紧靠阀门处微小管段内的水体流速由 V_0 变为零,水体被压缩,密度增大,管内的水压力由 H_g 增大至 $H_g+\Delta H$,在 ΔH 的作用下管壁产生膨胀。于微小管段以上的水体未受到阀门关闭的影响,仍以流速 V_0 流向下游,使靠近微小管段上游的另一水体受到压缩,密度增大,压力升高,管壁膨胀。如此传递下去,形成一种流速减小、压力增加并以一定波速从阀门 A 处向上游传播的现象,这种现象称为水锤波的传播,其波速为 a。由于水锤波所到之处水头升高 ΔH,而波的传播方向与管中恒定流的流动方向相反,故称为升压逆行波。经过时间 $t=\frac{L}{a}$,水锤升压波到达水库端 B 时,全管水流流速为零,压力上升为$H_g+\Delta H$。

4.1.2.2 第二状态

当 $t=\frac{L}{a}$ 时,水锤压力波传至水库端 B 处,由于 B 点右端管道内的压力为 $H_g+\Delta H$,而左端水库的压力为 H_g,因此“边界”处的水体不能保持平衡。此时,紧靠水库处微小管段内的水体在 ΔH 压差的作用下首先由静止状态以反向流速 V_0 流向水库,压力由 $H_g+\Delta H$ 降为原来的 H_g,水体的密度和管径均恢复原状。随后,自水库端 B 至压力管道末端阀门端 A,一段段微小水体的压力、密度和管径也相继恢复原状,并形成一个以降压为特征的水锤波由 B 向 A 传播,称为降压顺行波,它是升压逆行波在水库端的反射波。由于水体和管壁的弹性不变,故反射波的波速不变,水锤压力仍为 ΔH,但符号相反,即由升压波反射成为降压波,其绝对值相等,故水库端 B 处水锤波的反射规律为“异号等值”。经过时间 $t=\frac{2L}{a}$,降压波到达阀门端 A 处,此时全管内水压力恢复为 H_g,水体密度和管径均恢复原状,但压力管道内水流以反向流速 V_0 流向水库。

4.1.2.3 第三状态

当 $t=\frac{2L}{a}$ 时,降压顺行波到达阀门端 A,由于阀门已经完全关闭,水流反向流动的结果,使 A 端水流脱离阀门及管壁而形成真空,管径收缩,水体密度减小,压力降低 ΔH,水流流速由 V_0 变为零。这种现象以降压波的形式从阀门端 A 按波速 a 向上游传播,称为降压逆行波,此波是水库反射回来的顺行降压波在阀门处的再一次反射。当阀门全关闭时,水锤波在阀门端 A 处的反射规律为“同号等值”。经过时间 $t=\frac{3L}{a}$,降压逆行波到达水库端 B,全管水流的流速为零,内水压力由 H_g 降至 $H_g-\Delta H$。

4.1.2.4 第四状态

在 $t=\frac{3L}{a}$ 时,降压逆行波到达水库端 B,由于管道内压力比水库低 ΔH,则 B 点压力不平衡,因此紧靠进口的库内水体在不平衡力的作用下以流速 V_0 向阀门端 A 方向流动,使紧靠进口处管中微小水体受到压缩,压力升高 ΔH,恢复到 H_g,密度增大,管径扩张,恢复到初始状态,接着自水库 B 端至下游阀门 A 端的逐段水体相继以升压波的形式按波速 a 向下游传播,称为升压顺行波。经过时间 $t=\frac{4L}{a}$,此升压顺行波到达阀门 A 端,此时全管水流的流速、压力、密度和管径均恢复到阀门关闭前的起始状态。若不计管壁的摩阻作用，则水锤波的传播将重复上述4个传播过程。实际上管壁的摩阻作用总是存在的，故水锤现象会逐渐衰减，并最终消失。

阀门突然开启时，同样会在压力管道内产生上述水锤波的传播现象，主要差别是在第一状态开始时，阀门处微小管段内的水体由于首先补充水轮机流量不足而造成压力降低ΔH，水锤波以降压逆行波的形式向水库端传播，而水库的第一次反射波则为升压顺行波，此后阀门的反射规律和水锤波的传播现象均与阀门瞬时全部关闭的情况相同。

如上所述，水锤波从$t=0$至$t=\frac{4L}{a}$完成4个传播过程后压力管道内的水流恢复到初始状态，故将$T=\frac{4L}{a}$称为水锤波的“周期”。水锤波在管道中传播一个来回所需的时间$t_r=\frac{2L}{a}$，称t_r为水锤波的“相”，两个相为一个周期。

实际上，阀门关闭不可能为瞬时，总是存在一个时间过程。阀门每关闭（或开启）一个微小的开度，阀门处就产生一个水锤波向上游传播，伴随产生水锤压力升高（或降低）ΔH。在阀门连续关闭（或开启）的过程中，水锤波连续不断地产生，水锤压力不断升高（或降低）；同时，水锤波传播到达水库端B和阀门端A时均会发生反射。因此，实际压力管道中水锤波的传播将是许多水锤波往复交错的传播过程，水锤压力的升高（或降低）值也是升压波与降压波的叠加结果，情况非常复杂。

4.1.3　研究水锤的目的

水锤现象对水电站有压引水系统和机组的运行均有不利影响。水锤压力升高值过大，可能导致压力管道爆裂；尾水管中的水锤压力降低值过大，可能使机组发生严重的空蚀和振动。水锤压力的上下波动，影响机组的稳定运行；同时，水锤现象还可能引起明钢管的振动破坏。为保证工程运行的安全，必须研究水锤现象，以便采取工程措施，防止水锤带来的危害。研究目的有以下几个方面：

(1)确定水电站有压引水系统的最大内水压力，作为设计或校核压力管道、蜗壳和水轮机强度的依据。

(2)确定水电站有压引水系统的最小内水压力，作为压力管道线路布置及校核尾水管内真空度的依据。图4-2所示为压力管道的不合理布置，压力管道在运行中已产生真空，应调整管线的布置。

(3)研究水锤与机组稳定运行的关系。水锤压力的最大升高值和最大降低值是机组调节保证的依据。

(4)研究降低水锤压力的措施。

有关水锤的相关计算，请参考相关方面的专著。

4.1.4　减小水锤压力的措施

减小水锤压力可降低压力管道的内水压力，降低引水建筑物的造价，改善机组的运行条件。其具体措施如下。

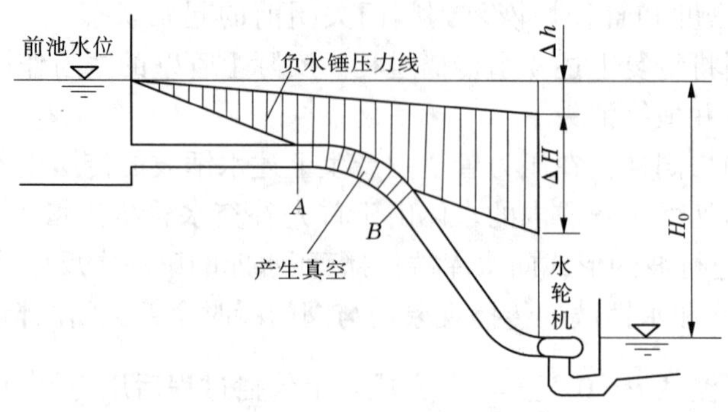

图 4-2　不合理的管线布置

4.1.4.1　缩短压力管道的长度

缩短压力管道的长度,可减小水锤波的传播时间,从进水口反射回来的水锤波能较早地回到压力管道末端,增加调节过程中的相数,使从进水口反射回来的水锤波削减阀门端水锤压力的作用加强,从而减小水锤压力。因此,在布置压力管道时,应根据地形地质条件,选择尽可能短的线路,而在较长的有压引水式水电站枢纽布置中,常设置调压室,利用调压室具有较大的自由水面反射水锤波,实际上是缩短压力管道,达到减小水锤压力的目的。调压室工作可靠,对于水电站突然丢弃或增加负荷均能起到作用,但造价较高,应通过技术、经济分析,决定是否设置。

4.1.4.2　减小压力管道中的流速

管道中的流速与压力管道的特性系数相关,减小流速可减小压力管道的特性系数,从而减小水锤压力值。但是,水电站在运行中设计流量一定,减小流速,需扩大管道断面、增加管径。压力管道直径一般是由动能经济分析确定的,增加管径须增加投资。因此,减小流速、降低水锤压力往往是不经济的,但在一定条件下,如果适当增加管径后便可不设调压室,则还是比较合理的。

码 4-3　微课-不同阀门关闭规律对水锤的影响

4.1.4.3　采用合理的导叶启闭规律

在压力管道阀门(或导叶)开度调节时间一定的情况下,采用合理的阀门(或导叶)调节规律能有效地降低水锤压力值。工程上,常采用分段关闭规律以有效减小水锤压力:在中低水头水电站中,一般出现末相水锤(最大水锤压力值发生在 n 相末),应采用先快后慢的关闭规律;在高水头水电站中,通常出现第一相水锤(最大水锤压力值发生在第一相末),宜采用先慢后快的关闭规律。调节规律取决于机组调速系统的特性。

4.1.4.4　延长有效的关闭时间

延长有效的关闭时间,可使压力管道内水体动量的变化率减小,从而降低水锤压力。但增加关闭时间会使机组转速变化率增加,甚至超过允许值。要解决这一矛盾,可采取以下措施。

1. 设置减压阀(空放阀)

减压阀又称为空放阀,是一种装设在反击式水轮机蜗壳上的旁通泄流设备,如图 4-3 所示。当机组丢弃负荷时,调速器自动按照满足机组转速升高率允许的时间快速关闭水轮机导叶,同时自动打开减压阀,泄放部分流量,减小进入蜗壳的水流流量,从而减小压力管道中流速的变化梯度，降低压力管道的水锤压力，待导叶关闭后，减压阀再以水锤压力升高所允许的速度缓慢关闭，满足调节保证的要求。

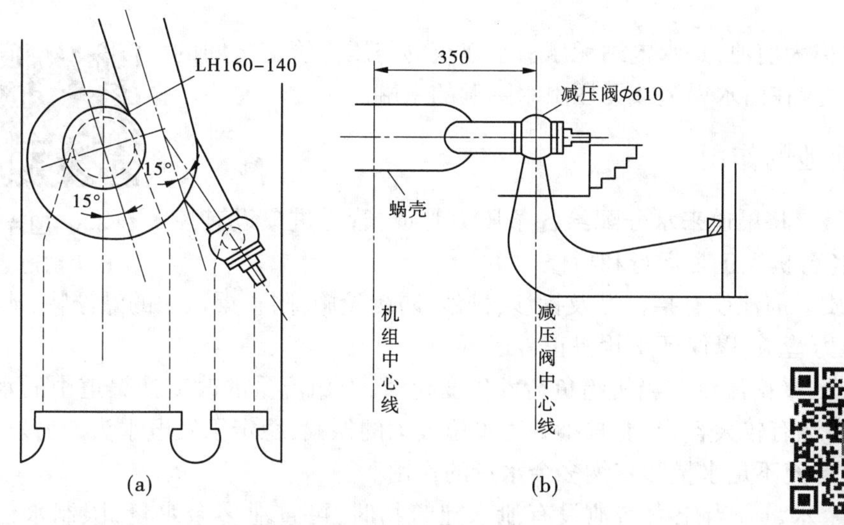

图4-3 减压阀装置示意图 （单位：cm）

码4-4 动画-减压阀的工作原理

与设置调压室相比，采用减压阀的造价低，但在机组突然增加负荷时不起作用，不能改善机组运行的稳定性，且增加厂房尺寸和造价。另外，机组负荷变化较小（机组额定功率的15%以下）时，减压阀不动作，水轮机导叶只能慢速关闭，恶化了机组运行的稳定性。在水头较高、机组台数不多的水电站中，当设置减压阀有可能省掉调压室时是经济合理的。

2. 设置水阻器

水阻器是一种利用水阻抗消耗能量的设备，它与发电机母线相连，用调速器操作，与水轮机导叶关闭协联动作。当机组突然丢弃负荷时，调速器自动将外界负荷切换到水阻器上，将机组原来输入系统的功率消耗于水阻抗中，即用水阻抗代替机组原承担的负荷，调速器就可在一个较长的时间内慢速关闭导叶，避免水锤压力过高，并满足机组转速升高率的要求。水阻器造价低，设备简单，制造方便，但运行可靠性较差，而且当水电站突然增加负荷和发电机母线出现短路事故时不能起作用，仅适用于小型水电站。

3. 设置折向器（偏流器）

折向器是一种设置在冲击式水轮机喷嘴出口下方的偏流设备。机组丢弃负荷时，调速器使折向器以较快速度在1~2 s内动作，将射流折偏，离开转轮，防止机组转速变化过大。然后，针阀以较慢速度关闭，从而减小水锤压力。折向器构造简单，造价低，且无须增加厂房的尺寸，但折向器在机组增加负荷时不起作用。

【自测练习】

请扫描二维码，做自测练习。

码4-5 任务4.1自测练习

任务 4.2　压力前池与日调节池

压力前池又称为前池,是水电站无压引水建筑物与压力管道之间的平水建筑物,它设置在引水渠道或无压引水隧洞的末端。

码 4-6　图片-压力前池

4.2.1　压力前池的作用

(1)分配流量。将渠道来水分配给各条压力管道,管道进口设有控制闸门,以保证各台机组正常运行和检修。

(2)保证水质。前池设有拦污栅及拦沙、排沙、防凌设施,防止渠道中的漂浮物、冰凌、有害泥沙进入压力管道,以保证水轮机正常运行。

(3)平稳水压,平衡流量。当机组负荷发生变化时,引用流量的改变使渠道中的水位产生波动,由于前池有较大容积,能减小渠道水位波动的振幅,稳定了发电水头。另外,前池还可起到暂时补充不足水量和容纳多余水量的作用。

(4)宣泄多余水量。当压力前池设有泄水建筑物时,可宣泄多余水量,限制水位升高。同时,当水电站停止运行时,可向下游供水,满足下游用水部门的需要。

4.2.2　压力前池的组成及构造

压力前池的主要组成建筑物包括前室、进水室、泄水建筑物、冲沙和放水建筑物、拦冰和排冰设施等,如图 4-4 所示。

码 4-7　图片-压力前池的组成

4.2.2.1　前室(池身及扩散段)

前室是渠末和压力管道进水室间的连接部分,由扩散段和池身组成。前室的作用是将渠道断面扩大并过渡到进水室所需的宽度和深度,减缓流速,便于沉沙,并形成一定容积。

前室的断面逐渐扩大,为使水流平顺,不产生漩涡,渠道连接前室的平面扩散角 β 不宜超过 12°;在立面上,渠道末端渠底宜以不陡于 1:5的斜坡向下延伸。为便于沉沙、排沙和防止有害泥沙进入进水室,前室末端底板高程应比进水室底板高程低 0.5~1.0 m,以形成拦沙坎,坎高及前室末端水平段长度,应根据冲沙廊道或冲沙孔的布置要求确定。为了缩短前室渐变段长度,可在前室首部中间设分流墩。当渠道轴线与压力管道轴线不一致时,为避免在前室中产生漩涡、增大水头损失和造成局部淤积,可用平缓的曲线连接和加设导流墙,如图 4-5 所示。

4.2.2.2　进水室

进水室通常指压力管道进水口部分,一般采用压力墙式进水口。进水口处应设闸门及控制设备、拦污栅、通气孔等设施。其布置与有压进水口相似。

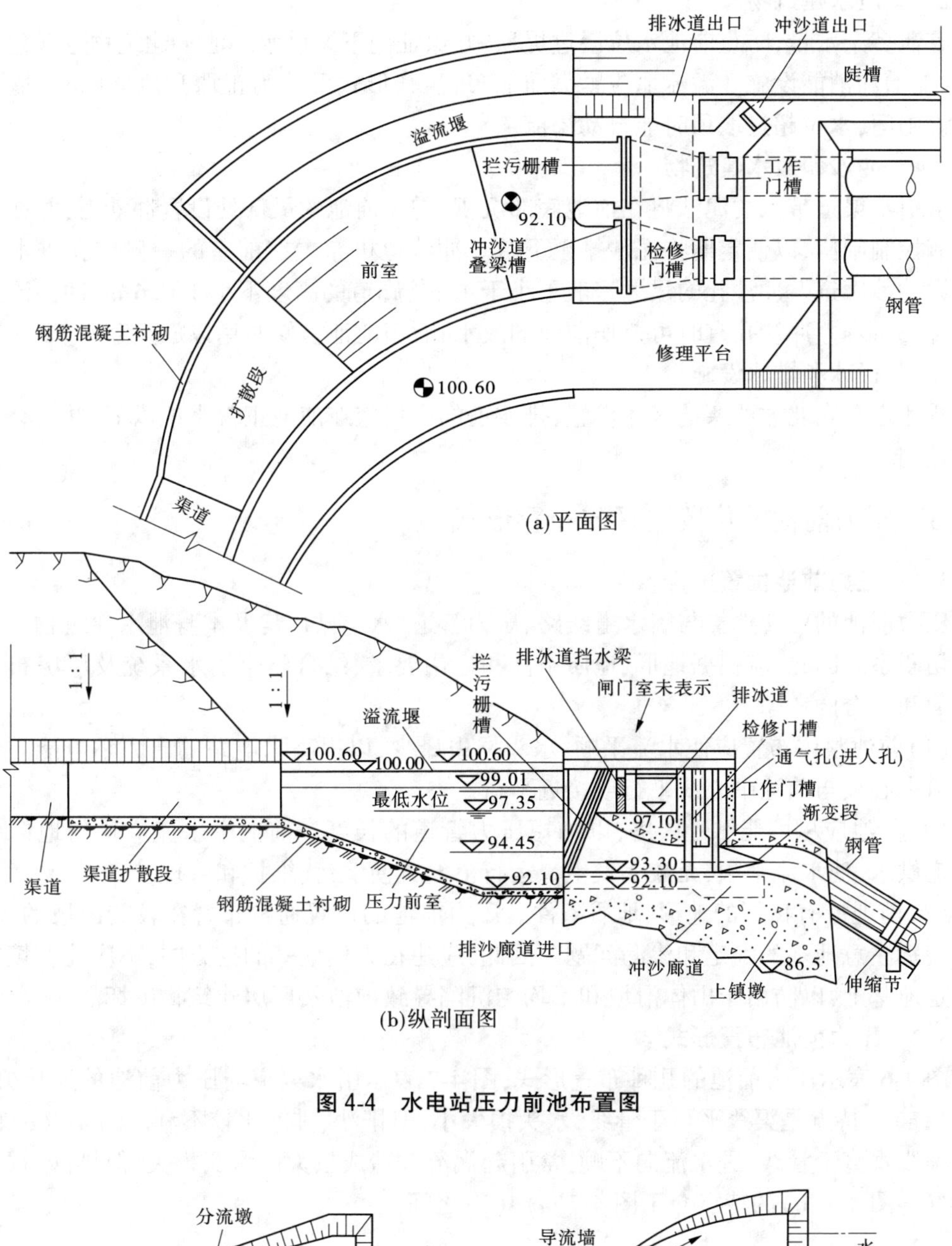

(a)平面图

(b)纵剖面图

图 4-4　水电站压力前池布置图

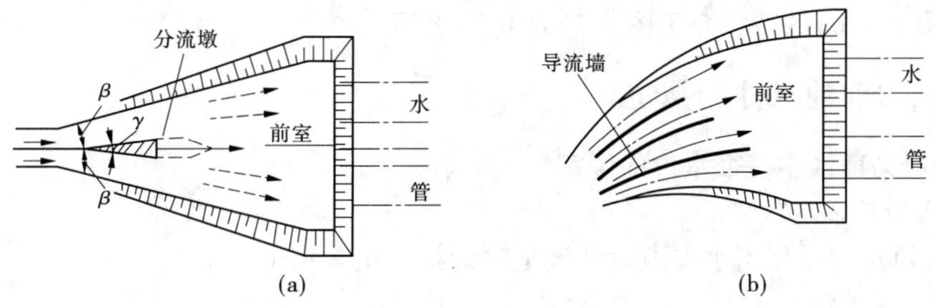

(a)　(b)

图 4-5　分流墩与导流墙

4.2.2.3　泄水建筑物

宣泄多余水量,防止前池水位漫过堤顶,并保证向下游供水。泄水建筑物一般包括溢流堰、陡槽和消能设施。溢流堰应紧靠前池布置,其形式可分为正堰和侧堰两种,堰顶一般不设闸门,水位超过堰顶时能自动溢流。

4.2.2.4　冲沙和放水建筑物

从引水渠道带入的泥沙将在前池底部沉积,需在前池的最低处设置冲沙道,并在其末端设有控制闸门,以便定期将泥沙排至下游。冲沙道可布置在前室的一侧或在进水室底板下设冲沙廊道。冲沙孔的尺寸一般不小于 1 m^2,廊道的高度不小于 0.6 m,冲沙流速通常为 2~3 m/s。冲沙孔有时可兼作前池的放水孔,当前池检修时用以放空存水。

4.2.2.5　拦冰和排冰设施

排冰道只在北方严寒地区才设置,排冰道的底板应在前池正常水位以下,并用叠梁门进行控制。

4.2.3　压力前池的位置选择与布置形式

4.2.3.1　压力前池位置选择

压力前池的位置选择与引水道线路、压力管道、水电站厂房及本身泄水建筑物等布置有密切联系。因此,应根据地形、地质条件和运用要求,结合整个引水系统及厂房布置进行全面和综合的考虑。

(1)前池整体布置应使水流平顺、水头损失最少,以提高水电站的出力和电能。最好使渠道中心线与前池中心线平行或接近平行。

(2)前池应尽可能靠近厂房,以缩短压力管道的长度。前池中水流应均匀地向各压力管道供水,使水流平顺,无漩涡发生。运行上要方便清污、维护和管理。

(3)前池应有良好的地形、地质条件。压力前池的位置通常布置在较陡山坡的顶部,故应特别注意地基的稳定和渗漏问题。因此,应建在天然地基的挖方中,不应建在填方或不稳定地基上,以防由于山体滑坡和不均匀沉陷导致前池及厂房建筑物破坏。

4.2.3.2　压力前池布置形式

图 4-6 表示压力前池的几种布置形式,图 4-7 表示引水渠道与压力前池的连接方式。图 4-7(a)的特点是渠线平行于管线,水头损失小,但排沙、排冰比较不利。图 4-7(c)的特点是渠线垂直于管线,进水流向不顺,常引起涡流并造成较大的水头损失,但排沙、排冰条件较好。图 4-7(b)的特点介于图 4-7(a)、(c)之间。

4.2.4　压力前池尺寸的拟定

4.2.4.1　压力前池中特征水位的确定

1. 前室的正常水位$\nabla_{前正常}$

$\nabla_{前正常}$可近似采用引水渠道设计流量时的渠末正常水位$\nabla_{渠末正常}$,即

$$\nabla_{前正常} = \nabla_{渠末正常} \tag{4-1}$$

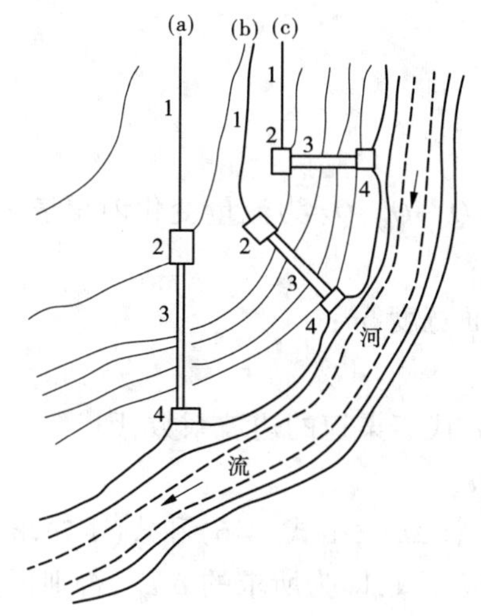

1—渠道；2—压力前池；3—压力水管；4—厂房。

图 4-6　压力前池的布置形式

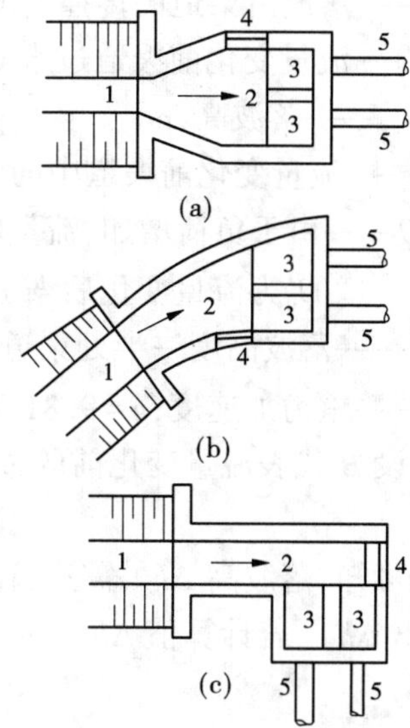

1—引水渠道；2—前室；3—进水室；4—溢流堰；5—压力水管。

图 4-7　压力前池的平面布置方式

2. 前室的最高水位$\nabla_{前最高}$

对于自动调节渠道，一般认为与渠首最高水位齐平或按水电站丢弃全部负荷时产生的最大涌波高程考虑；对于非自动调节渠道为溢流堰顶高程加堰上最高溢流水深 $h_{堰}$。由于堰顶高程通常按前池的正常水位加上 3~5 cm 计算，因此

$$\nabla_{前最高} = \nabla_{前正常} + h_{堰} + (0.03 \sim 0.05) \quad (\mathrm{m}) \tag{4-2}$$

溢流堰下泄流量常取水电站的最大引用流量。

3. 前室的最低水位$\nabla_{前最低}$

$\nabla_{前最低}$应根据下面两种情况确定：

(1) 枯水期渠道来水量为水电站最小引用流量时，渠末水位为前池最低水位，即

$$\nabla_{前最低} = \nabla_{渠末底} + h_{渠末} \tag{4-3}$$

式中　$\nabla_{渠末底}$——渠末底部高程；

$h_{渠末}$——水电站最小引用流量时渠末水深。

(2) 水电站突然增加负荷时，池中水位突然下降，前室水位为最低。此时，应根据运行可能出现的最不利情况进行计算，例如其他机组满负荷运行而最后一台机组突然带上满负荷。若非恒定流的落波高为 $\Delta h_{波}$，而增加负荷前的前池水位为$\nabla_{起始}$，则前室中的最低水位为

$$\nabla_{前最低} = \nabla_{起始} - \Delta h_{波} \tag{4-4}$$

落波高一般可按下式计算：

$$\Delta h_{波} = \frac{\Delta Q}{aB_1} \tag{4-5}$$

$$a = \sqrt{g\frac{A}{B_1}\left(1 - \frac{3}{2}\frac{B_1}{A}\Delta h_{波}\right)} - v_0 \tag{4-6}$$

式中 a——落波沿渠道的传播速度,m/s;

A——流量变化前渠道过水断面面积,m^2;

$\Delta h_{波}$——落波高,m;

v_0——流量变化前渠道中的流速,m/s;

ΔQ——由于负荷增加,流量的变化量,$\Delta Q = Q_0 - Q_0'$,Q_0 为流量变化前渠道的流量,Q_0'为流量变化后渠道的流量,m^3/s;

B_1——落波高度一半处渠道过水断面的水面宽度,m;

g——重力加速度,$g = 9.81\ m/s^2$。

若假设 B 代表流量变化前的过水断面宽度,m 代表渠道的边坡系数,则

$$B_1 = B - m\Delta h_{波} \tag{4-7}$$

由上可知,落波高 $\Delta h_{波}$ 需进行试算,先假定一个 $\Delta h_{波}$,由式(4-6)和式(4-7)求出 a 和 B_1,再求出 $\Delta h_{波}$,若计算值 $\Delta h_{波}$ 和假设的 $\Delta h_{波}$ 值相一致,即为所求的 $\Delta h_{波}$,否则再重新假设并计算。

4. 进水室的正常水位$\nabla_{进}$

正常水位$\nabla_{进}$为前室正常水位减去局部水头损失,即

$$\nabla_{进} = \nabla_{前正常} - (\Delta h_{进} + \Delta h_{门槽} + \Delta h_{拦}) \tag{4-8}$$

式中 $\Delta h_{进}$、$\Delta h_{门槽}$、$\Delta h_{拦}$——水流经过进水室、闸门槽及拦污栅时的水头损失。

5. 进水室的最低水位$\nabla_{进最低}$

最低水位$\nabla_{进最低}$为压力管道进口处的最低水位,即

$$\nabla_{进最低} = \nabla_{前最低} - (\Delta h_{进} + \Delta h_{门槽} + \Delta h_{拦}) \tag{4-9}$$

4.2.4.2 压力前池尺寸的拟定

1. 前室侧墙的高程$\nabla_{墙顶}$

对于自动调节渠道,前室侧墙的高程与进水口顶部的高程相同,如图 4-8 所示;对于非自动调节渠道,前室侧墙的高程$\nabla_{墙顶}$,应保证水流不漫顶并有适当的安全超高 δ,即

$$\nabla_{墙顶} = \nabla_{前最高} + \delta \tag{4-10}$$

δ 值一般可取 0.5 m,前池面积较小时,可取略小于 0.5 m 的数值。

2. 宽度 B

宽度 B 与进水室前室的总宽度 B_K 相等。

3. 前室首端的深度 h

h 为渠道末端底部至侧墙顶部的高度。

4. 前室末端的深度 H

$$H = H_K + h_{拦沙} \tag{4-11}$$

式中 $h_{拦沙}$——拦沙坝的高度,取 0.5~1.0 m;

H_K——侧墙顶部至拦沙坝顶部的高度,如图 4-8 所示。

5. 前室的长度 L

为了保证渠道在平面上和前室最大宽度相连接,在深度上和池身最大深度相连接,前室长 L 应为

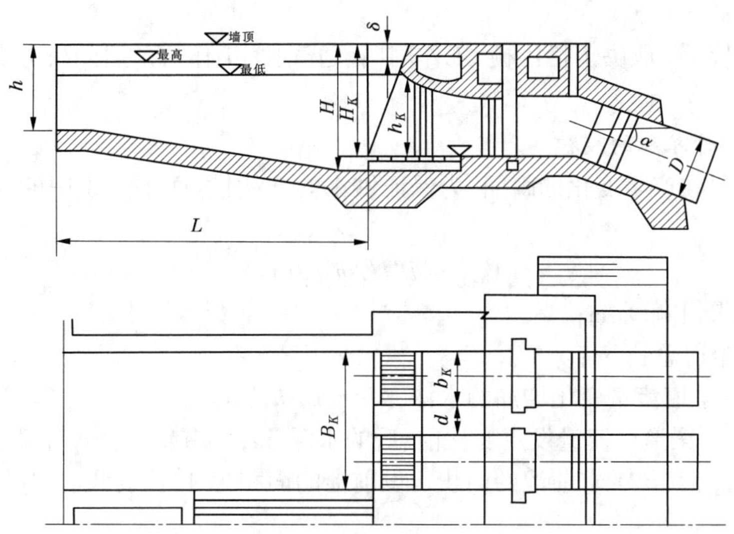

图4-8　压力前池轮廓尺寸示意图

$$L=(3\sim5)(H-h)+(0.5\sim1.0)\quad(\mathrm{m}) \tag{4-12}$$

6. 进水室的宽度 B_K

一个进水室的宽度 b_K 为压力管道直径 D 的 1.5~1.8 倍，则进水室前沿的总宽度可按下式计算：

$$B_K=nb_K+(n-1)d \tag{4-13}$$

式中　n——压力管道的数目；

b_K——单个进水室的宽度；

d——中间隔墩的厚度，浆砌块石隔墩取 0.8~1.0 m，混凝土隔墩取 0.5~0.6 m。

7. 进水室的进口水深 h_K

h_K 应使进口流速不超过拦污栅的允许过栅流速，故

$$h_K\geqslant\frac{q_{max}}{b_Kv_Z} \tag{4-14}$$

式中　q_{max}——每个进水室的最大流量，m^3/s；

v_Z——进口处拦污栅的允许过栅流速，m/s，当采用人工清污机时，栅前流速一般不超过 0.8~1.0 m/s。

8. 进水室的底板高程 $\nabla_{进底}$

由 $\nabla_{进底}=\nabla_{进最低}-h_k$ 以及应满足进水口不产生漏斗状吸气漩涡的条件可得

$$\nabla_{进底}=\nabla_{进最低}-S-\frac{D}{\cos\alpha} \tag{4-15}$$

$$S=(2\sim3)\frac{v_{max}^2}{2g} \tag{4-16}$$

式中　v_{max}——压力管道通过最大引用流量时的流速，m/s；

D——压力管道的直径，m；

α——压力管道中心线与水平面的交角。

9. 进水室的长度 $L_{进}$

进水室长度 $L_{进}$ 取决于拦污栅、工作闸门、通气孔、工作桥及启闭机等设备的布置，小型水电站一般为 3~5 m。

10. 前室瞬时容积的校核

当发电流量在产生变化的瞬间，为保证供水的连续性，而不至于中断，要求前池瞬时容积为

$$V_{瞬时} = B'L'\Delta h' \quad (m^3) \tag{4-17}$$

式中 B'——渠道宽度，m；

L'——渠道总长，m；

$\Delta h'$——渠道流量变化增加的水深，$\Delta h' = h_2 - h_1$，m；

h_1、h_2——渠道中流量发生变化前、后的水深，m，可由曼宁公式计算。

当求出 $V_{瞬时}$ 后，再推求前池的面积。设前池的面积为 A，且最低水位以上的可调水深为 $h_{调}$，则

$$V_{瞬时} = Ah_{调} \quad 或 \quad A = \frac{V_{池瞬}}{h_{调}} \tag{4-18}$$

式中，$h_{调}$ 一般可取 1~3 m，根据地形、水头等情况而定，在最低水位以下容积不起调节作用，只要满足进水条件即可。

4.2.4.3 溢流堰的尺寸拟定

溢流堰的位置由枢纽整体布置决定，溢流堰的断面形状一般做成流线型。当前室最高水位确定后，即可根据堰流公式求出所需溢流堰的长度。计算公式为

$$L = \frac{Q_{max}}{Mh_{堰}^{3/2}} \tag{4-19}$$

式中 M——溢流堰流量系数；

$h_{堰}$——堰上水头，一般可取 0.4~0.5 m。

有时可先确定 L 再求 $h_{堰}$，从而确定前室的最高水位。

4.2.5 日调节池

担任峰荷的水电站一日之内的引用流量在 0 与 Q_{max} 之间变化，而引水渠道是按 Q_{max} 设计的，因此在一天内的大部分时间里，渠道的过水能力没有得到充分利用。另外，由于引水渠道较长，利用进口处闸门调节流量反应缓慢；同时，引用流量的变化将引起渠道的水位波动。为了满足水电站日调节的需要，可在渠道下游沿线合适的地形修建日调节池，如图 4-9 所示。

日调节池与压力前池之间的渠道仍按 Q_{max} 设计，而日调节池上游的渠道可按日平均流量进行设计，这样渠道断面可以减小。运行过程中，当水电站引用流量大于日平均流量时，不足水量由日调节池给予补充，日调节池的水位下降；当水电站引用流量小于日平均流量时，多余的水流入日调节池，池中水位回升，这样可减少前池水位的剧烈波动。

码 4-8　思维导图-压力前池

1—坝;2—进水口;3—沉沙池;4—引水渠道;5—日调节池;6—压力前池;
7—压力管道;8—厂房;9—尾水渠;10—配电所;11—泄水道。

图 4-9　无压引水式水电站示意图

当引水渠道较长、水电站负荷变幅较大时,增设日调节池有可能降低整个引水系统的造价并改善其运行条件。日调节池越靠近压力前池,其作用越大。日调节池的容积,可根据水电站在日负荷图上的工作方式,通过流量调节计算求得,一般为水电站日用水总量的20%~25%。

当河中水流含沙量大时,日调节池很容易被淤积,所以在含沙量大的季节,应将日调节池进口封闭,使水电站担任基荷,可改善淤积情况。

【自测练习】

请扫描二维码,做自测练习。

码 4-9　任务 4.2 自测练习

任务 4.3　调压室

4.3.1　调压室的功用、基本要求及初步设置条件

4.3.1.1　调压室的功用

调压室是指在较长的压力引水(尾水)道与压力管道之间修建的,用以降低压力管道的水锤压力和改善机组运行条件的水电站建筑物。调压室的断面面积比压力引水道(或尾水道)的大,且具有自由水面(除压气式调压室外),属于水电站的平水建筑物。调压室的大部分或全部设置在地面以上的称为调压塔;调压室的大部分埋在地面以下的称为调压井。

调压室的功用可归纳为以下三点:

(1)改善引调水工程压力水道的压力状态。通过在压力引水道设置调压室来缩短压力管道的长度,减小压力管道及厂房过流部分中的水锤压力。

(2)由建筑物内自由水面(或气垫层)反射水锤波,限制水锤波进入压力引水道(或尾水道),以满足机组调节保证的技术要求。

(3)改善机组在负荷变化时的运行条件及供电质量。调压室有一定的容量,离厂房较近,机组负荷变化时能迅速补充或蓄存一定水量,有利于机组的稳定运行,从而改善水电站的供电质量。

4.3.1.2　调压室的基本要求

根据调压室的功用,调压室应满足以下基本要求:

(1)调压室应尽量靠近厂房,以缩短压力管道的长度。

(2)能较充分地反射压力管道传来的水锤波。调压室对水锤波的反射越充分,越能减小压力管道和引水道中的水锤压力。

(3)调压室的工作必须是稳定的。在负荷变化时,引水道及调压室水体的波动应能迅速衰减,达到新的稳定状态。

(4)正常运行时,调压室底部的水头损失要小。即调压室底部和压力管道连接处应具有较小的断面面积。

(5)工程安全可靠,施工简单方便,造价经济合理。

上述各项要求之间会存在一定程度的矛盾,必须根据具体情况统筹考虑各项要求,进行全面的分析比较加以确定。

4.3.1.3　调压室的初步设置条件

在有压引水道中设置调压室后,一方面使有压引水道基本上避免了水锤压力的影响,减小了压力管道中的水锤压力,改善了机组的运行条件,从而降低了它们的造价,但另一方面却增加了设置调压室的造价。因此,是否需要设置调压室,应在机组调节保证计算和运行条件分析的基础上,考虑水电站在电力系统中的作用、地形及地质条件、压力水道的布置等因素,进行技术、经济比较后加以确定。

1. 基于水道特性的初步判别条件

1)设置上游调压室的条件

根据我国《水利水电工程调压室设计规范》(SL 655—2014)的要求,设置上游调压室的条件是压力水道中水流惯性时间常数 T_w 大于允许值,按下式做初步判别:

$$T_w = \frac{\sum L_i v_i}{g H_d} > [T_w] \tag{4-20}$$

式中　T_w——上游压力水道中水流惯性时间常数,s,T_w 的物理意义是在水头 H_d 作用下,不计水头损失时,管道内水流的流速从0增大到 v 所需的时间;

L_i——上游压力水道及蜗壳各段的长度,m;

v_i——各管段内相应的平均流速,m/s;

H_d——设计水头,m;

$[T_w]$——T_w 的允许值,一般取2~4 s。

$[T_w]$的取值与水电站容量在电力系统中所占的比例有关。当水电站孤立运行,或机组容量在电力系统中所占比例超过50%时,宜用小值;当比例小于10%~20%时,可取大值。

2)设置下游调压室的条件

下游调压室的功用是缩短尾水道的长度,减小甩负荷时尾水管中的真空度,防止液柱分离。设置下游调压室的条件是以尾水管内不产生液柱分离为前提,可按下式做初步判别。

$$\sum L_{wi} > \frac{5T_s}{v_{w0}}\left(8 - \frac{Z_s}{900} - \frac{v_{wj}^2}{2g} - H_s\right) \tag{4-21}$$

式中 L_{wi}——压力尾水道及尾水管各段的长度,m;

T_s——水轮机导叶有效关闭时间,s;

v_{w0}——稳定运行时压力尾水道中的平均流速,m/s;

v_{wj}——水轮机转轮后尾水管入口处的平均流速,m/s;

H_s——水轮机的吸出高度,m;

Z_s——机组安装高程,m。

最终通过过渡过程计算验证,考虑涡流引起的压力下降与计算误差等不利影响后,尾水管进口处的最大真空度不应大于 8 mH_2O。对于大容量机组,宜适当增加安全度。高海拔地区尾水管进口处最大真空度应满足式(4-22)的要求:

$$H_V \leqslant 8 - \frac{Z_s}{900} \tag{4-22}$$

式中 H_V——尾水管进口处最大真空度,mH_2O。

2. 基于机组特性的调压室初步判别条件

机组运行稳定性与水流惯性时间常数 T_w、机组加速时间常数 T_a 等密切相关,不设置调压室可按式(4-23)、式(4-24)做初步判别:

$$T_w \leqslant -\sqrt{\frac{9}{64}T_a^2 - \frac{7}{5}T_a + \frac{784}{25}} + \frac{3}{8}T_a + \frac{24}{5} \tag{4-23}$$

$$T_a = \frac{GD^2n^2}{365N_r} \tag{4-24}$$

式中 T_w——上、下游自由水面间压力水道中水流惯性时间常数,s;

GD^2——机组的飞轮力矩,$kg \cdot m^2$;

n——机组的额定转速,r/min;

N_r——机组的额定出力,W。

当不满足式(4-23)时,可按图 4-10 进行初步判断是否需要设置调压室,处在①区可不设调压室,处在③区应设置调压室,处在②区应研究设置调压室的必要性。

4.3.2 调压室的工作原理

引水系统中设置调压室后,将引起两种性质不同而又相互联系的非恒定流现象:一种是压力管道的水锤现象,另一种是“引水道—调压室”系统的水位波动现象。

图 4-11 为一设有调压室的引水系统。当水电站以某一固定出力运行时,水轮机和整个引水系统的引用流量均为 Q_0,并处于恒定流状态。此时调压室水位比上游水库水位低 h_{w0}(h_{w0} 为通过 Q_0 时压力引水道的水头损失)。

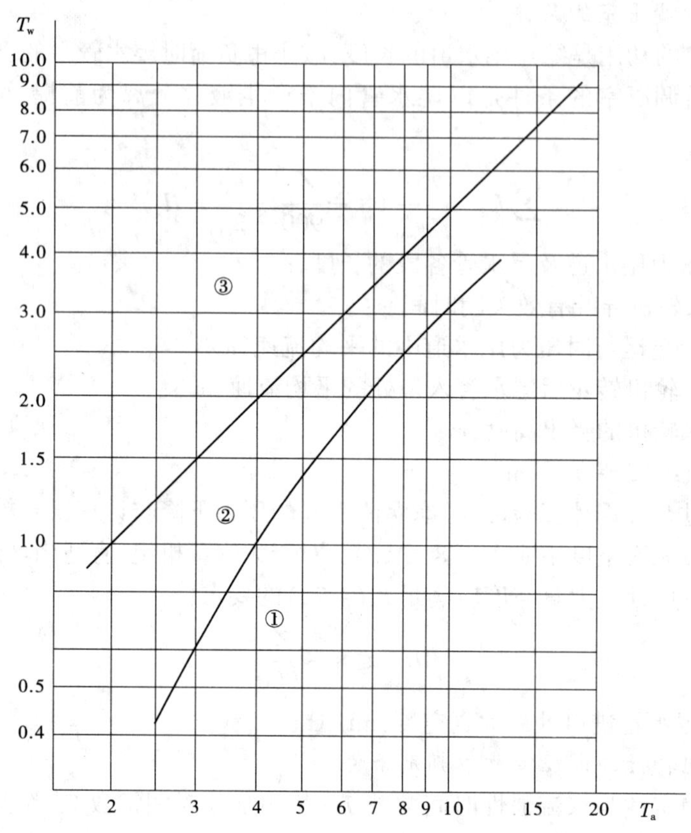

图 4-10 T_w、T_a 与调速性能关系

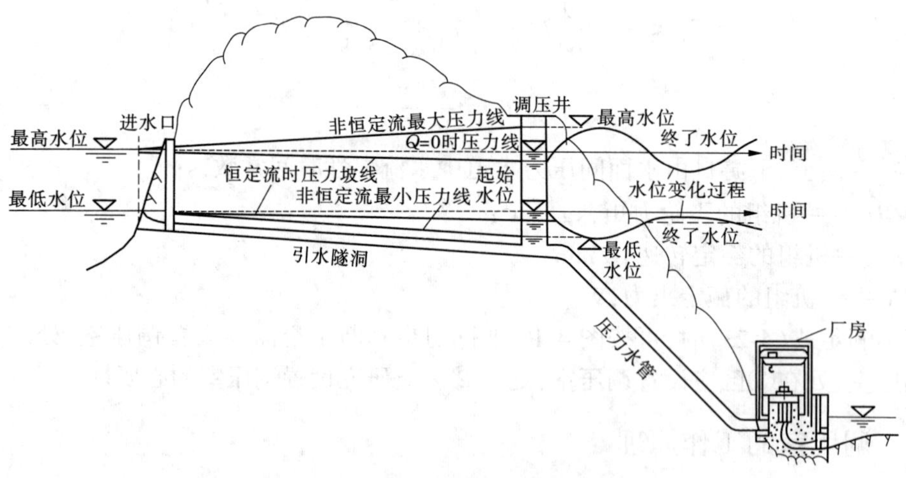

图 4-11 调压室工作原理示意图

当水电站丢弃全部负荷时,压力管道中发生水锤现象,管中水流经过短暂时间后停止流动,与“引水道—调压室”系统中的水流变化周期相比,可认为压力水管中的水流是突然停止的。此时,压力引水道中的水流由于惯性作用仍以原来的流速继续流向调压室,引起调压室水位升高,引水道两端的水位差随之减小,流速逐渐减缓。当调压室的水位达到水库水位

时,引水道两端的水位差等于零,但由于引水道中水流的惯性作用仍继续流向调压室,使调压室水位继续升高,直至引水道中的流速等于零时,调压室水位上升到最高点,称为最高涌波水位。由于此时调压室的水位高于水库水位,在引水道的始末又形成新的水位差,调压室中的水流开始流向水库,即形成了相向的流动,调压室的水位开始下降。当调压室水位降到水库水位时,引水道始末两端的压力差又等于零,但由于惯性作用,水位继续下降,直至引水道的流速减到零时,调压室水位降低到最低点。此后,"引水道—调压室"系统中的水流又重复上述的运动过程,调压室水位也不断上下波动。由于"引水道—调压室"系统存在摩阻,运动水体的能量逐渐消耗,波动逐渐衰减,最后调压室水位稳定在水库水位。

当水电站增加负荷时,水轮机引用流量加大,由于引水道中水流的惯性作用,流量不能立即加大以满足负荷变化的需要,须由调压室首先补充流量,从而引起调压室水位下降,调压室与水库间形成新的水位差,使引水道的水流流速增大,流量也逐渐增加,由调压室补充的流量逐渐减小。当引水道中的流量等于负荷增加后水轮机所需的流量时,调压室的水位降到最低点,称为最低涌波水位。由于此时调压室与水库水位差增大,引水道中流量继续增加,超过水轮机的需要,因而调压室水位又开始回升,达到某一高度后又开始下降,这样就形成了调压室水位的上下波动。由于能量的消耗,波动逐渐衰减,最后稳定在一个新的运行水位。新的运行水位与水库水位之差等于引水道通过水轮机增加负荷后所需引用流量的水头损失。

由以上分析可知,"引水道—调压室"系统中的水位波动现象与压力管道中的水锤波动性质有很大的差别。调压室的水位波动主要是由水体的往复运动引起的,其特点是振幅小、衰减慢、周期长。而压力管道的水锤过程是水锤波的传播,其特点是振幅大、衰减快、周期短。

在增加负荷或丢弃部分负荷后,水电站继续运行,调压室水位的变化影响发电水头的大小,调速器为了维持恒定的出力,随调压室水位的升高和降低,将相应地减小和增大水轮机流量,这进一步激发了调压室水位的变化。因此,调压室的水位波动,可能有两种情况:一种是逐步衰减的,波动的振幅随时间而减小;另一种是波动的振幅不衰减甚至随时间而增大,成为不稳定的波动,这种现象称为调压室工作的不稳定,在调压室设计和运行时应予避免。

研究调压室水位波动的主要目的如下:

(1)求出调压室中可能出现的最高、最低涌波水位及其变化过程,从而确定调压室的高度和引水道的设计内水压力及布置高程。

(2)根据波动稳定的要求,确定调压室所需的最小稳定断面。

有关调压室水位波动和稳定断面的计算,请参考有关专著。

4.3.3 调压室的布置方式与基本类型

4.3.3.1 调压室的布置方式

根据调压室与厂房相对位置的不同,调压室的布置有以下四种基本方式。

1. 上游调压室(引水调压室)

调压室设置在厂房上游的压力引水道上,如图 4-12(a)所示,这种布置方式适用于厂房上游压力引水道比较长的情况,应用也最广泛。本章主要介绍这种布置方式的调压室。

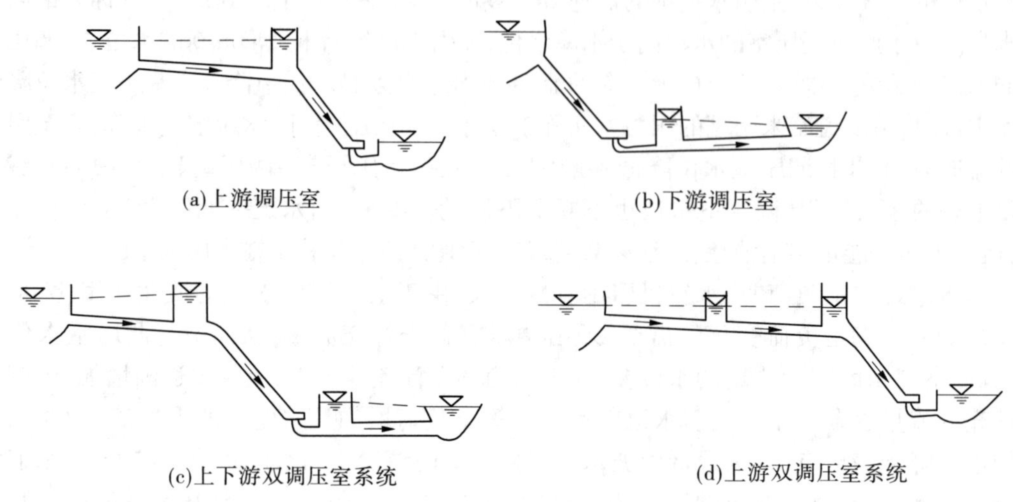
(a)上游调压室
(b)下游调压室
(c)上下游双调压室系统
(d)上游双调压室系统

图4-12 调压室的布置方式

2. 下游调压室(尾水调压室)

调压室设置在厂房下游的压力尾水道上,如图4-12(b)所示,这种布置方式适用于厂房下游具有较长的压力尾水道时,需要减小压力尾水道的水锤压力,特别是防止丢弃负荷时压力尾水道产生过大的负水锤的情况,因此尾水调压室应尽可能地靠近厂房。

下游调压室的水位变化过程正好与上游调压室相反。当丢弃负荷时,水轮机流量减小,调压室需要向压力尾水道补充水量,因此水位首先下降,达到最低点后再开始回升;在增加负荷时,尾水调压室水位首先开始上升,达到最高点后再开始下降。在水电站正常运行时,调压室的稳定水位高于下游水位,其差值等于压力尾水道中的水头损失。

3. 上下游双调压室系统

由于布置上的因素,有些地下式水电站厂房的上下游都有较长的压力水道,为了减小水锤压力、改善机组的运行条件,在厂房的上下游均设置调压室而成为双调压室系统,如图4-12(c)所示。当丢弃全部负荷时,上下游调压室的工作互不影响,可分别求出最高水位和最低水位。当增加负荷或丢弃部分负荷时,水轮机的流量发生变化,两个调压室的水位都将发生变化,而任一个调压室的水位变化,都将引起水轮机流量新的改变,从而影响到另一个调压室的水位变化。由于两个调压室的水位变化是相互制约的,使得整个引水系统的水力现象大为复杂,特别是当压力引水道和压力尾水道的特性接近时,可能发生共振。因此,设计时不能只限于推求波动的第一振幅,而应求出波动的全过程,研究波动的衰退情况。

4. 上游双调压室系统

当上游压力引水道较长时,也可设置两个调压室,如图4-12(d)所示。靠近厂房的调压室对于反射水锤波起主导作用,称为主调压室;靠近上游水库的调压室用以反射越过主调压室的水锤波,改善引水道的工作条件,帮助主调压室衰减引水系统的波动,称为辅助调压室。辅助调压室越接近主调压室,所起的作用越大;反之,越向上游其作用越小。引水系统水位波动的衰减由两个调压室共同承担,增加一个调压室的断面面积可以减小另一个调压室的断面面积，但两个调压室的断面面积之和总是大于只设一个调压室的断面面积。如果压力引水道中有施工竖井可以利用，采用双调压室可能是经济的。辅助调压室常因水电站扩建或水电站运行条件改变，原有调压室容积不够而增设；或因结构、地质等因素，采用设置辅助调压室以减小主调压室的尺寸。

上游双调压室系统的水位波动是非常复杂的，相互制约和诱发的作用很大，整个波动并不成简单的正弦曲线。因此，应合理选择两个调压室的位置和断面，使引水系统的水位波动能较快地衰减并稳定。

4.3.3.2　调压室的基本类型

根据调压室水力条件和结构形式的不同，调压室有以下几种基本类型。

1. 简单式调压室

码 4-10　图片-简单式调压室

调压室与压力水道间孔口的断面面积不小于调压室处压力水道断面面积的调压室为简单式调压室，如图 4-13(a)所示。简单式调压室的特点是自上而下具有相同的断面，结构简单，反射水锤波的效果好。但在正常运行时压力引水道与调压室的连接处水头损失较大；水位波动的振幅较大，衰减较慢，所需调压室的容积较大。为克服上述缺点，可采用有连接管的简单式调压室，如图 4-13(b)所示。简单式调压室一般适用于低水头、小容量的水电站。

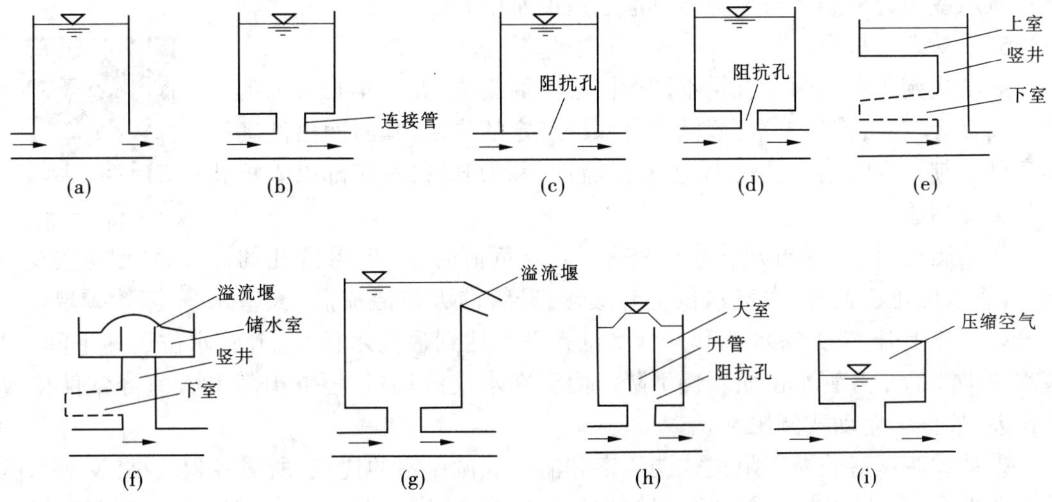

图 4-13　调压室的基本类型

2. 阻抗式调压室

码 4-11　动画-阻抗式调压室的工作原理

将简单式调压室的底部收缩成孔口或与断面小于压力引水道的短管相连接，即成为阻抗式调压室，如图 4-13(c)、(d)所示。与简单式调压室相比，由于进出调压室的水流受阻抗的作用，波动的振幅小、衰减快，在同等条件下所需断面较小，同时正常运行时水头损失小。但由于阻抗孔的存在，反射水锤波的效果较差，压力引水道可能受到水锤的影响。通常，阻抗孔的面积不小于压力引水道面积的 15%，但也不宜大于 50%，以免降低阻抗孔的作用。阻抗式调压室一般适用于压力引水道较短的中低水头水电站。

3. 水室式调压室

水室式调压室是由一个断面较小的竖井和上下两个断面扩大的储水室共同或分别组成的调压室,又称为双室式调压室,如图 4-13(e)、(f)所示。实际工程中采用竖井与上室组合的较多,而完全用双室的实例较少,故称为双室式。正常运行时,调压室中的水位处于上、下室之间。丢弃负荷时竖井中水位迅速上升,一旦进入上室,水位上升的速度立即放慢,从而减小了波动振幅。增加负荷时,水位迅速下降至下室,并由下室补充不足的水量,从而限制了水位的下降。上、下室限制了水位波动的振幅,且水位波动快,衰减快,所需容积小,反射水锤波的效果较好。双室式调压室适用于水头较高和水库工作深度较大的水电站。

码 4-12 动画-双室式调压室工作原理

码 4-13 图片-溢流式调压室

4. 溢流式调压室

溢流式调压室专指调压室顶部设有溢流堰泄水的调压室,如图 4-13(g)所示,不包括有溢流堰的水室式和有溢流堰升管的差动式。当丢弃负荷时,调压室水位迅速上升,达到溢流堰顶后开始溢流,限制了水位的进一步升高,具有水位波动振幅小及衰减快的优点,有利于机组的稳定运行。溢出的水量,可以设上室加以储存,也可排至下游。溢流式调压室适用于在调压室附近可经济安全地布置泄水道的水电站。

码 4-14 动画-差动式调压室工作原理

5. 差动式调压室

差动式调压室由两个直径不同的同心圆筒组成,如图 4-13(h)所示。外圆筒直径较大,称为大室,起储水及保证稳定的作用,其断面由波动稳定条件控制。内圆筒直径较小,上有溢流口,称为升管,其底部以阻抗孔口与大室相通。

正常运行时,大室与升管水位齐平;丢弃负荷时,由于阻抗孔的影响,升管水位迅速上升,大室水位上升缓慢,升管向大室溢流后,大室水位开始迅速上升;当大室水位和升管水位齐平并达到最高水位后,升管水位迅速下降,大室水位仍滞后于升管水位而缓慢下降。由于在水位波动过程中,升管和大室经常保持着水位差,故称为差动式调压室。

差动式调压室兼顾了阻抗式调压室和溢流式调压室的优点,所需容积较小,反射水锤波的条件好,水位波动衰减较快,但结构复杂,施工难度大,造价高。其一般适用于地形和地质条件不允许扩大断面的中高水头水电站,在我国采用较多。

6. 气垫式或半气垫式调压室

码 4-15 图片-气垫式调压室

将调压室顶部完全封闭,自由水面以上的密闭空间充满高压空气(室内水面气压高于大气压力),称为气垫式调压室,如图 4-13(i)所示。若上部空间有一断面不大的通气孔与大气相通,称为半气垫式调压室。气垫式调压室是利用调压室中空气的压缩和膨胀,来减小调压室水位的涨落幅度。此种调压室的布置比较灵活,可以靠近厂房,反射水锤波比较充分,减小水锤压力,对水电站运行有利,但水位波动稳定性较差,需要较大的调压室稳定断面和容积,对地质条件要求高,还需配置压缩空气机以定期对空气室补气,增加了投资和运行费用。这种调压室适用于高水头地下引水式水电站,或在表层地形地质条件不适于做常规调压室或通气竖井较长时,可考虑采用。

【自测练习】

请扫描二维码,做自测练习。

码 4-16　任务 4.3 自测练习

知识技能点小结

在水流的惯性作用和水体与管壁弹性影响下,压力管道或尾水管中发生压力升高或降低并以压力波的形式和一定波速在压力管道中往复传播,形成的压力交替升降的波动现象,并伴有锤击声和振动的水力现象,称为水锤,减小水锤可以采取缩短压力管道长度、减小压力管道中流速、选择合理的导叶启闭规律、延长有效的关闭时间等措施。

压力前池是水电站无压引水建筑物与压力管道之间的平水建筑物,其作用是平稳水压、平衡流量、分配流量、拦截污物和有害泥沙、宣泄多余水量,其主要组成建筑物包括前室、进水室、泄水建筑物、冲沙和放水建筑物等。

码 4-17　思维导图-水电站的平水建筑物

调压室是在较长的压力引水道与压力管道之间修建的,用以降低压力管道的水锤压力和改善机组运行条件的水电站建筑物,起到反射水锤波、缩短压力管道的长度、改善机组在负荷变化时的运行条件等作用。按调压室与厂房相对位置的不同,可以分为上游调压室、下游调压室、上下游双调压室系统及上游双调压室系统四种基本方式。按调压室水力条件和结构形式不同,可以分为简单式调压室、阻抗式调压室、水室式调压室、溢流式调压室、差动式调压室、气垫式或半气垫式调压室等基本类型。

知识技能训练

一、简答题

1. 什么是水锤?它有哪些危害?减小水锤的措施有哪些?
2. 压力前池的作用有哪些?压力前池的组成建筑物有哪些?
3. 日调节池的作用及适用条件是什么?
4. 调压室的作用是什么?

二、填空题

1. 根据调压室与厂房的位置不同,可将调压室分为四种基本布置方式,即________、

________、________、________。

2. 调压室的结构类型有________、________、________、________、________、________六种。

3. ________是指在较长的压力引水道或尾水道与压力管道之间修建的，用以降低压力管道的水锤压力和改善机组运行条件的水电站建筑物。

4. 引水系统中设置调压室后，将引起两种性质不同而又相互联系的非恒定流现象：一种是压力管道的________现象，另一种是“引水道—调压室”系统的________现象。

三、判断题

1. 在中低水头水电站中，一般采用先快后慢的关闭规律来减小水锤压力。（　　）

2. 压力前池设置的泄水建筑物可限制水位降低。（　　）

3. 调压室的水位波动主要是由水体的往复运动引起的，其特点是振幅小、变化快、周期长。（　　）

4. 水击过程、调压室水位波动及机组转速变化三者之间是相互独立、互不干扰的。

（　　）

项目 5　水电站压力管道设计

【项目导语】

水电站的压力管道是水库或水电站平水建筑物向水轮机输送水量并承受内水压力的输水建筑物，它保证了水流进入水轮机之前的有压条件，同时由于是在引水建筑的末端，承受了水电站大部分或全部水头，因此在结构上的设计要求非常高，由于类型的不同和出于经济等方面的考虑，又产生了不同的布置方式和结构型式。本项目的学习不仅要弄清楚压力管道的不同类型，不同布置方式和结构型式的相同点和不同点，而且要重视各种压力管道的结构安全，理解配套的构造、附件和布置方式。

党的二十大报告指出，前进道路上，必须坚持发扬斗争精神。增强全党全国各族人民的志气、骨气、底气，不信邪、不怕鬼、不怕压，知难而进、迎难而上，统筹发展和安全，全力战胜前进道路上各种困难和挑战，依靠顽强斗争打开事业发展新天地。在学习本项目过程中，应学习压力管道的"抗压"担当精神，具备一定的科学求实精神，在掌握了不同压力管道类型和构造基础上，要克服困难，对明钢管、分岔管等的尺寸拟定和结构计算等复杂内容，研究相关规程规范介绍的方法，将实际工程付诸实践。

在具备一定的工程经验后，对明钢管配套附件及分岔管结构设计有一些创新。我们从事的是前无古人的伟大事业，守正才能不迷失方向、不犯颠覆性错误，创新才能把握时代、引领时代。我们要以科学的态度对待科学、以真理的精神追求真理，紧跟时代步伐，顺应实践发展，以满腔热忱对待一切新生事物，不断拓展认识的广度和深度，敢于说前人没有说过的新话，敢于干前人没有干过的事情，以新的理论指导新的实践。因此在实践和创新中，才能设计出更加合理的压力管道。

《小型水电站初步设计报告编制规程》(SL/T 179—2019)规定，初设时应选定压力管道的布置、型式、控制高程、断面尺寸、长度、材质等。在设计水电站压力管道时，还应遵循《水利水电工程压力钢管设计规范》(SL/T 281—2020)、《水电站压力钢管设计规范》(NB/T 35056—2015)、《小型水力发电站设计规范》(GB 50071—2014)、《小型水电站初步设计报告编制规程》(SL/T 179—2019)、《水利水电工程项目建议书编制规程》《SL/T 617—2021》、《水利水电工程可行性研究报告编制规程》(SL/T 618—2021)的相关规定。

码 5-1　规范-《水利水电工程压力钢管设计规范》(SL/T 281—2020)

【项目目标】

了解压力管道的功用与特点，了解压力管道水力计算的目的及水头损失计算，了解钢筋混凝土管类型，了解地下埋管的布置方式；理解明钢管的构造及附件，理解钢筋混凝土管的结构特点和分岔管的工作特点；掌握压力管道类型及适用条件，掌握压力管道线路选择、布置方式、引进方式，掌握压力管道管壁厚度及直径尺寸拟定方法，掌握明钢管敷设方

式及支承结构构造,掌握钢筋混凝土管的构造,掌握地下埋管布置方式,掌握分岔管布置及结构型式。

【项目要求】

知识要点	能力要求	所占分值(100分)	自评分数
压力管道的功用与类型	能根据基本资料选用合适的压力管道类型	15	
压力管道的线路选择和布置方式	能进行压力管道的线路布置,确定其供水和引进方式	15	
压力管道的水力计算与尺寸拟定	会拟定压力管道直径与管壁厚度	15	
明钢管的构造、附件及敷设方式	能识别明钢管构造及附件,会确定明钢管敷设方式,设计其镇墩和支墩	25	
钢筋混凝土管	会进行钢筋混凝土管布置设计	10	
地下埋管	能说出地下埋管的布置方式	10	
分岔管	能识别分岔管型式,进行分岔管布置	10	

任务 5.1　压力管道的功用与类型

水电站压力管道是指从水库或水电站平水建筑物(压力前池、调压室)向水轮机输送水量并承受内水压力的输水建筑物。

码 5-2　图片-压力管道

5.1.1　压力管道的功用与特点

压力管道的功用是输送水能。其特点是承受水电站大部分或全部的水头,内水压力大,坡度陡,靠近厂房,且承受动水压力(水锤压力),又称之为水轮机管道或高压管道。压力管道的主要荷载为内水压力,管道的内直径 D_0、所承受的水头 H 及它们的乘积 HD_0 值是标志压力管道规模及技术难度的重要指标。

5.1.2　压力管道的类型及适用条件

按管壁材料和管道布置方式的不同,压力管道可分为不同的类型。

5.1.2.1　按管壁材料分类

1. 钢管

由于钢材具有强度高、抗渗性能好等优点,因此钢管被广泛应用于中高水头水电站中。压力钢管的钢材应使用镇静钢,其性能及技术要求必须符合国家现行有关标准的规定。

2. 钢筋混凝土管

钢筋混凝土管具有造价低、刚度较大、经久耐用、能承受较大外压等优点,但管壁承受拉应力的能力较差,通常适用于水头较低的中小型水电站。钢筋混凝土管按管身的施工方法可分为普通钢筋混凝土管、预应力和自应力钢筋混凝土管、钢丝网水泥管及预应力钢丝网水泥管等。普通钢筋混凝土管一般适用于 $HD_0<60\ \mathrm{m}^2$，且静水头不宜超过 50 m 的中小型水电站。预应力和自应力钢筋混凝土管具有抗裂性能好、抗拉强度高等特点，但制作要求较高，目前其适用范围可达 $HD_0\leqslant 300\ \mathrm{m}^2$，静水头可达 150 m。

3. 钢衬钢筋混凝土管

由钢衬与钢筋混凝土组成并共同承载的压力管道称为钢衬钢筋混凝土管。在内水压力作用下，钢衬与钢筋混凝土联合受力，从而可减小钢板的厚度，适用于 HD_0 较高的情况。钢衬可以防渗，允许外围混凝土开裂，有利于充分发挥钢筋的作用。

5.1.2.2　按管道布置方式分类

1. 地面压力管道

暴露在空气中的压力钢管，称为明管，或称为露天式压力管道。此种布置形式广泛应用于无压引水式地面厂房的水电站，如图 5-1 所示。

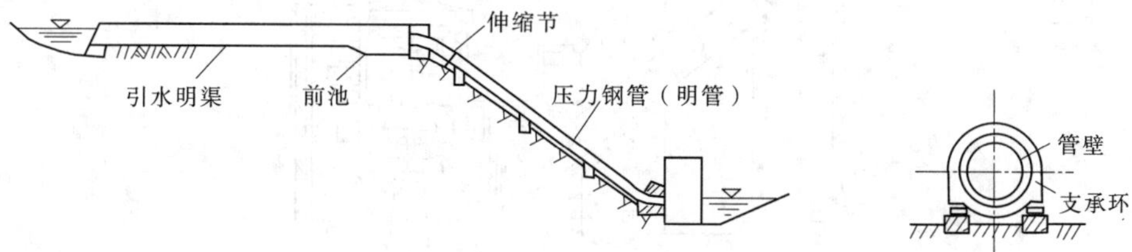

图 5-1　地面压力管道

2. 地下压力管道

将压力管道布置在地面以下称为地下压力管道，可分为地下埋管和回填管两种。压力管道埋入岩体中，钢管与岩壁之间填筑混凝土或水泥砂浆的压力钢管称为地下埋管，如图 5-2(a)所示，其内水压力由管壁和周围岩体承担；回填管是埋在沟内并回填土石的压力钢管，如图 5-2(b)所示，其内水压力全部由管壁承担。当水电站厂房布置在地下或地形地质条件不宜布置成明管时，采用地下压力管道。

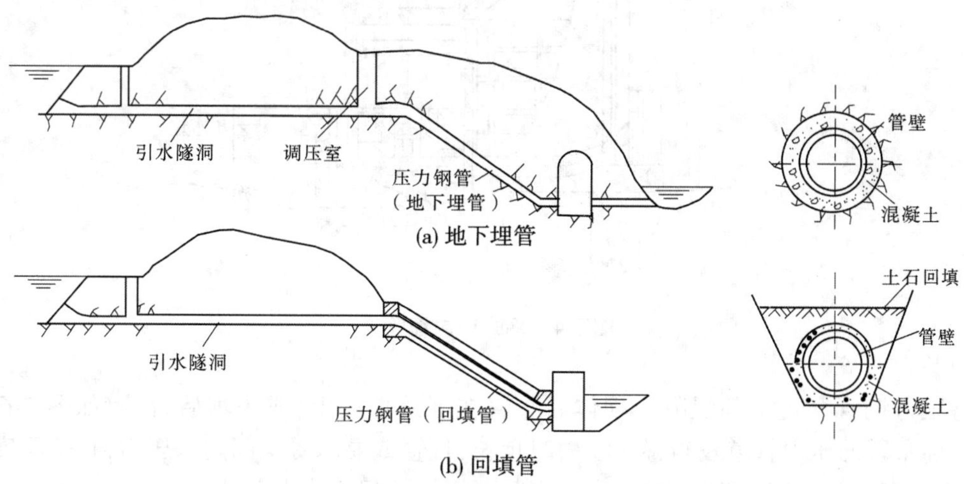

(a) 地下埋管

(b) 回填管

图 5-2　地下压力管道

3. 坝体压力管道

坝式水电站厂房紧靠坝体布置,压力管道穿过坝身成为坝体压力管道,常用于坝后式水电站、坝内式水电站和地下式水电站。根据布置方式不同,可分为以下两种。

1) 坝内埋管

埋设于混凝土坝体内的压力钢管称为坝内埋管,常采用钢管,其布置形式有斜式(见图5-3)、平式(见图5-4)、竖井式(见图5-5)三种。坝内埋管的安装对大坝施工干扰较大,且影响坝体强度。

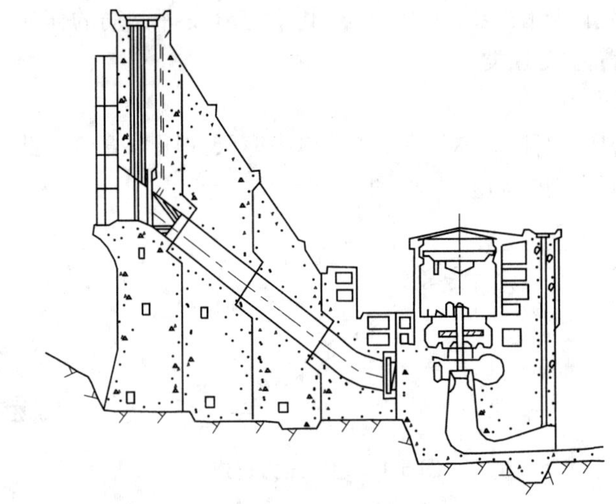

图5-3 斜式坝内埋管

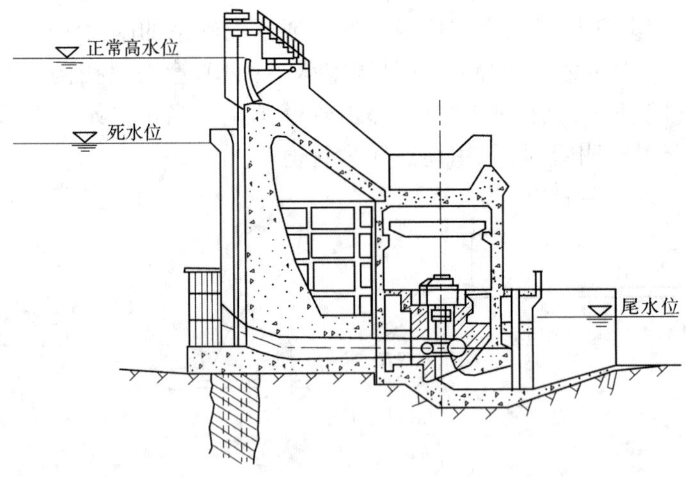

图5-4 平式坝内埋管

2) 坝后背管

将压力钢管穿过上部混凝土坝体后布置在下游坝坡上,成为坝后背管,如图5-6所示。这种布置的压力管道较布置在坝内时稍长,且管壁要承受全部内水压力,管壁厚度较大,用钢量多。常用于宽缝重力坝、支墩坝及薄拱坝的坝后式水电站。

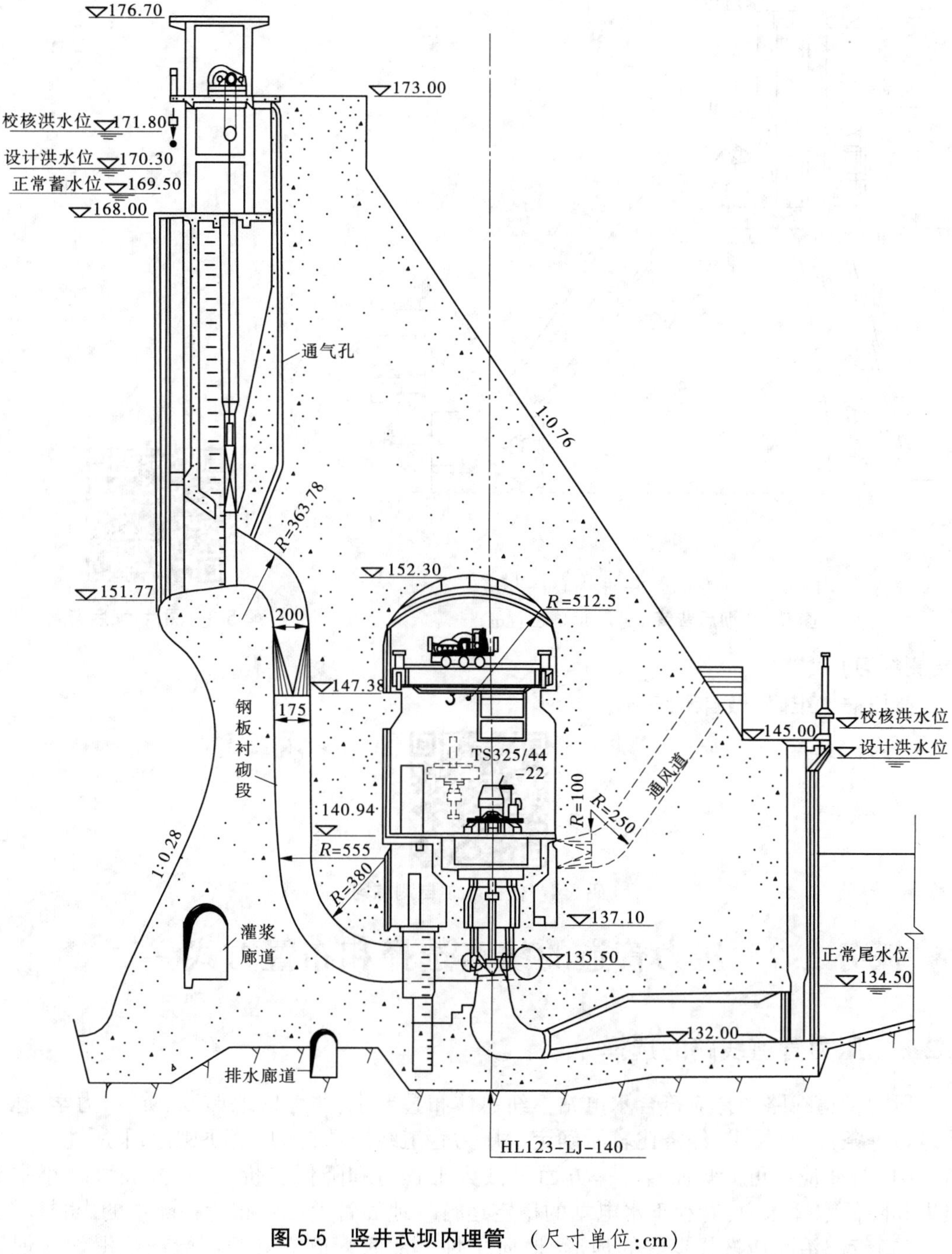

图 5-5 竖井式坝内埋管 （尺寸单位:cm）

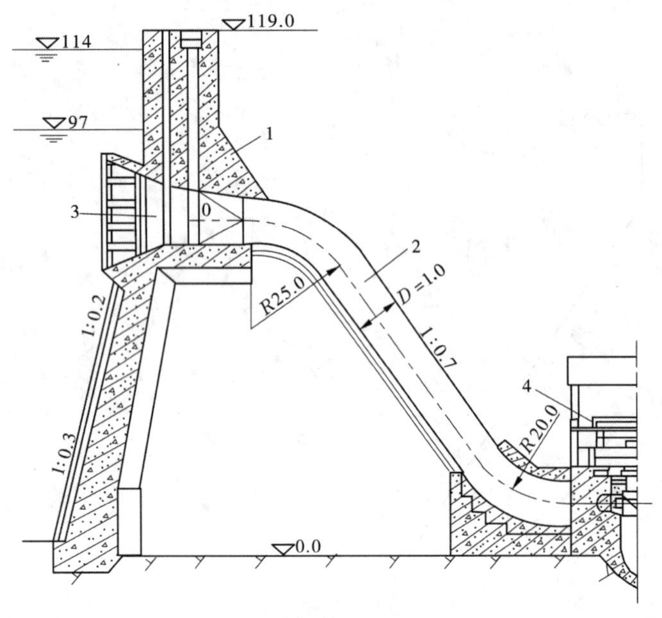

1—坝;2—压力管道;3—进水口;4—厂房。

图 5-6　坝后背管　(尺寸单位:cm)

码 5-3　图片-坝后背管

【自测练习】

请扫描二维码,做自测练习。

码 5-4　任务 5.1 自测练习

任务 5.2　压力管道的线路选择和布置方式

5.2.1　压力管道线路的选择

压力管道线路选择应符合水电站枢纽总体布置要求,并考虑地形、地质、水力学、施工及运行等条件,经技术、经济比较后确定。压力管道线路选择的一般原则如下所述:

(1)管线应尽可能短而直。一方面可减少工程量和降低造价,另一方面可减小水头损失和降低水锤压力,有利于水电站的稳定运行。地面管道一般布置在陡峻的山脊线上。

(2)管路沿线应选择良好的地形、地质条件。地面管道应避开可能产生滑坡或崩塌及山坡起伏和波折大等危及管道安全的地段。地下埋管应避开成洞条件差、活动断层、滑坡、地下水位高和涌水量很大的地段。避开不利的地形、地质条件可以减少工程处理措施,加快施工进度,降低工程造价,确保管道的安全运行。

(3)应满足运行安全要求。管道顶部应位于最低压力线以下至少 2 m,避免管内产生局部真空;应尽量减少管道转弯的次数,平面转弯和立面转弯位置较近时应尽可能合并成立体转弯;管道转弯半径不宜小于 3 倍的管径;地下埋管应有足够的埋深,一般不宜小于 0.4 倍的水头及 3 倍的洞径;坝内埋管的布置应考虑钢管对坝体稳定和应力的影响及施工的干扰。为避免明钢管发生意外事故危及水电站设备和人员的安全,应设置事故排水和防冲设施。

(4)应满足施工要求。明管线路的倾角应合适,满足施工及安装要求,坡角不宜超过 40°;地下埋管倾角过大对施工不便,过小则出渣困难,并应考虑施工支洞的方便布置。

5.2.2　压力管线布置实例

坪江水电站为长距离引水的高水头水电站,其具有水头高、管线长的特点。坪江水电站压力管为Ⅳ等 4 级建筑,其压力管线布置方案如下:

压力管线是整个坪江水电站引水系统的重要组成部分。在平面布置方面,其管线方案的比较选择已在上述相关章节的引水系统甚至整个工程开发方案的比选内容中有过介绍。压力管线的平面布置就是将已经确定地点的调压井与水电站厂房直线连接起来。而在立面布置上根据地形、地质条件,进行了以下三个方案的比较:

方案 1:全隧洞方案。从调压井开始,经 191.7 m 水平段,在桩号 0+204.40 处以 33.12°角向下转折,在下十溪冲沟桩号 1+137.20 处出露,经 23°转折再次进入山洞,于张家沟范家屋场出露与厂房连接,洞线全长 2 060.95 m。

方案 2:上中段明钢管方案,下段隧洞方案。本方案以下十溪冲沟为界,上明下洞,上段从调压井经 669.59 m 平洞后出露,以 37.68°角转折,顺山坡布置,中部再以 8.88°角转折后进入山洞,于张家沟范家屋场出露与厂房连接,全长 1 818.23 m。

方案 3:中段明钢管,上下段隧洞方案。本方案在调压井处直接以斜洞向下,在山腰变坡处出露,顺山坡明敷;亦在下十溪沟底经 9.86°角转折后进入山洞,于张家沟范家屋场出露与厂房连接,全长 1 852.21 m。

上述三个方案中,方案 1 全隧洞方案洞线最长,因下十溪以上洞段埋深较浅,需全线钢管混凝土衬砌,工程量较大,且只能在下十溪处可设施工支洞,施工难度大;方案 2 上中段明敷,下段隧洞,其上段与竖井连接成为隧洞连接,上段明敷坡度太陡,立面上转折最多,总管线最长,水头损失最大;方案 3 充分利用了地形条件,结合了上述两个方案的优点,施工难度与方案 2 相当,但水头损失最小。经过此三个方案的布置设计和工程投资估算,方案 3 相对较优,故选择方案 3,如图 5-7 所示。

5.2.3　压力管道的布置方式

5.2.3.1　压力管道的供水方式

压力管道向水轮机供水的方式可分为以下三种。

1. 单元供水

每台机组均有一根压力管道供水,即单管单机供水,如图 5-8(a)、(d)所示。其特点是结构简单(无须岔管),水流顺畅,水头损失小,运行灵活可靠,管道易于制作;当其中一根管道或一台机组发生故障需要检修时,不影响其他机组运行;但当管道根数较多和管道较长时,工程量大,造价较高。适用于单机流量大或管道较短的水电站。坝内埋管一般较短,通常采用单元供水。

1 130.35 最高
▽涌波水位
1 082.38 最低
▽涌波水位
▽1 062.00
▽1 061.50
原地面线
上部钢衬混凝土管段(洞段)
伸缩节
中部明钢管段
下十溪
原地面线
下部钢衬混凝土管段
▽471.70
1. 钢管设计使用钢材为 16MnR 钢板加工。
2. 图中尺寸除高程以 m 计外，其余均以 cm 计。
3. 上部钢衬混凝土管段总长 363.72 m，洞内埋管段，管壁厚 10 mm。
4. 中部明钢管段总长 306.74 m，共设 1 个支镇墩，管壁最大厚 16 mm。
5. 下部钢衬混凝土管段总长 1 139.62 m，洞内埋管段，管壁最大厚 28 mm。
6. 岔管至支管总长 21.20 m，管径 0.8 m，管壁厚 20 mm。
桩号　0+000.00　0+363.71　0+670.36　弯管中心 1+809.98　岔管中心 1+818.02　球阀 1+838.12
钢管段　1#钢管段(隧洞段)　2#钢管段(明管段)　3#钢管段(隧洞段)　支管段

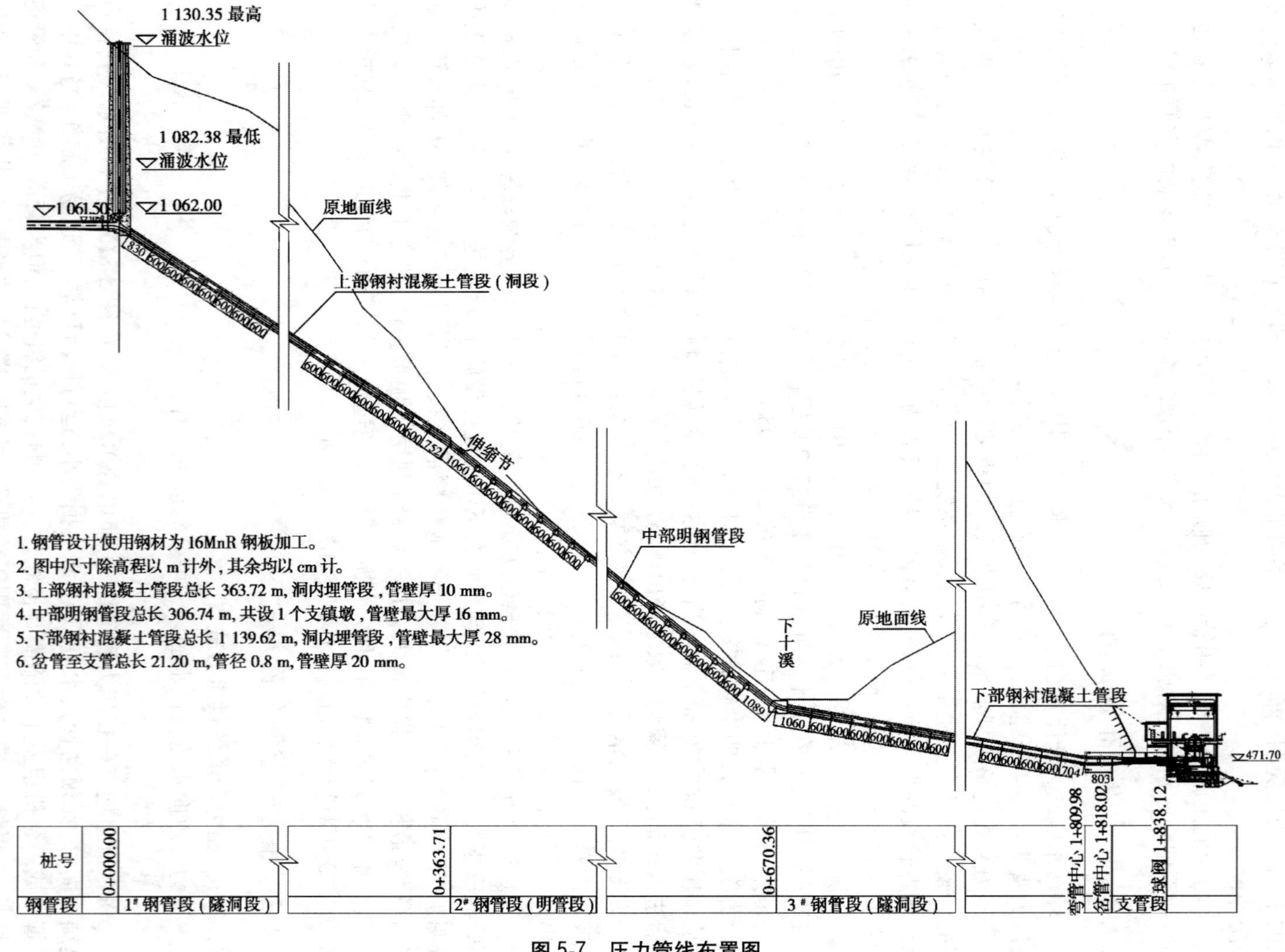

图 5-7　压力管线布置图

2. 联合供水

一根主管向水电站全部机组供水，即单管多机供水，如图 5-8(c)、(f)所示。其特点是可节省管材，降低造价，但需设置结构复杂的分岔管，水头损失也较大；每台机组前需设阀门；当主管发生故障或检修时，全部机组将停止运行，运行的灵活性和可靠性较单元供水差。适用于水头较高、流量较小、管道较长的水电站。较长的地下埋管由于不宜平行开挖几根相近的管井，通常采用联合供水。

3. 分组供水

布置有两根或多根主管，每根主管向两台或两台以上机组供水，即多管多机供水，如图 5-8(b)、(e)所示。其特点介于上述两种供水方式之间。适用于管道较长、机组台数较多、需限制管径过大的水电站。

无论采用联合供水或者分组供水，与每根管道相连的机组台数一般不宜超过 4 台。

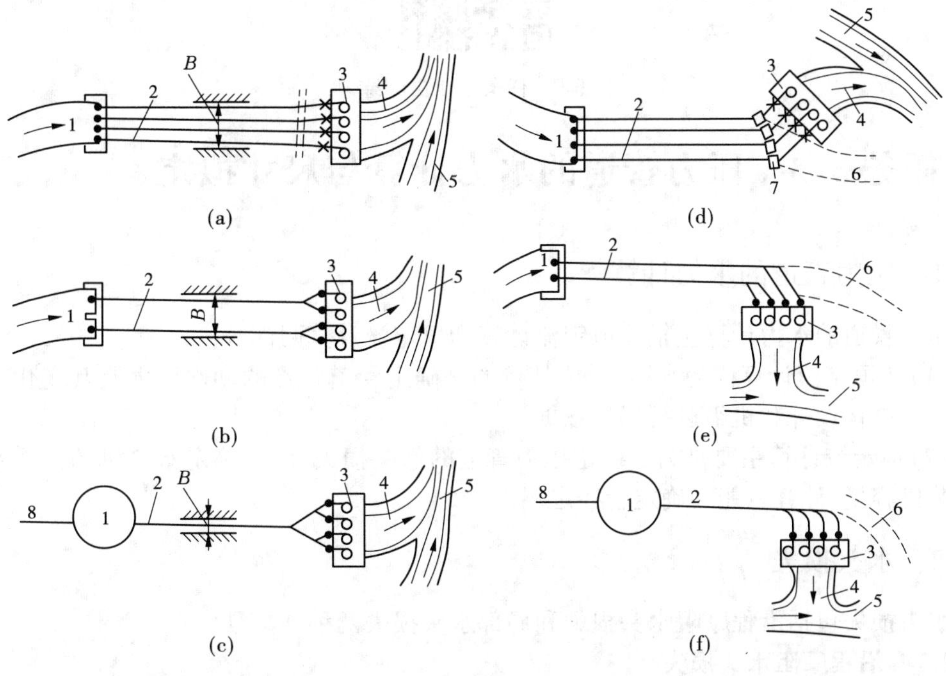

1—压力前池或调压室；2—压力管道；3—厂房；4—尾水渠；5—河流；6—排水渠；7—镇墩；8—压力隧洞；●—必设的阀门；×—非必设的阀门；B—管床宽度。

图 5-8　压力管道向机组供水的方式

5.2.3.2　压力管道的引进方式

压力管道在进入厂房之前其主管的轴线与厂房纵轴线的相对方向称为引进方式。

码 5-5　图片-压力钢管的正向引进

1. 正向引进

如图 5-8(a)～(c)所示，其优点是水流平顺，水头损失小，厂房纵轴大致平行河道，开挖量小，进厂交通方便；缺点是当管道破裂时，高压水流会对厂房及人员构成危害。这种方式多在中低水头的水电站中采用，当用于高水头的水电站时，要考虑防护措施，如设挡水墙、排水道等。

2. 纵向引进

如图 5-8(e)、(f)所示,其优点是减轻钢管破裂时对厂房及人员的威胁;缺点是水头损失增加,而且由于压力管道布置时需要垂直等高线,造成厂房纵轴也垂直于等高线布置,使厂房开挖量增加。这种方式适应于高中水头的水电站。

3. 斜向引进

如图 5-8(d)所示,管道的轴线与厂房的纵轴线斜交。其工作特点介于上述两种布置方式之间,常用于分组供水和联合供水的水电站。

【自测练习】

请扫描二维码,做自测练习。

码 5-6　任务 5.2 自测练习

任务 5.3　压力管道的水力计算与尺寸拟定

5.3.1　压力管道的水力计算

压力管道的水力计算包括非恒定流计算和恒定流计算两部分。

(1)非恒定流计算称为水锤计算,其目的是确定管道各点的动水压力及其变化过程,为管道的结构设计和机组运行提供依据。

(2)恒定流计算主要是为了确定压力管道的水头损失,以供确定水轮机的工作水头、选择装机容量、计算电能和确定管径之用。

5.3.2　水头损失

水头损失包括沿程摩阻水头损失和局部水头损失两种。

5.3.2.1　沿程摩阻水头损失

水电站压力管道中水流的流态一般为紊流,沿程摩阻水头损失常用曼宁公式计算:

$$i = \frac{n^2}{R^{4/3}}v^2 \tag{5-1}$$

式中　i——单位管长的摩阻水头损失;

n——压力管道糙率,可查《水工手册》选用;

R——压力管道的水力半径;

v——压力管道中水体的流速。

5.3.2.2　局部水头损失

压力管道的局部水头损失发生在进口、门槽、拦污栅、弯管、渐变段、岔管及阀门等流道变化的地方。上述局部水头损失可按《水力学》或工程设计手册中有关公式计算。

5.3.3 压力管道的尺寸拟定

5.3.3.1 压力管道直径拟定

压力管道直径选择是压力管道设计的重要内容之一。为输送一定的发电流量,压力管道可选择不同的直径。管道直径越小,管道的用材和造价越低,但管道中的流速也就越高,水头损失和电能损失也越大;管道直径越大,管道造价高,但水头损失和电能损失小。因此,管道直径的选择不仅是一个技术问题,还是一个经济问题,应通过技术、经济比较才能确定。

影响压力管道直径选择的因素很多,除动能经济因素外,还有水轮机调节、泥沙磨损、材料设备及施工等因素,目前我国尚无规范认可的通用公式。通常可根据已有工程经验和计算公式拟定几个管道直径的方案,分别进行造价和电量计算,在考虑技术方面的因素后,选择最优直径。

对于不重要的工程或缺乏可靠技术经济资料时,或在可研和初设阶段,可采用经济流速方法选择压力钢管的直径,即

$$D_0 = \sqrt{\frac{4Q_d}{\pi v_e}} \tag{5-2}$$

式中 Q_d——压力管道的设计流量,m^3/s;

v_e——经济流速,m/s,明钢管和地下埋管为4~6 m/s;钢筋混凝土管为2~4 m/s;对坝内埋管,当设计水头在30~70 m时为3~6 m/s,设计水头在70~100 m时为5~7 m/s。

当压力管道比较长时,水电站压力管道的直径随水头的增高而逐渐缩小是经济合理的,但变径次数不宜过多,通常是在镇墩处变径并设渐变段,渐变段应全部包在镇墩内部。

5.3.3.2 明钢管管壁厚度的初步拟定

明钢管所承受的荷载主要是内水压力(静水压力和水锤压力),内水压力在管壁上产生的环向应力是其主要应力,因此常用“锅炉”公式初拟管壁厚度,然后对典型断面进行较详细的应力分析,校核管壁厚度是否满足强度和稳定的要求。

初步拟定管壁厚度时,设钢管管壁计算厚度为t_0,取单位长度承受较大内水压力P的管段,将其沿水平直径切开,由力的平衡条件可得出管壁中的环向拉应力:

$$\sigma_\theta = \frac{PD_0}{2t_0} = \frac{\rho_w gHD_0}{2t_0} \tag{5-3}$$

以钢材的设计允许应力$[\sigma]$代替σ_θ,并考虑焊缝的强度降低,引入焊缝系数φ,整理得钢管管壁的计算厚度:

$$t_0 \geqslant \frac{\rho_w gHD_0}{2\varphi[\sigma]} \tag{5-4}$$

式中 ρ_w——水的密度,取1 000 kg/m^3;

H——内水压力(包括水锤压力),m,初估时水锤压力值取静水头的15%~30%,高水头水电站取小值,低水头水电站取大值;

φ——焊缝系数,一般为0.90~0.95,双面对接焊取0.95,单面对接焊取0.90;

D_0——压力钢管的内径,m;

[σ]——钢管的设计允许应力,kPa。

钢管允许应力如表 5-1 所示。

表 5-1　钢管的允许应力[σ]

应力区域		膜应力区		局部应力区				说明
荷载组合		基本	特殊	基本		特殊		
产生应力的内力		轴力		轴力	轴力和弯矩	轴力	轴力和弯矩	σ_s 为钢材屈服强度
允许应力	明钢管	$0.55\sigma_s$	$0.7\sigma_s$	$0.67\sigma_s$	$0.85\sigma_s$	$0.8\sigma_s$	$1.0\sigma_s$	
	地下钢管	$0.67\sigma_s$	$0.9\sigma_s$					
	坝内埋管	$0.67\sigma_s$	$(0.8\sim0.9)\sigma_s$					

因计算中未考虑由轴向力和法向力所产生的应力,明钢管的允许应力[σ]应按表 5-1 中数值降低 15%~20%。

考虑到钢管管壁厚度的制造误差以及钢管运行中的磨损和锈蚀,管壁厚度 t 应比计算厚度至少增加 2 mm 的厚度裕量;对泥沙磨损、腐蚀较严重的钢管,还应专门论证。

此外,在实际工程中,钢管除满足结构强度要求外,还应考虑制造、运输、安装等条件,必须保证有一定的刚度。因此,对于不同管径的管壁,其最小结构厚度应不小于表 5-2 中规定的最小值,且同时满足下式条件:

$$t \geqslant \frac{D_0}{800} + 4 \tag{5-5}$$

式中　D_0——压力钢管的内径,mm。

表 5-2　明钢管最小管壁厚度　　单位:mm

钢管外径	870 以下	920~1 530	1 630~4 040	4 240~6 040	6 240~7 050
最小厚度	6	8	10	12	14

钢管壁厚变化处宜保持内径不变,管壁厚度级差宜取 2 mm。不同管壁厚度钢板的对接焊,若厚度差大于 4 mm,应将较厚板的接口处刨成 1∶3的坡度。

【自测练习】

请扫描二维码,做自测练习。

码 5-7　任务 5.3 自测练习

任务 5.4　明钢管的构造、附件及敷设方式

码 5-8　思维导图-明钢管

明钢管是指暴露在空气中的压力钢管,在中小型引水式水电站中应用广泛,其构造、附件及敷设方式在各种压力管道中具有典型性。

5.4.1 明钢管的构造

5.4.1.1 接缝与接头

明钢管按其管身构造可分为无缝钢管、焊接钢管和箍管三种形式。

(1)无缝钢管。无缝钢管是在工厂轧制成无纵缝的管节,运到现场后用横向焊缝或法兰将管节连成整体。无缝钢管强度高,性能可靠,但受制造条件的限制,直径一般小于60 cm,适用于高水头、小流量的水电站,造价较高,应用不多。

(2)焊接钢管。焊接钢管是由辊卷成圆弧形的钢板,用纵缝和横缝焊接而成的,是压力钢管中最常用的方式。焊接钢管的纵缝受力较大,一般是在工厂中将钢板加工焊制成4~6 m长的管节,运到现场后再逐节拼装,以保证纵缝的质量。各管节间可用焊接也可用法兰接头连接。相邻管节的纵缝应错开并且避免布置在横断面应力较大的水平轴线和垂直轴线上,与水平轴线和垂直轴线的夹角应大于15°,如图5-9所示。焊缝必须采用对接焊,焊接坡口应符合有关规程,焊接质量应按有关规范规定用超声波法或射线法进行探伤检查。

码5-9 图片-焊接钢管

(3)箍管。当压力管道的HD_0>1 000 m^2时,钢板厚度一般超过40 mm,其加工比较困难且不经济,可考虑采用箍管。箍管是在无缝钢管或焊接钢管外套上无缝钢环(钢箍)而成,使管壁和钢箍共同承受内水压力,以减小管壁厚度。按加工工艺不同,有热套和冷套两种,如图5-10所示。由于箍管加工较复杂,故仅用于水头极高的水电站。

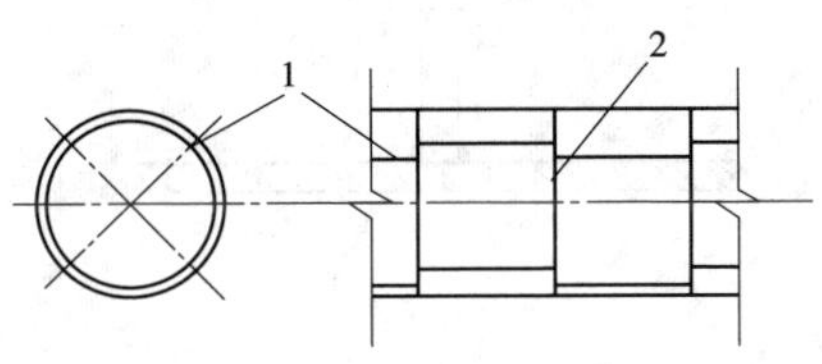

1—纵缝;2—横缝。

图5-9 焊缝布置图

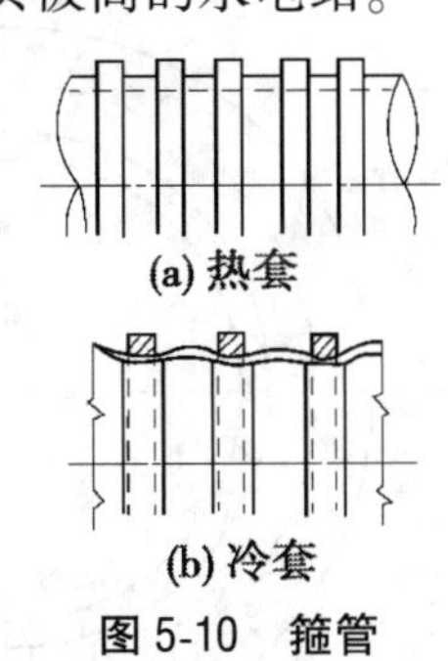

图5-10 箍管

5.4.1.2 弯管和渐缩管

钢管在水平面内或竖直面内改变方向时,需要装置弯管以保持水流顺畅,弯管由钢板焊接而成,如图5-11所示。每一折线段两端径向线的夹角不宜超过10°,以5°~7°为宜,夹角越小,水流条件越好。弯管的曲率半径不宜小于3倍的管径,弯管首尾应为半节,使相邻管节在接缝处的相贯线形状相同。

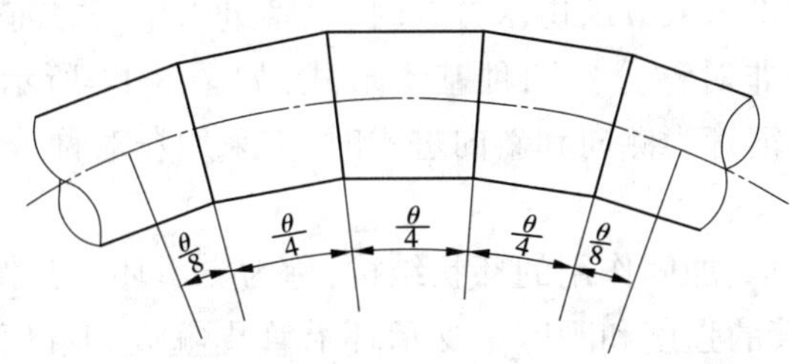

图5-11 弯管

不同直径钢管段连接时需设置渐缩管。渐变段长度不宜短于管径。渐变段进口面积与钢管面积比应根据布置、结构、进水口流态、水头损失及启闭机规模等因素,综合比较后确定。为减小水头损失,渐缩管的收缩角 θ 不宜过大,通常采用 $\theta=10°\sim16°$。渐缩管与相邻管段之间常以横向焊缝连接,如图 5-12 所示。当渐缩管与弯管位置相近时,宜合并成渐缩弯管。分段式钢管的弯管和渐缩管均须埋于镇墩中。

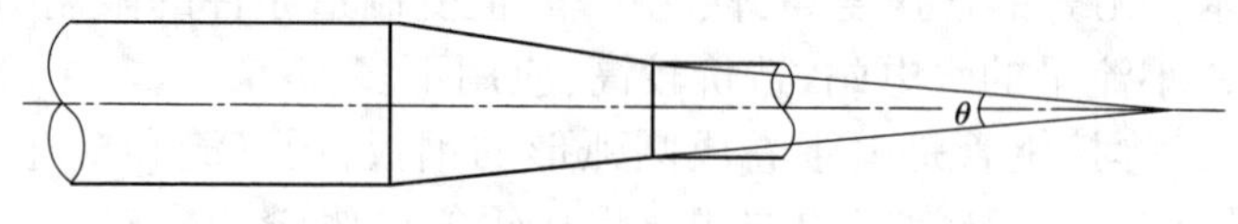

图 5-12　渐缩管

5.4.1.3　**加劲环(刚性环)**

为提高抗外压稳定,或为加强钢管制作、安装时的刚度,而在管外侧设置的环状结构,称为加劲环。加劲环常用 T 形或槽形的型钢制作,其形式如图 5-13 所示。

码 5-10　动画-明钢管的外压失稳

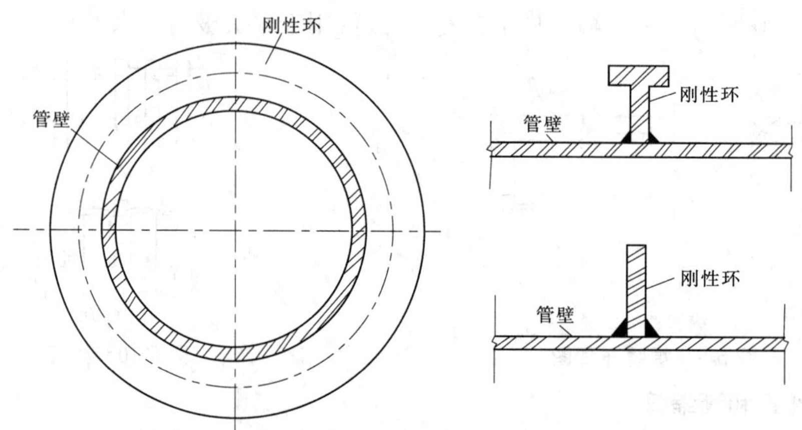

图 5-13　加劲环(刚性环)

5.4.1.4　**分岔管**

当水电站采用联合供水或分组供水方式时,钢管进入厂房之前必须设置分岔管。常见的分岔管有对称分岔和非对称分岔两种基本形式,如图 5-14 所示。当钢管为正向进水时,多采用对称分岔;当钢管为侧向和斜向进水时,多采用非对称分岔。

5.4.1.5　**支承环**

钢管与支座间起支承、加固作用的环状结构,称为支承环。其作用是防止支墩直接接触管壁,加强支承处钢管的强度和刚度。支承环沿管周箍设,其断面形式可以为工字形、T 形、矩形、槽形或如图 5-15 所示的形式等。

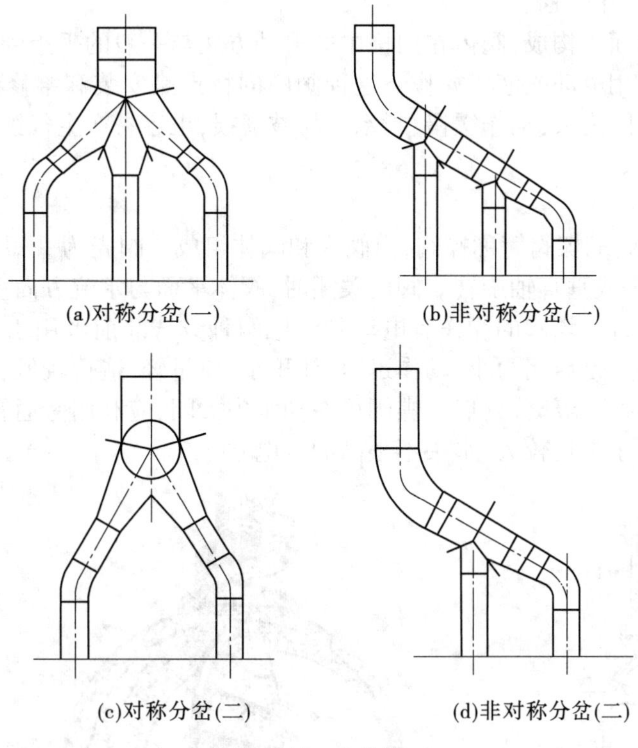

图 5-14　分岔管

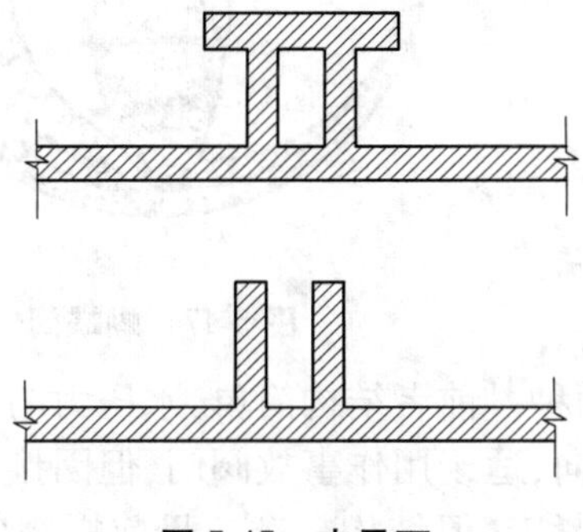

图 5-15　支承环

5.4.2　明钢管的阀门和附件

5.4.2.1　阀门

在压力管道的进、出口端常需设置阀门控制水流。设在压力钢管进口端的阀门通常采用闸门，主要用于压力管道发生事故和放空检修管道时紧急关闭。阀门关闭时间按规范要求确定，不能超过发电机的允许飞逸时间。当压力管道采用联合供水或分组供水时，为保证在某台机组停机或检修时不影响其他机组的正常运行，或在调速器、导水叶发生故障时紧急切断水流，防止机组产生飞逸，在每台水轮机前必需设置阀门，通常称为进水阀或主阀。对于单元供水的水电站，当水头高于 120 m 或管道较长时，经技术、经济比较，也可设置主阀。水电站压力管道的主阀有以下三种常见的形式。

1. 闸阀(也称为平板阀)

闸阀由框架和面板构成,阀体在门槽中的滑动方式与一般的平板闸门相似,如图 5-16 所示。闸阀一般采用电动或液压操作。这种阀门的特点是安装和维修比较简单,止水严密,运行可靠,但启闭力大,动作缓慢,封水环易被磨损,也容易产生气蚀现象,只适用于直径较小的压力钢管。

2. 蝴蝶阀

如图 5-17 所示,蝴蝶阀简称蝶阀,由阀壳和阀体组成。阀壳为一短圆筒,阀体形似圆盘,在阀壳内绕水平或垂直轴旋转。阀门关闭时,阀体平面与水流方向垂直;开启时,阀体平面与水流方向一致。蝶阀的操作有电动和液压两种方式。前者用于小型,后者用于大型。这种阀门的特点是启闭力小、动作迅速、体积小、质量轻、造价较低,但水头损失较大,止水不严密,过流时不能部分开启。蝶阀可在动水中关闭,应利用旁通管平衡水压后在静水中开启。它适用于管径较大、水头不很高的水电站。

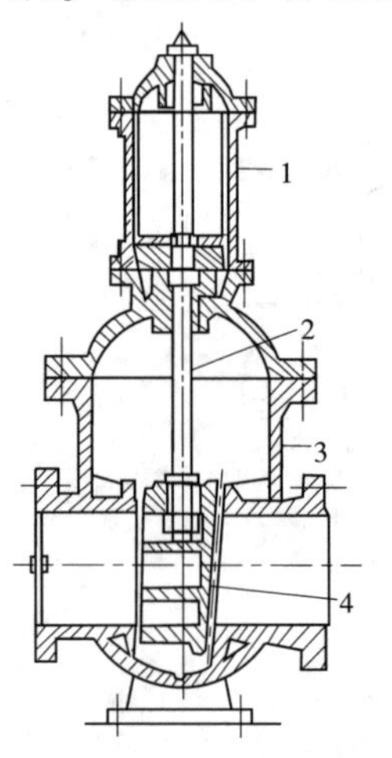

1—接力器;2—闸阀柄;3—阀壳;4—活门。

图 5-16　闸阀

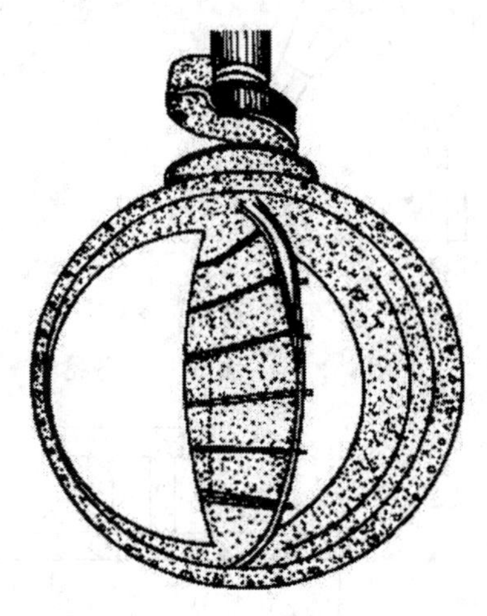

图 5-17　蝴蝶阀

码 5-11　动画-蝶阀开启动作

码 5-12　动画-蝶阀关闭动作

蝶阀有横轴和竖轴布置两种。前者结构简单,水压力的合力偏于中心轴以下,一旦阀体离开中间位置,即有自闭倾向,适于用作事故阀门,但因接力器布置在旁边,需较大的空间。后者接力器在阀顶,结构紧凑,但结构复杂。目前蝶阀应用广泛,最大直径可达 8 m 以上,最大水头达 200 m。

3. 球阀

如图 5-18 所示,球阀由球形外壳、可旋转的圆筒形阀体(活门)及其他附件组成。阀体圆筒的轴线与水平轴线一致时,阀门处于开启状态。若将阀体旋转 90°,使圆筒一侧的球面封板挡住水流,则阀门处于关闭状态。这种阀门的特点是在开启状态时无水头损失,止水效果好,结构强度高,但是结构复杂,尺寸大,质量大,造价高。操作方式有电动或液压两种。球阀是在动水中关闭,但需用旁通阀平压后在静水中开启。它适用于 100 m 以上的高水头水电站。目前最大球阀直径达 3.4 m,最大水头达 850 m 以上,最大质量超过 100 t。

5.4.2.2 明钢管的附件

1. 伸缩节

为避免明钢管管壁在环境温度变化及地基不均匀沉陷时产生过大的应力及位移,常在镇墩的下游侧两节钢管之间设置的连接部件称为伸缩节。伸缩节的作用是使明钢管在温度变化时能沿轴线自由伸缩,以消除温度应力,且适应少量的不均匀沉陷。常用的伸缩节为滑动套管式,其构造如图5-19(a)所示。图5-19(b)所示为一种简易伸缩接头,可用于直径较小的压力钢管上。两镇墩之间一般要求布置伸缩节,伸缩节的间距不宜超过150 m。伸缩节应能满足轴向、径向和角变位的要求,并应有足够的刚度。套筒式伸缩节的内套管外表面应喷涂耐磨涂料或金属。

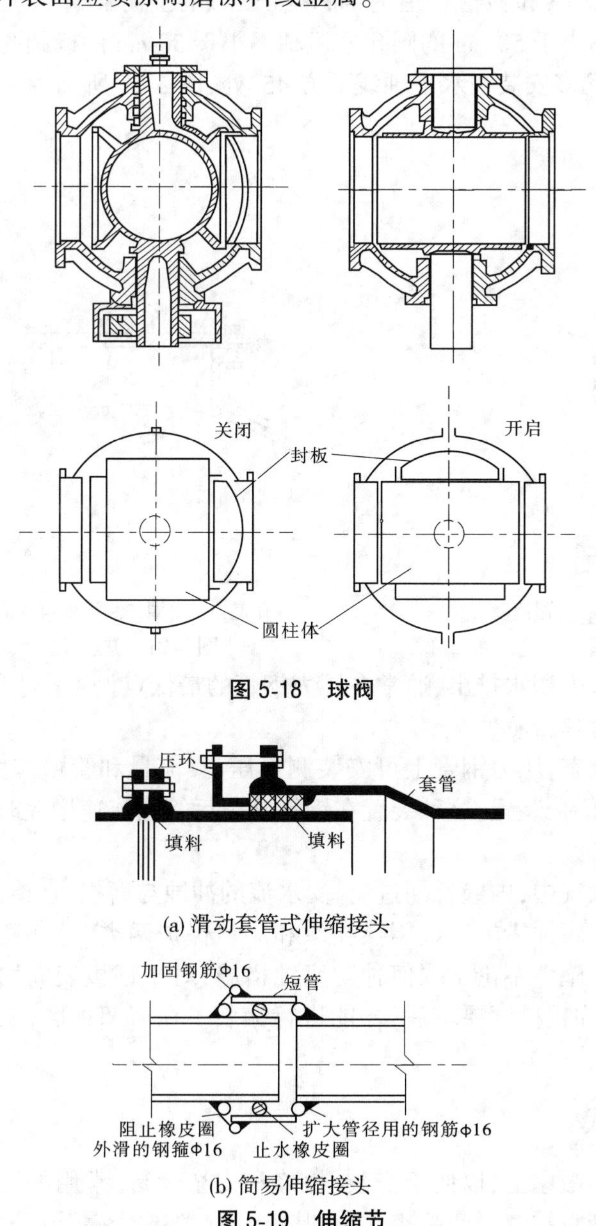

图5-18 球阀

(a) 滑动套管式伸缩接头

(b) 简易伸缩接头

图5-19 伸缩节

码5-13 动画-球阀开启

码5-14 动画-球阀关闭

码5-15 图片-压力钢管的伸缩节

码5-16 动画-伸缩节的工作原理

2. 通气孔与通气阀

为避免压力管道在放空和运行时发生真空,管道应能及时补气;管道在充水时需要排气。因此,压力管道应设有自动进气和排气装置,用于放空时补气,充水时排气。自动进气和排气装置一般布置在压力管道进口位置,水头较低时常采用通气孔或通气井,通气孔或通气井的面积应满足补、排气的要求,通气孔上端应设在启闭室之外,孔口高于该处可能发生的最高水位,孔口通到坝顶时应有防护设施。进水口较深时,可采用通气阀,其结构如图 5-20 所示,在正常运行时保持关闭状态,发生负压时开启,自动补气,充水时则自动排气。

3. 进人孔与排水阀

当明钢管很长时,为便于观察和检修管道内部,常在镇墩的上游侧管道上设置进人孔。进人孔截面常做成直径不小于 50 cm 的圆孔或短轴不小于 50 cm 的椭圆孔。进人孔间距一般不超过 150 m,进人孔多安装在水平轴线下方 45°处,图 5-21 所示为一种常用且比较简易的进人孔结构。

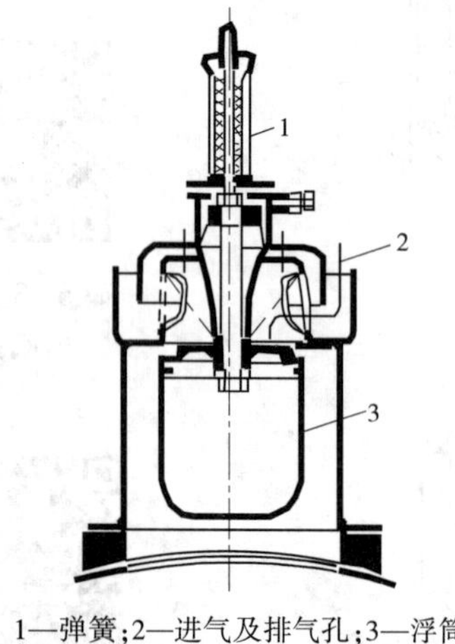

1—弹簧;2—进气及排气孔;3—浮筒。

图 5-20 通气阀

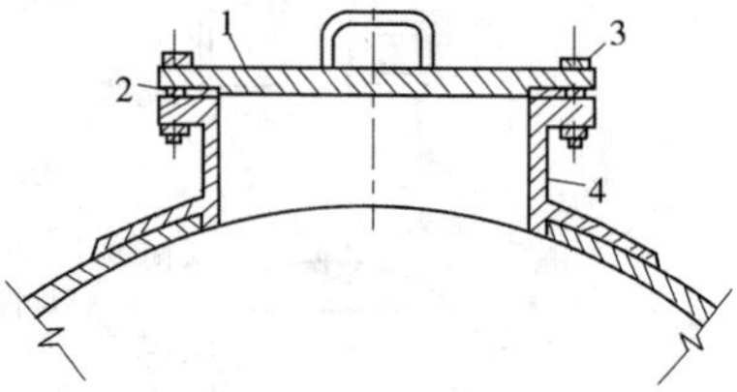

1—孔盖;2—垫圈;3—螺栓;4—接管。

图 5-21 进人孔

为便于在检修钢管时将管内积水排出,通常在压力钢管的最低点设置排水阀。

4. 钢管的保护装置和防腐蚀措施

为了解压力钢管的工作状态,压力钢管上可安装测量压力、流量和管壁应力的设备。对于大型钢管,还可装置过流保护装置,这种装置在钢管破裂后管内流速增大时能迅速发出信号,关闭闸门,防止事故扩大。

由于明钢管外壁暴露于大气中,内壁长期过流,受水流的冲蚀与磨损,且检修困难,因此需进行防腐处理。钢管的防腐蚀措施有金属热喷涂和涂料保护两类,另外还可采取电化学保护与涂料联合防腐蚀措施。不论采取何种防腐蚀措施,对于钢板表面均要进行除锈预处理,达到规定的清洁度和粗糙度要求后,才能进行涂装。在严寒地区,明钢管应有防冻设施。

5.4.3 明钢管的敷设方式

明钢管需要支承在一系列墩座上,以便于安装、检修和安全运行,常用的墩座有镇墩和支墩两种。根据明钢管的管身在镇墩间是否连续,其敷设方式有连续式和分段式两种。

5.4.3.1 连续式敷设

明钢管管身在两镇墩之间是连续的,中间不设伸缩节,如图5-22(a)所示。连续式敷设的明钢管由镇墩固定,不能移动,温度变化时,管身将产生很大的轴向温度应力,并传给镇墩,因而需增加管壁的厚度和镇墩的重量,工程中一般较少采用这种敷设方式。当钢管直径和温度变化较小及管线较短时,可在管身的适当位置设置转角接头,以减小管身的温度应力。

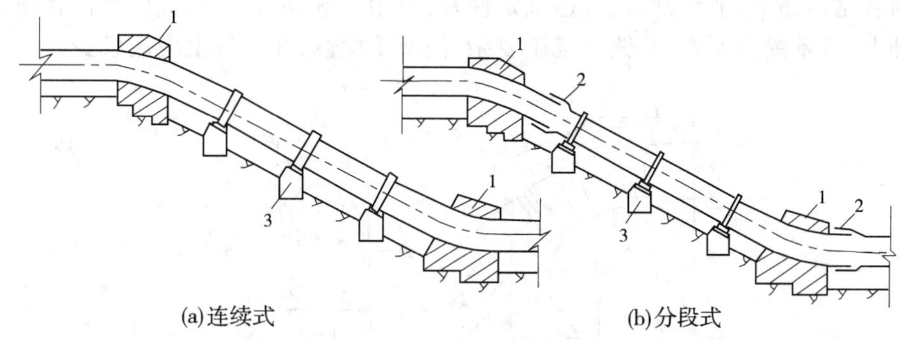

1—镇墩;2—伸缩节;3—支墩。

图5-22 明钢管的敷设方式

5.4.3.2 分段式敷设

在两镇墩之间设置伸缩节将钢管管身分段,如图5-22(b)所示。当温度变化时,由于伸缩节的作用,管段可沿管轴方向自由伸缩,由温度变化引起的轴向力仅为管壁与支墩的摩擦力及伸缩节的摩擦力。明钢管多采用这种分段敷设,但伸缩节构造较复杂,容易漏水,为了降低伸缩节的内水压力、便于安装钢管以及利于镇墩的稳定,伸缩节一般布置在镇墩下游侧第一节管的横向接缝处。

码5-17 图片-压力钢管的分段式敷设

5.4.4 明钢管的支承结构

5.4.4.1 镇墩及其构造

镇墩是保持钢管段不发生位移、倾覆和扭转的支承结构物,其作用是依靠自身的重力来固定钢管,承受因钢管改变方向及管径变化而产生的轴向不平衡力,并使钢管在任何方向均不发生位移和转角。分段式明钢管转弯处宜设置镇墩,当直线管段长度超过150 m时,宜在其间加设镇墩;当直线管段的管道纵坡较缓且长度不超过200 m时,也可以不加镇墩,而将伸缩节布置在该段的中部。

码5-18 动画-明钢管的镇墩结构

镇墩为重力式结构,若基础为软基,镇墩底面宜做成水平;若为岩基,镇墩底面宜做成台阶式,以节省工程量。镇墩的轮廓尺寸应能包住全部弯管段,镇墩的上游面应与钢管垂直,使管壁受力均匀。在软基上,镇墩底应深埋在冻土线以下;在岩基上,埋深应不小于0.5 m。镇墩内的管段外包混凝土厚度一般不应小于0.8~1.0倍的管径。明钢管底部至少应高出其下地表0.6 m。

码5-19 图片-镇墩的结构型式

镇墩施工常分两期进行,初期浇筑混凝土基座,敷设钢管后再浇筑二期混凝土。向上凸的弯管应配置锚固件,镇墩的表面应配置温度钢筋,镇墩内的钢管周围宜配置环向钢筋。镇墩混凝土强度等级不应低于 C20。钢管运行后,若镇墩混凝土裂缝较大,应在混凝土表面涂敷密闭材料。镇墩应进行抗滑稳定和地基应力计算,保证镇墩的整体性和稳定性。

按压力钢管在镇墩上的固定方式不同,镇墩可分为封闭式和开敞式两种,如图 5-23 所示。前者结构简单,节约钢材,管道固定性好,应用普遍;后者利用锚栓将钢管固定在混凝土基础上,管壁受力不均匀,锚环施工复杂,但便于检修,在工程上应用较少。

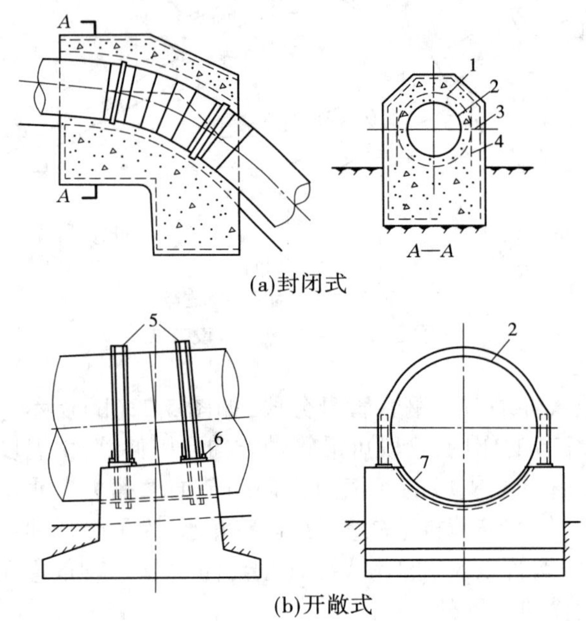

(a)封闭式

(b)开敞式

1—环向钢筋;2—钢管;3—温度钢筋;4—锚筋;5—锚定环;6—锚栓;7—灌浆。

图 5-23 镇墩形式

5.4.4.2 支墩(支座)及其构造

支墩(支座)是镇墩间支承钢管的承重结构物,其作用是减小钢管的跨度,防止钢管横向滑脱,承受管重和水重的法向分力。支墩间距应通过钢管应力分析,并考虑安装条件、支墩形式和地基条件等因素确定,一般间距为 6~12 m。在两相邻镇墩之间,支墩宜等间距布置,设有伸缩节的一跨,间距宜缩短。分段式明钢管的支墩应保证钢管轴向能自由伸缩,并能防止横向滑脱。在可能沉陷的地基上的支墩,在支墩旁及支承环两侧应预留调整钢管高程的千斤顶顶托位置。支墩混凝土强度等级不应低于 C20。支墩也应进行抗滑稳定和地基应力计算,保证支墩的整体性和稳定性。

码 5-20 动画-明钢管的支墩

根据支墩与管身相对位移的特征及管径等因素,常用的支墩有鞍形滑动支墩、平面滑动支墩、滚动支墩、摇摆支墩等形式。

1. 滑动支墩

1) 鞍形滑动支墩

如图5-24(a)所示,钢管直接支承在鞍形的混凝土支墩上,支墩的包角在90°~135°。为减小钢管伸缩时的摩擦力,可在鞍座表面铺设石墨、石棉或油毡等材料;直径较大的钢管,可在支墩的鞍面衬钢板,并涂润滑剂。鞍形滑动支墩的特点是结构简单,施工方便,但摩擦力大,管身受力不均匀,鞍座边缘处的钢管会产生较大的弯矩。鞍形滑动支墩一般适用于直径小于1 m无支承环的钢管及直径小于2 m有支承环的钢管。

2) 平面滑动支墩

如图5-24(b)所示,为了克服鞍形滑动支墩的缺点,平面滑动支墩在支墩处的管身设置支承环,环的两侧支承在墩座上。当钢管伸缩时,支承环沿支墩滑动,从而避免管壁摩擦。平面滑动支墩适用于直径1~3 m有支承环的钢管。

2. 滚动支墩

如图5-24(c)所示,钢管通过滑轮支承在支墩顶面的固定钢板上,滑轮安装在支承环下端,固定钢板外侧设有防止横向位移的侧挡板。滚动支墩适用于直径大于2 m的钢管。

3. 摇摆支墩

如图5-24(d)所示,在支承环与支墩面之间设置可以摆动的短柱,短柱的下端与支墩铰接,上端以圆弧面与支承环的承板接触。钢管沿轴向伸缩时,短柱以铰为中心前后摆动。这种支墩的摩擦力很小,能承受较大的垂直荷载,但构造较复杂,造价较高,适用于直径大于2 m的钢管。

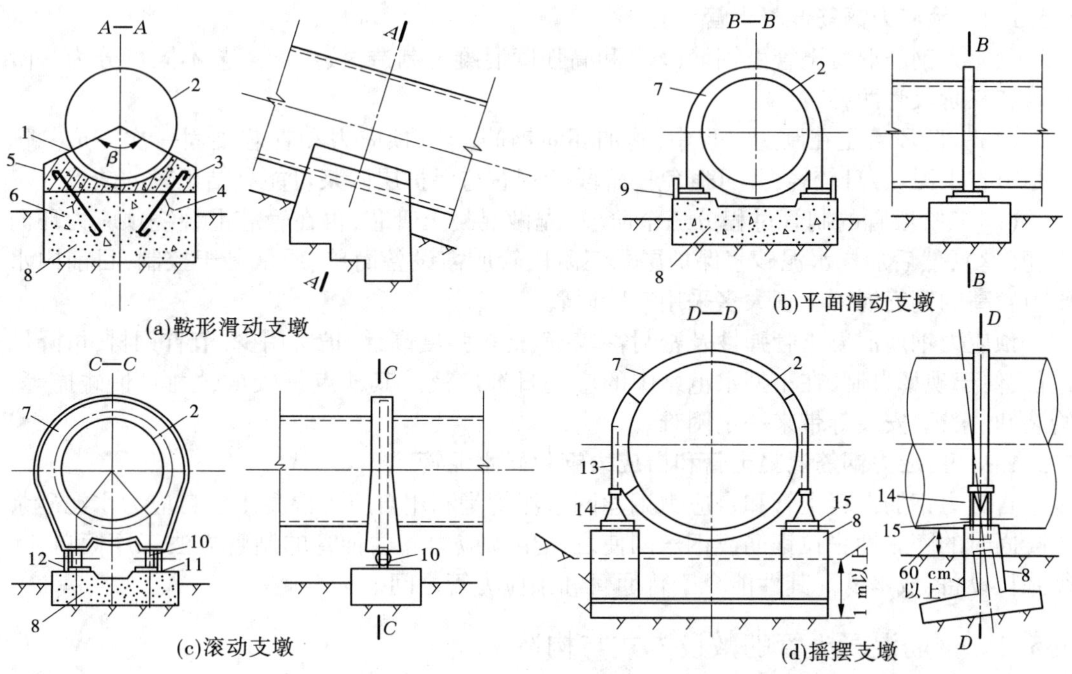

1—钢板;2—钢管;3—插筋;4—锚筋;5—二期混凝土;6—一期混凝土;7—支承环;8—支墩;9—滑动面;10—滚轮;11—钢垫板;12—侧挡板;13—支柱;14—摆柱;15—转轴。

图5-24 支墩形式

【自测练习】

请扫描二维码,做自测练习。

码 5-21　任务 5.4 自测练习

任务 5.5　钢筋混凝土管

5.5.1　钢筋混凝土管的类型

钢筋混凝土管分为普通钢筋混凝土管和预应力钢筋混凝土管、自应力钢筋混凝土管及自应力钢丝网水泥管。

5.5.1.1　普通钢筋混凝土管

根据施工方法不同,可分为现浇钢筋混凝土管和预制钢筋混凝土管。直径 2 m 以下的钢筋混凝土管一般在工厂预制成管段,安装时用接头连接起来,管段长一般为 3~5 m。大中型钢筋混凝土管一般采用现场浇筑,为避免产生温度裂缝及干缩裂缝,通常每隔 15~20 m 设一伸缩缝,并设置止水,外加套管。

5.5.1.2　预应力钢筋混凝土管

预应力钢筋混凝土管由钢筋(丝)和高强度混凝土制造,按生产工艺不同可分为一阶段管和三阶段管两种。

(1)一阶段管是在制造过程中,施加环向钢筋(丝)预应力和管芯凝固一次完成。优点是节省水泥、管身较轻,并可避免三阶段管管芯与保护层砂浆可能黏结不紧的缺点。

(2)三阶段管的制管过程分三个阶段:先做混凝土管芯,再在管芯上缠绕预应力环向钢筋(丝),然后加抹水泥砂浆保护层。三阶段管所需设备简单、质量易于控制,目前内水压力较高的钢筋混凝土管大多采用三阶段管。

预应力钢筋混凝土管弹性及密封性较好,抗拉强度高,维护费用少,节省钢材,可降低造价,便于现场自制,在小型水电站中的应用日渐广泛。其缺点是较重、性脆、怕碰撞等,给装卸、搬运、安装等带来一定困难。

5.5.1.3　自应力钢筋混凝土管和自应力钢丝网水泥管

自应力钢筋混凝土管和自应力钢丝网水泥管是利用自应力混凝土或自应力水泥砂浆在凝固时的膨胀性张拉钢筋或钢丝网使之产生预应力。这种管的制管方法工序简单,无须张拉设备,成本低。其性能介于普通管和预应力管之间。

5.5.2　钢筋混凝土管的敷设方式与构造

5.5.2.1　钢筋混凝土管的敷设方式

钢筋混凝土管通常敷设在刚性管座上,如图 5-25 所示。管座材料一般用浆砌石。地基较好,管径小于 0.5 m 时,可将管子直接放在地基上;若为土基,管座下应加铺碎石或卵石。钢筋混凝土管的敷设方式常用以下两种：

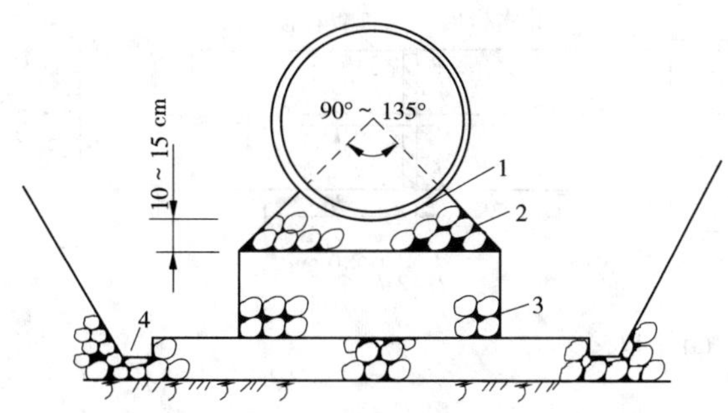

1—填灌砂浆或混凝土；2—第二次浆砌石；3—第一次浆砌石；4—排水沟。

图 5-25 管座砌筑示意图

(1)连续式。管道全部支承在刚性管座上，如图 5-26(a)所示。

(2)间断式。每节管的管体支承在管座上，承口和接口的接头段无支承，如图 5-26(b)所示。基础较好或管径较小时可采用间断式。

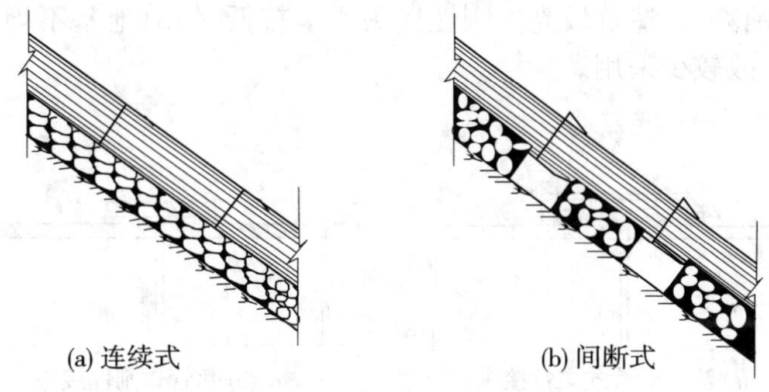

(a) 连续式　　(b) 间断式

图 5-26 钢筋混凝土管的敷设方式

5.5.2.2 钢筋混凝土管的构造

1. 现浇钢筋混凝土管

1)管道分段

为了在混凝土干缩及温度变化时管段能自由伸缩，一般要分段设置伸缩缝，土基时缝距 15~20 m，岩基时缝距 10~15 m。若在两伸缩缝之间加一根 4~5 m 的短管，后期施工，间隔浇筑，则缝距可增至 30~35 m。

2)接头及止水

现浇钢筋混凝土管接头有平口式和套管式，如图 5-27 所示。平口式构造简单，适用于水头较低的情况；套管式是在接缝外圈加套管，构造较复杂，但止水效果好，适用于较高水头的情况。伸缩缝宽度一般为 1.5~2 cm，中间设有橡皮止水或金属片止水，止水材料常用紫铜片、镀锌铁片、塑料止水片及环氧树脂基液粘贴橡皮止水片等。常用的接头填料有沥青石棉线、沥青杉板、沥青麻绳等。

2. 预应力钢筋混凝土管

预应力钢筋混凝土管在工厂预制，质量易保证并可加快施工进度。考虑制作、运输及安装条件，管段长度一般为 3~5 m。管节形式有平口式和承插式。

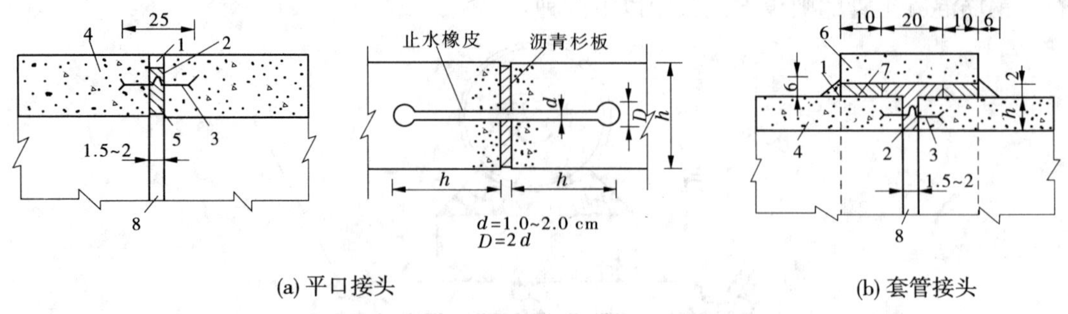

(a) 平口接头　　(b) 套管接头

1—水泥砂浆封口;2—沥青麻线;3—金属止水片;4—管壁;
5—沥青麻绳;6—套管;7—石棉水泥;8—伸缩缝 1.5~2 cm。

图 5-27　现浇钢筋混凝土管的接头及止水　(单位:cm)

1)平口式

平口式管的管节连接采用套管式接头,有法兰套管式柔性接头和套管式刚性接头两种,如图 5-28 所示。柔性接头允许管节在纵向有 3~5 mm 的相对位移及 1.5°的转角,适应性较好,但金属消耗多,造价较高。刚性接头成本较低,但对地基不均匀沉陷的适应性差,铺设安装费工,故较少采用。

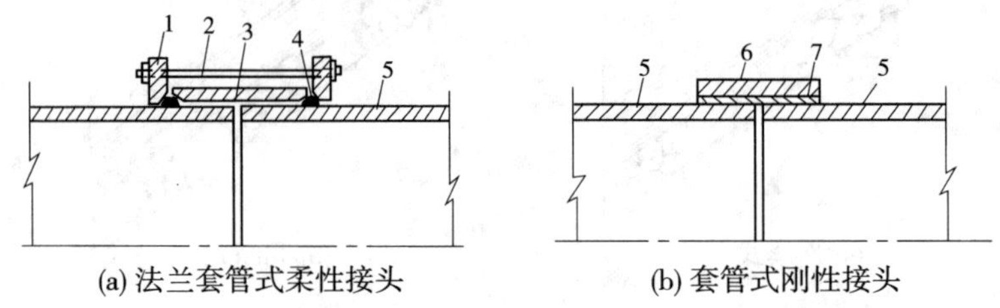

(a) 法兰套管式柔性接头　　(b) 套管式刚性接头

1—法兰;2—螺丝拉杆;3—铸铁套管;4—橡胶圈;5—平口式管;6—混凝土套管;7—接头填料。

图 5-28　套管式接头

2)承插式

承插式管沿管节全长分为承口段、管体与插口段三部分,如图 5-29 所示。插口段套入承口段中,插口与承口之间一般采用橡胶圈或塑料圈密封。此种柔性接头允许的纵向转角为 1.5°,位移为 10 mm,承插口接头有三种形式,如图 5-30 所示。

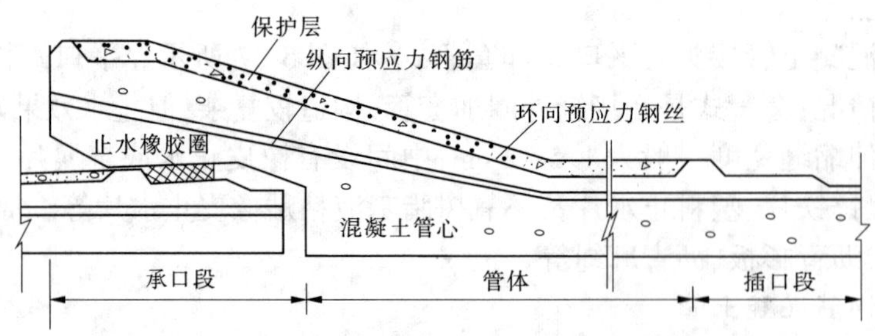

图 5-29　三阶段预应力承插式钢筋混凝土管构造图

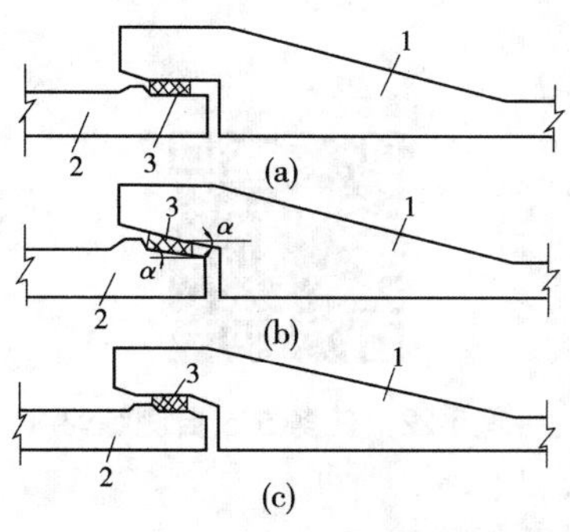

1—承口;2—插口;3—橡胶圈。

图 5-30　承插口接头形式

3)管节与阀门连接

管节与阀门一般采用法兰接头连接,即在阀门两侧接出金属短管,阀门与金属短管用法兰连接起来,如图 5-31 所示。金属短管承插口的规格尺寸均按管节承插口尺寸制造。

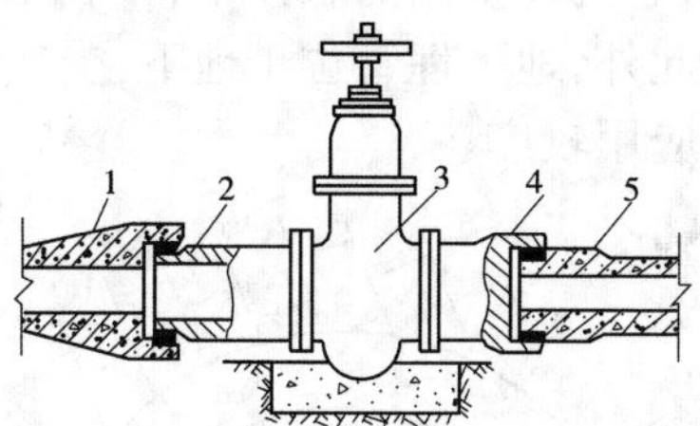

1—预应力管;2—金属短管乙;3—阀门;4—金属短管甲;5—预应力管。

图 5-31　管节与阀门连接示意图

4)拆卸节

为便于管道的安装、拆卸,通常在镇墩下方布置管件(或称插入拆卸节)与管节相连。拆卸节由上连接段(兼作安装凑合节)、拆卸段和下连接段组成,如图 5-32 所示。上连接段与预埋在镇墩内的钢管焊接在一起,拆卸段与上、下连接段用法兰连接,其间夹橡皮止水环,下连接段与管节连接。下连接段插口规格尺寸按管节插口制作。

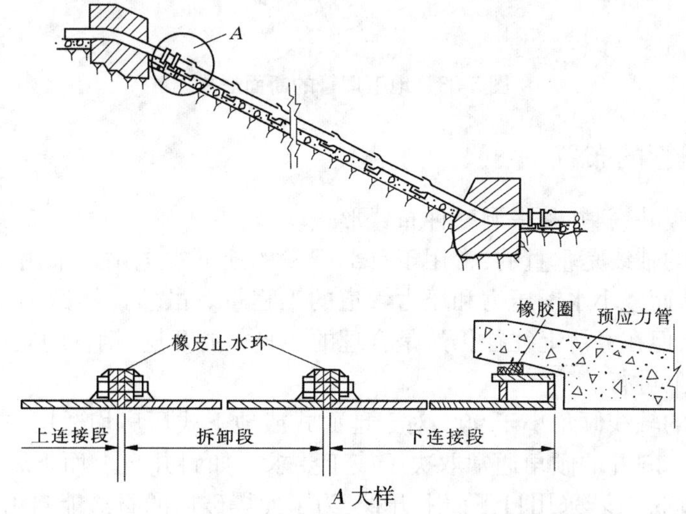

图 5-32　拆卸节与管节连接示意图

【自测练习】

请扫描二维码,做自测练习。

码 5-22　任务 5.5 自测练习

任务 5.6　地下埋管

地下埋管指埋设于岩体中并在管道和岩壁间充填混凝土的钢管,断面形式如图 5-33 所示。地下埋管虽然增加了岩石开挖和混凝土衬砌的费用,但与明钢管相比,往往可以缩短压力管道的长度,省去支承结构,在坚固的岩体中,可利用围岩承担部分内水压力,从而减小钢衬的厚度,节约钢材。此外,地下埋管位于地下,受气候等外界影响较小,运行安全可靠,在我国大中型水电站中应用较广。

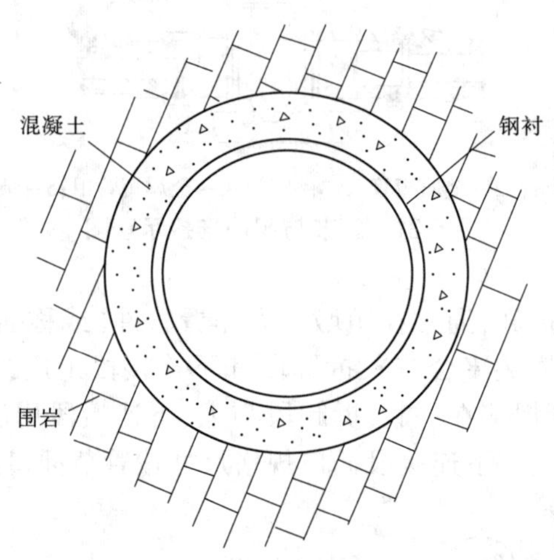

图 5-33　地下埋管的断面形式

5.6.1　地下埋管的布置

地下埋管有竖井、斜井和平洞三种布置形式。

竖井式管道的轴线是垂直的,常用于首部开发的地下水电站。采用竖井式可使压力管道缩至最短,从而减小水锤压力和压力管道的工程量。虽然这样做不可避免地会增加尾水隧洞的长度,但在经济上往往仍然是合理的。竖井的开挖、钢管的安装和混凝土的回填一般都自下而上进行。

斜井式管道的轴线倾角小于 90°,对于地面式或地下式厂房均适用,在地下埋管中是采用最多的一种。斜井的倾角通常取决于施工要求。如斜井自上而下开挖,为了便于出渣,倾角不宜超过 35°;若采用自下而上开挖,为了使爆破后的石渣能自由滑落,倾角不宜小于45°。

平洞一般作为过渡段使用。例如,上游引水道经平洞过渡为竖井或斜井;竖井或斜井先转为平洞再进入厂房,管道分岔也多在平洞部分;对于高水头水电站,斜井的长度很大,为了使斜井开挖、钢管安装和混凝土回填等工作能分段同时进行,可在斜井中部的适当部位设置一个平段,并用交通洞与地面相通。

地下埋管应尽量布置在坚固完整的岩体之中,以便充分利用围岩的弹性抗力承担内水压力。完整岩体的透水性小,在水管放空后,钢衬因外压失稳的可能性也小。管道的埋置深度以大些为宜,对于斜井和平洞,只有当垂直管轴方向的新鲜岩石覆盖厚度达到3倍的开挖直径时,才能考虑岩石的弹性抗力。对于竖井,这一数值还应取得大些。

5.6.2 地下埋管的结构特点

地下埋管的工作特点相当于一个多层衬砌的隧洞。钢衬的功用是承担部分内水压力和防止渗透;回填混凝土的功用是将部分内水压力传递给围岩,因此回填混凝土与钢衬和围岩必须紧密结合。回填混凝土的质量是地下埋管施工中的一个关键。钢管与岩壁的间距在满足钢管安装和混凝土浇筑要求的前提下应尽量减小,一般在50 cm左右。一般来说,竖井的回填混凝土质量易于保证,斜井次之,平洞最难。在斜井和平洞中,钢管两侧混凝土的质量较易保证,在顶、底拱处,平仓振捣困难,稀浆集中,易于形成空洞。我国几个水电站的地下埋管曾因外压和内压造成破坏,破坏部位多位于平洞部位,这不是偶然的。

由于混凝土凝固收缩和温降的影响,在钢管和混凝土之间、混凝土与围岩之间均可能存在一定缝隙,需进行灌浆。斜井和平洞的顶部应进行回填灌浆,压力不小于0.2 MPa。钢管与混凝土、混凝土与岩壁之间有时也进行压力不小于0.2 MPa的接缝灌浆。对于不太完整的围岩,为了提高其整体性,增加弹性抗力,有时还进行固结灌浆,灌浆压力与孔深视水头大小和围岩的破碎情况而定,压力可达0.5~1.0 MPa,孔深一般为2~4 m。灌浆应在气温较低时进行。

钢管与岩壁间的混凝土除一般常用的浇筑方法外,尚有预压骨料灌浆法,后者可减小混凝土层的厚度,提高施工质量,但我国目前尚无成功的经验。

在岩体破碎、地下水位较高的地区,管道放空后,钢衬可能因外压而失去稳定,国内外地下埋管均有因此而破坏的例子。解决的办法有:一是在距管道一定距离处打排水洞以降低地下水位,这是一种很有效的措施,有的工程在回填混凝土中设排水管,但排水管在施工中易被堵塞,可靠性差;二是在钢衬外设加劲环,或用锚件将钢衬锚固在混凝土上。在衬砌的周围进行压力灌浆,可减小钢衬、混凝土与岩壁间的初始缝隙,减小围岩的透水性,这些都有利于钢衬的抗外压稳定。

【自测练习】

请扫描二维码,做自测练习。

码5-23 任务5.6自测练习

任务5.7 分岔管

5.7.1 分岔管的工作特点及设计要求

5.7.1.1 分岔管的工作特点

分岔管是指输水管道分岔处的压力钢管管段。在水电站中,采用联合供水或分组供水时,常需在主管末端设置岔管,岔管一般采用钢材制作。岔管的特点是结构复杂,水头损失大,位于钢管末端并靠近厂房,承受很大的内水压力。在岔管段,由于一部分管壁被割裂,不再是完整的圆形断面,内水压力所产生的环向力便不能平衡,所以必须采取加固措施来承受被割裂处管壁的环向力。

5.7.1.2 分岔管的布置原则

分岔管是一个被加强的复杂曲面的壳体,其布置应结合地形地质条件,与主管线路布置、水电站厂房布置协调一致,布置方案应做技术经济比较,并符合下列原则:

(1)结构合理,安全可靠,不产生较大的应力集中和变形。为此,各管节的转角不宜过大,加强构件和管壁的刚度比不宜太悬殊,加固措施应结构合理。岔管主、支管轴中心线宜布置在同一平面内。

(2)水流平顺,水头损失小,减少涡流和振动。分支管宜采用锥管过渡,分岔角宜较小,一般为30°~45°;分岔后流速宜逐渐加快。对于重要工程的岔管,宜做水力学模型试验。

(3)制作、运输、安装方便。

(4)经济合理。

5.7.2 分岔管的布置形式及构造要求

5.7.2.1 布置形式

(1)非对称Y形布置,如图5-34(a)所示。

(2)对称Y形一级或二级分岔布置,如图5-34(b)所示。

(3)三岔形布置,如图5-34(c)所示。

分岔管形式的选择应进行技术、经济比较,影响因素包括制作和土建费用、水头损失、内水压力的大小、岔管尺寸和受力条件、布置形式、工程经验等。

5.7.2.2 构造要求

分岔管的构造要求应符合下列规定:

(1)主、支锥管(或柱管)间的连接,除贴边岔管外,应使相贯线为平面曲线。

(2)主、支锥管长度及分节,在满足结构布置和水流流态要求下,宜布置紧凑。月牙肋岔管,当肋宽比大于0.3时,宜设置导流板。无梁岔管、球形岔管内部应设置导流板。

(3)大型岔管宜按变厚设计。

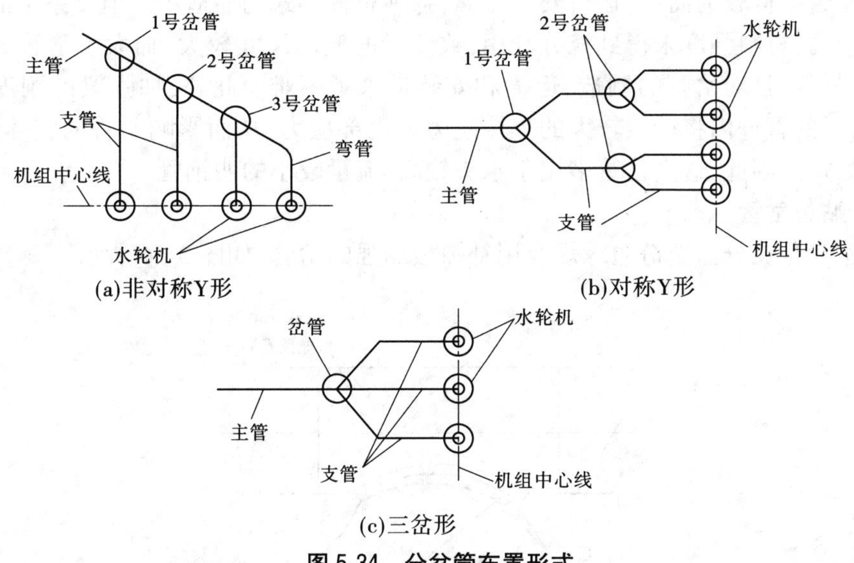

图 5-34　分岔管布置形式

5.7.3　分岔管的结构形式

5.7.3.1　三梁岔管

三梁岔管是用 U 形梁及腰梁加强的岔管,如图 5-35 所示。

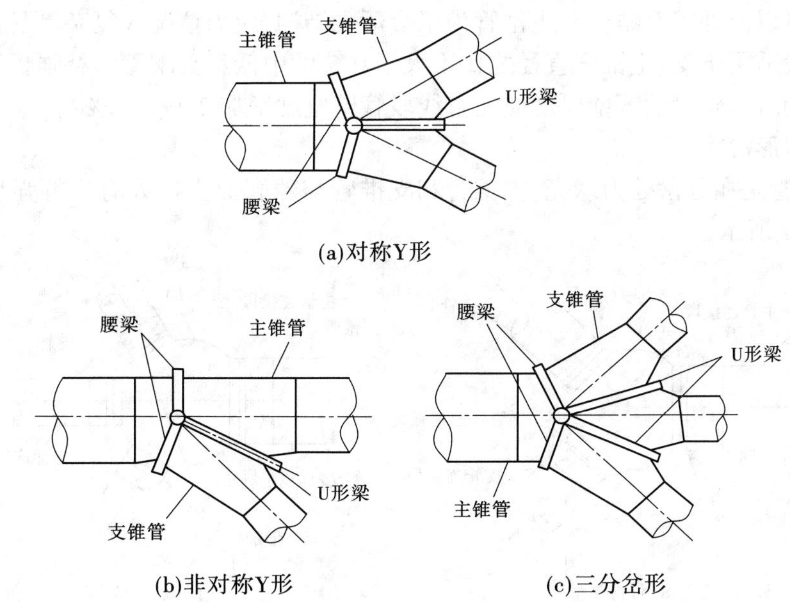

图 5-35　三梁岔管

在岔管主、支锥管三条相贯线处焊接矩形或 T 形断面的加强梁,主锥管处的加强梁为腰梁,支锥管间的加强梁为 U 形梁,这三根梁构成的空间结构共同承受不平衡区的内水压力。

三梁岔管结构较为简单,运行安全可靠,各种布置形式均能适用。但梁系中的主要应力是弯曲应力,材料强度未得到充分利用,致使梁的截面尺寸较大,加大了岔管的轮廓尺寸,浪费了材料,且对岔管的制造、运输和安装带来了困难。此外,加强梁的刚度相对很大,在梁附近的管壁内将产生较大的焊接应力和局部应力,从而影响岔管的整体强度,又需要加固处理。因此,这类岔管多用于水头较高、流量较小的明钢管。

5.7.3.2　**贴边岔管**

贴边岔管是在分岔坡口边缘焊有用补强板加强的岔管,如图 5-36 所示。

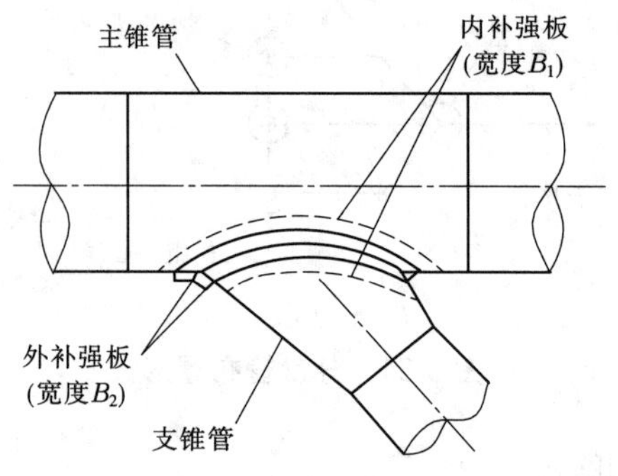

图 5-36　贴边岔管

在非对称布置岔管中,从主锥管分出的支锥管直径相对较小,在主、支锥管相贯线两侧用补强板焊贴加固,岔管的不平衡力由管壁和补强板共同承担。补强板可以贴在外壁和内壁,也可以内外壁都贴。贴边岔管为组合薄壳结构,应力情况较复杂,但构造简单、施工方便,一般适用于支、主锥管直径之比不大于 0.7 的中低水头钢管。补强板厚度一般与管壁等厚,同时岔管段的管壁厚度应比直线段管壁厚度增加 25%~50%。

5.7.3.3　**球形岔管**

球形岔管是在分岔处为球壳,主锥管和支锥管与球壳面交接处有用补强环加强的岔管,如图 5-37 所示。

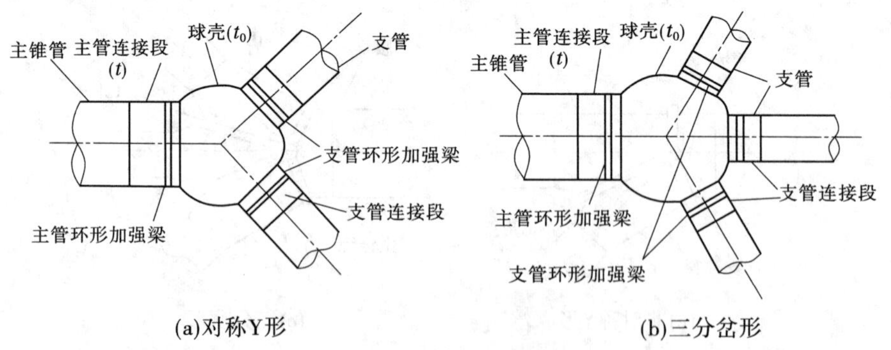

图 5-37　球形岔管

球形岔管由球壳、主锥管与支锥管、补强环和内部导流板组成。导流板用来改善水流条件,上设平压孔,不承受内水压力。球形岔管的优点是布置灵活,支管可为任意方向,球壳受力均匀,其应力仅为同直径管壁环向应力的一半。缺点是制造工艺复杂,造价高,水头损失较大。球形岔管适用于高水头水电站。

5.7.3.4　月牙肋岔管

月牙肋岔管是在分岔处用插入管内的月牙形肋板加强的岔管，如图 5-38 所示。

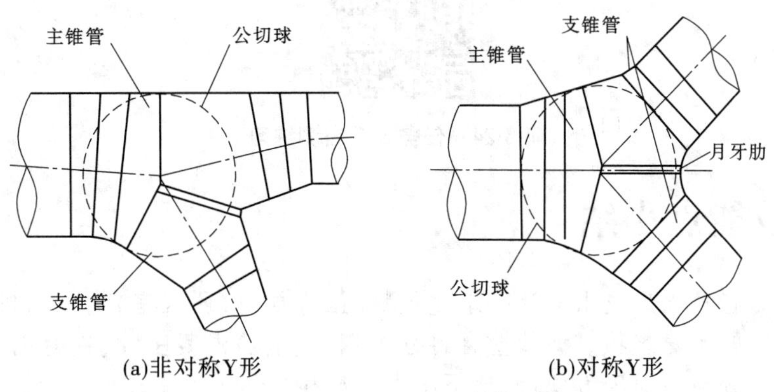

图 5-38　月牙肋岔管

月牙肋岔管是在三梁岔管的基础上发展起来的，其构造特点是：用一个完全嵌入管体的月牙肋板代替三梁岔管的 U 形梁。月牙肋岔管使管壁被切割处各点的不平衡力的合力作用在月牙肋的形心上，从而可按轴向受拉构件确定其轮廓尺寸，充分利用材料强度，减小加固构件的尺寸，节约钢材。目前在我国已基本取代了三梁岔管。

5.7.3.5　无梁岔管

无梁岔管是在分岔处用多节锥管加强的岔管，如图 5-39 所示。无梁岔管是在球形岔管基础上发展起来的新型岔管，它用锥管作为球壳与主、支锥管的连接段，替代了球形岔管中的补强环，完全取消了加强构件。岔管中锥管一端与主、支锥管连接，另一端与球壳片近似沿切线方向衔接，构成一个外形平顺、无明显的不连续结合线的岔管，不仅克服了补强环与管壳刚度不协调的缺点，而且可充分发挥壳体结构的承载能力，结构合理，外形尺寸小，运输、安装均较方便。缺点是体型较复杂，成型工艺难度大，在球壳顶部和底部易产生涡流，分岔处水流较紊乱，为此需在岔管内部设置导流板。无梁岔管是一种有发展前途的管型，能发挥与围岩共同受力的优点，适用于大中型水电站的地下埋管。

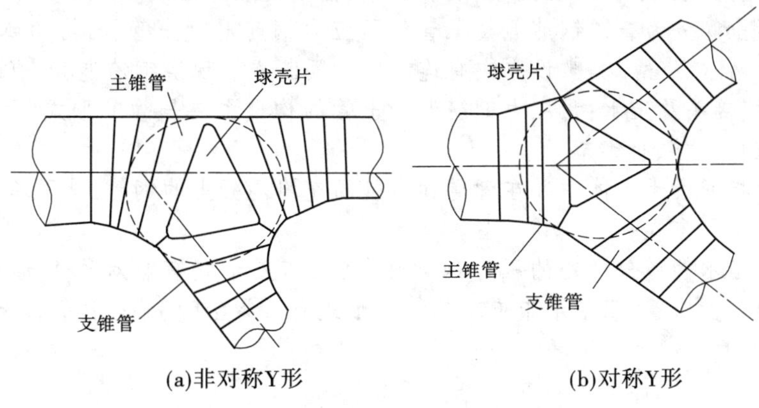

图 5-39　无梁岔管

【自测练习】

请扫描二维码,做自测练习。

码 5-24　任务 5.7 自测练习

知识技能点小结

压力管道是指从水库或水电站平水建筑物(压力前池、调压室)向水轮机输送水量并承受内水压力的输水建筑物。按管壁材料分为钢管、钢筋混凝土管、钢衬钢筋混凝土管;按管道布置方式分为地面压力管道、地下压力管道和坝体压力管道。

压力管道线路选择遵循以下原则:管线应尽可能短而直,沿线应选择良好的地形和地质条件,应满足运行安全和施工要求。压力管道供水方式分为单元供水、联合供水和分组供水三种方式。压力管道在进入厂房之前其主管的轴线与厂房纵轴线的相对方向称为引进方式,包括正向引进、纵向引进和斜向引进。

压力管道的水力计算包括非恒定流计算和恒定流计算两部分。水头损失包括沿程摩阻水头损失和局部水头损失两种。压力管道直径通常可根据已有工程经验和计算公式拟定几个管道直径的方案,分别进行造价和电量计算,在考虑技术方面的因素后,选择最优直径。明钢管管壁厚度常用"锅炉"公式初拟管壁厚度,然后对典型断面进行较详细的应力分析,校核管壁厚度是否满足强度和稳定的要求,同时应考虑到制造误差及钢管运行中的磨损和锈蚀,考虑制造、运输、安装等条件,必须保证有一定的刚度。

明钢管的构造包括接缝与接头、弯管和渐缩管、加劲环(刚性环)、分岔管、支承环、阀门、伸缩节、通气孔、排水阀等,应弄清这些构造的作用与位置。明钢管的敷设方式有连续式和分段式两种。明钢管支承结构主要有镇墩和支墩,其中镇墩按压力钢管在镇墩上的固定方式不同可分为封闭式和开敞式两种,根据支墩与管身相对位移的特征及管径等因素分为鞍形滑动支墩、平面滑动支墩、滚动支墩、摇摆支墩等形式。

钢筋混凝土管分为普通钢筋混凝土管和预应力钢筋混凝土管、自应力钢筋混凝土管及自应力钢丝网水泥管。其敷设方式有连续式和间断式。现浇钢筋混凝土管的构造主要涉及管道分段、接头及止水;预应力钢筋混凝土管的构造主要是管节形式(平口式和承插式)、管节与阀门连接、拆卸节。

地下埋管指埋设于岩体中并在管道和岩壁间充填混凝土的钢管,地下埋管有竖井、斜井和平洞三种布置方式。

分岔管是输水管道分岔处的压力钢管管段,其布置形式有非对称 Y 形布置、对称 Y 形一级或二级分岔布置、三岔形布置。其结构形式有三梁岔管、贴边岔管、球形岔管、月牙肋岔管、无梁岔管。

知识技能训练

一、简答题

1. 压力管道按布置形式有哪些种类?
2. 镇墩和支墩的作用有何不同?两者分别设置在地面压力钢管的什么部位?
3. 压力管道的供水方式有哪几种?各有何优缺点?
4. 压力管道的管壁厚度拟定的思路是什么?

二、判断题

1. 坝后式水电站多采用坝内钢管,供水方式一般为单元供水。 ( )
2. 选取的钢管直径越小越好。 ( )
3. 钢管末端必须设置阀门。 ( )
4. 伸缩节一般设置在镇墩的下游侧。 ( )
5. 明钢管只在转弯处设置镇墩。 ( )
6. 镇墩的作用是防止水管发生滑移。 ( )
7. 通气孔一般应设在工作闸门的上游侧。 ( )
8. 快速闸阀和事故阀门下游侧必须设置通气孔或通气阀。 ( )
9. 对同一水电站来说,选用地下埋管的造价一般高于明钢管。 ( )
10. 地下埋管的破坏事故多数是由外压失稳造成的。 ( )

三、单项选择题

1. 下列不是压力管道的引进方式的是( )。

A. 正向引进　　B. 切向引进　　C. 侧向引进　　D. 斜向引进

2. 地面高压管道的经济直径选择与明渠经济断面选择的原则和方法相同,但钢管要考虑( )。

A. 流量　　B. 结构形式　　C. 水锤　　D. 流速

3. ( )的作用是防止支墩直接接触管壁,加强支承处钢管的强度和刚度。

A. 加劲环　　B. 刚性环　　C. 支承环　　D. 钢箍

4. ( )是在支承环与支墩面之间设置可以摆动的短柱,短柱的下端与支墩铰接,上端以圆弧面与支承环的承板接触。

A. 滚动支墩　　B. 平面滑动支墩　　C. 鞍形滑动支墩　　D. 摇摆支墩

5. ( )是在分岔坡口边缘焊有用补强板加强的岔管。

A. 贴边岔管　　B. 球形岔管　　C. 三梁岔管　　D. 无梁岔管

项目6　水电站地面厂房设计

【项目导语】

水电站地面厂房是实现水能转化为电能的生产场所,是水工建筑物、机械及电气设备的综合体,电站厂区是发电、变电、配电的中心。因此,地面厂房牵涉的设备多、布置和结构形式多、组成建筑多、考虑的因素多、相互之间的关联性大,使得地面厂房的设计成为水电站设计工作最重要、最复杂的一环。本项目主要介绍水电站地面厂房的厂区布置、厂房布置、结构布置及其一般规律。

党的二十大报告指出:"中国式现代化是人与自然和谐共生的现代化。人与自然是生命共同体,无止境地向自然索取甚至破坏自然必然会遭到大自然的报复。我们坚持可持续发展,坚持节约优先、保护优先、自然恢复为主的方针,像保护眼睛一样保护自然和生态环境,坚定不移走生产发展、生活富裕、生态良好的文明发展道路,实现中华民族永续发展。"在开展本项目学习和工作过程中,水利水电建筑工程技术人员应与机械、电气等各专业人员沟通协调,具备团队合作精神,展现扎实的专业水准。鉴于水电站厂房的地位和特点,应统筹考虑相关设备、布置方式及其对环境的影响,坚持绿水青山就是金山银山的理念,坚持山水林田湖草沙一体化保护和系统治理,全方位、全地域、全过程加强生态环境保护,用系统思维的方法才能在遵循规范基础上科学设计水电站。在学习了地面厂房设计基本内容和规律后,应研究本项目配套的浙江天平荡水电站和湖北坪江水电站等实际工程设计案例,理论联系实际,具备一定的实战能力。

码6-1　规范-《水电站厂房设计规范》(SL 266—2014)

《小型水电站初步设计报告编制规程》(SL/T 179—2019)规定,初设时应从地形地质条件、工程布置、工程施工、厂区防洪、工程占地、工程量、投资、交通、机电设备布置及运行等方面,综合分析比较,选定厂区布置、主副厂房及升压站的形式和布置方案;选定主副厂房的布置、结构形式、控制高程和主要尺寸;选定尾水建筑物的结构形式、控制高程、断面尺寸、长度、尾水闸门及其操作平台布置;选定升压站的位置、场地布置、面积、高程等。在辅助机械设备选择上应选定厂内起重设备的形式、数量及主要技术参数;选定技术供排水、油、气及水力监测系统主要设备的形式、数量及主要技术参数。在水力机械主要设备布置中要确定水轮发电机组的间距、厂房长度、宽度和高度等主要控制尺寸及分层高程、安装场位置和面积;选定水轮发电机组及其附属设备和辅助机械设备的布置。在开展水电站地面厂房设计时,还应遵循《水电站厂房设计规范》(SL 266—2014)、《小型水力发电站设计规范》(GB 50071—2014)、《小型水电站初步设计报告编制规程》(SL/T 179—2019)、《水利水电工程项目建议书编制规程》《SL/T 617—2021》、《水利水电工程可行性研究报告编制规程》(SL/T 618—2021)的相关规定。

【项目目标】

了解水电站厂房的任务,了解水轮发电机类型、支承结构及布置形式,了解主厂房调速设备及附属设备,了解主厂房油、气、水系统作用及布置,了解地面厂房结构布置、副厂房的布置,了解厂房采光、通风、交通及防火要求;理解水电站厂房枢纽设备系统及结构组成,理解厂房布置原则,理解厂房的起重设备选择考虑的因素;掌握水电站厂房基本类型,掌握厂区枢纽布置的方法,掌握立式机组厂房各层的设备布置原则,掌握卧式机组厂房的布置方式和尺寸确定,掌握主厂房轮廓尺寸拟定的方法。

【项目要求】

知识要点	能力要求	所占分值(100分)	自评分数
水电站厂房的任务、组成及基本类型	能识别水电站厂房的组成及基本类型	10	
厂区布置	能进行小型水电站厂区的布置	10	
厂房设备的布置	能识别厂房的设备,说出其相应作用	20	
立式机组主厂房的布置	能进行立式机组主厂房各层设备的布置	10	
卧式机组厂房的布置	能进行卧式机组厂房的布置及轮廓尺寸拟定	15	
主厂房的轮廓尺寸	能进行中小型水电站轮廓尺寸拟定	20	
副厂房的布置	能进行副厂房布置	5	
厂房的采光、通风、交通及防火	能进行小型水电站采光、通风、交通及防火设计	5	
地面厂房结构布置	能识别地面厂房结构	5	

任务6.1　水电站厂房的任务、组成及基本类型

6.1.1　水电站厂房的任务

码6-2　思维导图-水电站

水电站厂房是水能转换为电能的生产场所,也是运行人员进行生产和活动的场所。其任务是通过一系列的工程措施,将水流平顺地引进水轮机,使水能转换成可供用户使用的电能,并将各种必需的机电设备安置在恰当的位置,创造良好的安装、检修及运行条件,为运行人员提供良好的工作环境。

水电站厂房是水工建筑物、机械及电气设备的综合体。在厂房的设计、施工、安装和运行中需要各专业人员的通力协作。水工建筑专业人员主要从事建筑物的设计、施工与运行管理。因此,本项目着重从水工建筑的观点来讲述各种厂房建筑物。

6.1.2　水电站厂房的组成

6.1.2.1　厂区枢纽的组成

(1)主厂房。水能转换为机械能是由水轮机实现的,机械能转换为电能是由发电机

来完成的,两者之间由传递功率装置连接,组成水轮发电机组。装设水轮发电机组及其辅助设备、供发电运行及安装检修作业用的建筑物称为主厂房,是水电站厂房的主要组成部分。

码 6-3　图片-水电站升压变压器场

(2)副厂房。装设配电变电设备、控制操作设备、水机辅助设备、通信设备等以及为检修、试验、生活、管理等使用的房间,统称副厂房。

(3)主变压器场。安装升压变压器的地方称为主变压器场。水电站发出的电能经主变压器升压后,再经输电线路送给用户。

码 6-4　图片-高压开关站

(4)开关站(户外高压配电装置)。安装高压配电装置的地方称为开关站。为了按需要分配功率及保证正常工作和检修,发电机和变压器之间以及变压器与输电线路之间有不同电压的配电装置。发电机侧(低压侧)的配电装置通常设在厂房内,而其高压侧的配电装置一般在户外,称为高压开关站。开关站装设高压开关、高压母线和保护设施,高压输电线由此将电能送给电网和用户。

水电站主厂房、副厂房、主变压器场和高压开关站及厂区交通等组成水电站厂区枢纽建筑物,一般称为厂区枢纽。厂区是完成发电、变电和配电的主体。

6.1.2.2　厂房设备系统的组成

厂房按设备组成系统的作用可分为以下五个系统:

码 6-5　微课-某水电站变配电设备介绍

(1)水流设备系统。水流设备系统是指将水能转换为机械能的水轮机及其进、出水设备系统,包括压力管道、主阀(如蝴蝶阀)、水轮机引水室(如蜗壳)、水轮机、尾水管及尾水闸门等。

(2)电流设备系统。电流设备系统是指水电站进行发电、变电、配电的电气一次回路系统,包括发电机及其主引出线、发电机母线、发电机中性点引出线、发电机电压配电装置(户内开关室)、主变压器、高压配电装置(户外开关站)及各种电缆等。

(3)电气控制设备系统。电气控制设备系统是指操作、控制水电站运行的电气二次回路设备系统,包括机旁盘、励磁设备、中央控制室的各种电气设备,各种控制、监测及操作设备等。这些控制及操作设备包括各种互感器、表计、继电器、控制电缆、自动及远动装置、通信及调度设备等直流系统。

(4)机械控制设备系统。机械控制设备系统是指操作、控制厂房内水力机械的一系列设备系统,包括水轮机的调速设备(如接力器及操作柜)、事故阀门的控制设备,以及主阀、减压阀、进水口拦污栅和各种闸门的操作控制设备等。

(5)辅助设备系统。辅助设备系统是指水电站安装、检修、维护、运行所必需的各种电气及机械辅助设备系统,包括厂用电系统(厂用变压器、厂用配电装置、直流电系统等)、油系统(透平油和绝缘油的存放、处理及流通设备等)、气系统(高压和低压空气压缩机、贮气筒、输气管及阀门等)、水系统(技术供水、生活供水、消防供水等供水系统以及渗漏和检修排水等排水系统等)、起重设备(厂房内外的桥式及门式起重机、各种闸门的启闭机等)、交通运输通道(门、运输轨道、过道、廊道、楼梯、斜坡、吊物孔、进人孔等)、各种机电维修和试验设备,以及采光、通风、取暖、防潮、防火、防尘、保安、生活卫生等设备。

上述五大系统各有其不同的作用和要求,在布置时必须注意它们的相互联系,使其相互协调地发挥作用。水电站厂房的组成及其配合关系如图 6-1 所示。

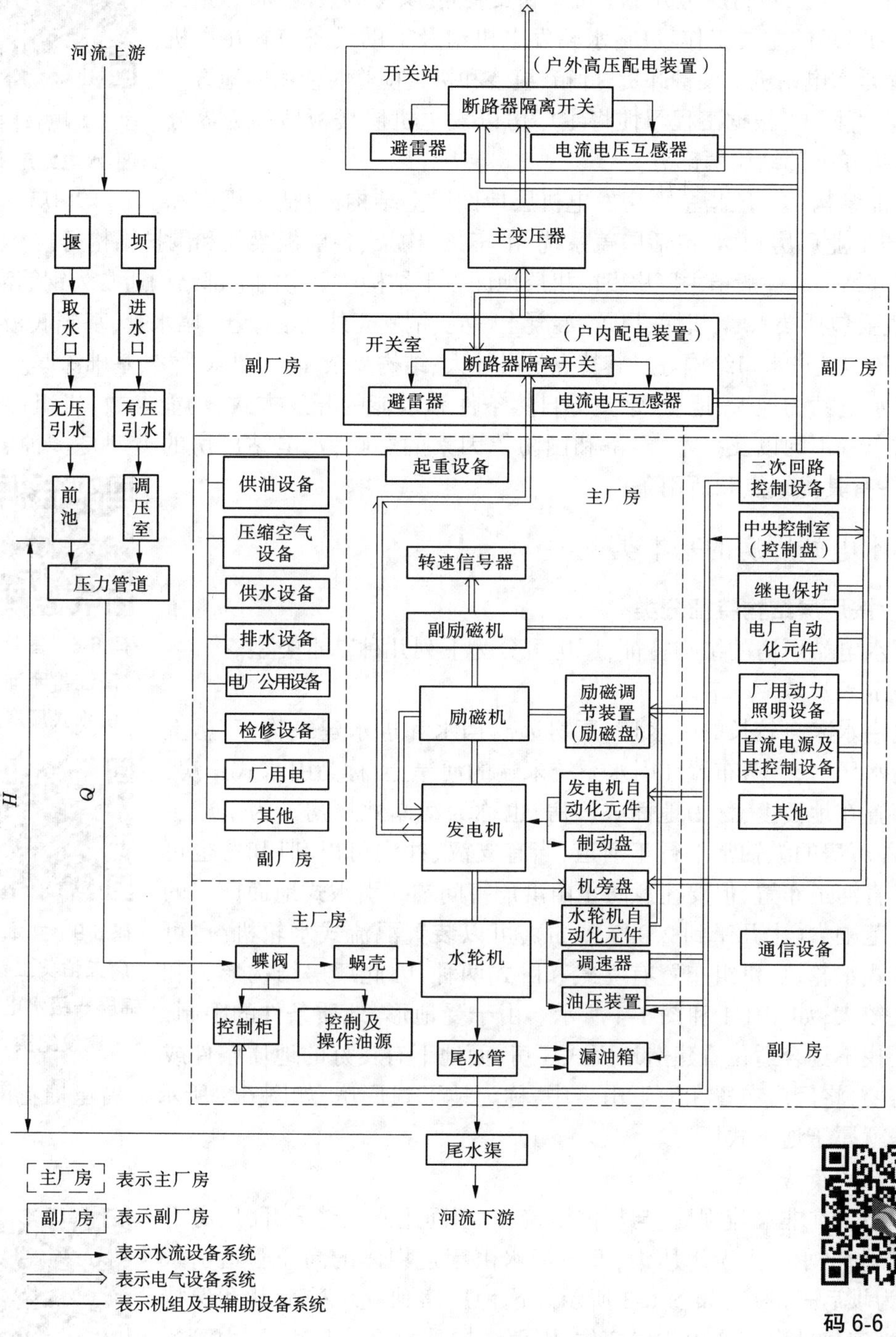

河流上游
堰
坝
取水口
进水口
无压引水
有压引水
前池
调压室
压力管道
H
Q
开关站
（户外高压配电装置）
断路器隔离开关
避雷器
电流电压互感器
主变压器
副厂房
开关室
（户内配电装置）
断路器隔离开关
避雷器
电流电压互感器
副厂房
供油设备
压缩空气设备
供水设备
排水设备
电厂公用设备
检修设备
厂用电
其他
副厂房
起重设备
主厂房
转速信号器
副励磁机
励磁机
励磁调节装置（励磁盘）
发电机
发电机自动化元件
制动盘
机旁盘
二次回路控制设备
中央控制室（控制盘）
继电保护
电厂自动化元件
厂用动力照明设备
直流电源及其控制设备
其他
主厂房
蝶阀
蜗壳
水轮机
水轮机自动化元件
调速器
油压装置
控制柜
控制及操作油源
尾水管
漏油箱
通信设备
副厂房
尾水渠
河流下游

主厂房　表示主厂房
副厂房　表示副厂房
→　表示水流设备系统
⇒　表示电气设备系统
—　表示机组及其辅助设备系统

图 6-1　水电站厂房的组成

码 6-6　微课-水电站厂房的组成

6.1.2.3 厂房的结构组成

码 6-7 思维导图-水电站厂房的组成

(1)水平面上,可将厂房分为主机室和安装间(又称为装配场)。主机室是运行和管理的主要工作场所,水轮发电机组及辅助设备布置在主机室;安装间是水电站机电设备卸货、拆箱、组装和机组检修时使用的地方。

(2)垂直面上,根据工程习惯将主厂房以发电机层楼板地面为界分为上部结构和下部结构两部分。

①上部结构。一般指主厂房发电机层地面以上结构,包括主机室和安装间,与工业厂房相似,包括屋盖系统、吊车梁、构架、各层板梁柱和围护结构等。

②下部结构。一般指主厂房发电机层地面以下结构。厂房的下部结构通常为钢筋混凝土结构,主要包括挡水墙、机墩、风罩、混凝土蜗壳、钢蜗壳外围混凝土、尾水管、基础底板,河床式厂房还包括进水口结构等。其特点是尺寸大、结构复杂、防渗要求严格、基础深厚。

由于水电站的地形、地质、水文等自然条件和水能的开发方式、动能参数、机组形式、枢纽总体布置不同以及技术、经济和国防等因素的影响,水电站厂房的类型是多种多样的,并且各有其优缺点和适用条件。

6.1.3 水电站厂房的基本类型

6.1.3.1 按厂房结构特征分类

码 6-8 图片-清江雪照河引水式厂房

按照水电站厂房的结构特征,厂房可分为下列几种基本类型。

1. 引水式厂房

发电用水来自较长的引水道,厂房远离挡水和进水建筑物,厂房上游不承受水压力,厂房布置在引水系统末端的河岸上,称为引水式厂房,它通常布置在地面上,称为地面式厂房,也称为河岸式厂房。为了减少开挖,这种厂房的纵轴常平行于河道,当有支汊、冲沟可以利用时,也可将厂房垂直河道布置,但要注意防止山洪危害问题。引水式地面厂房的水头变化范围大(十几米到2 000多m),可以装置混流式水轮机,也可装置冲击式水轮机,机组布置有立式和卧式两种,因此厂房结构形式和尺寸变化较大,如图1-1和图1-4所示。由于受地形、地质条件的限制,在地面上找不到合适位置建造地面式厂房,而地下有良好的地质条件或国防上需要,将厂房布置在地下山岩中,称为地下式厂房,如图6-2所示。福建棉花滩水电站厂房就属于地下式厂房。

码 6-9 文本-詹天佑奖工程锦屏一级水电站建设纪实

2. 坝后式厂房

厂房布置在非溢流坝后,与坝体衔接,厂坝间用永久缝分开,厂房不起挡水作用,不承受上游水压力,发电用水由穿过坝体的高压管道引入厂房,称为坝后式厂房,如图6-3所示。这种厂房独立承受荷载和保持稳定,厂坝连接处允许产生相对变位,因而结构受力比较明确,压力管道穿过永久沉陷缝处应设置伸缩节。坝址河谷较宽,河谷中除布置溢流坝外还须布置非溢流坝时,通常采用这种厂房。闻名世界的三峡水电站厂房是目前世界上装机容量最大的坝后式厂房。

码 6-10 图片-三峡坝后式厂房

有时,当河谷狭窄、泄洪流量大,又需采用河床泄洪方案时,为了解决河床内不能同时布置厂房建筑物和泄水建筑物之间的矛盾,可将厂房布置成以下形式。

码 6-11　文本-三峡工程的巨大效益与历史意义

1)溢流式厂房

将厂房布置在溢流坝段下游,厂房顶作为溢洪道,称为溢流式厂房,如图 6-4 所示。溢流式厂房适用于中高水头的水电站。坝址河谷狭窄、泄洪流量大,河谷只够布置溢流坝,采用坝后式厂房会引起大量土石方开挖,这时可以采用溢流式厂房,其缺点是厂房结构计算复杂,施工质量要求高。浙江新安江水电站厂房是我国第一座溢流式厂房。

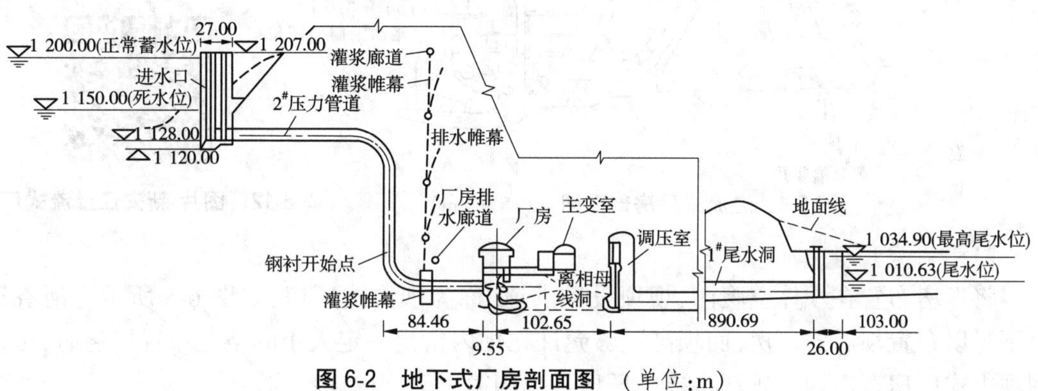

图 6-2　地下式厂房剖面图　(单位:m)

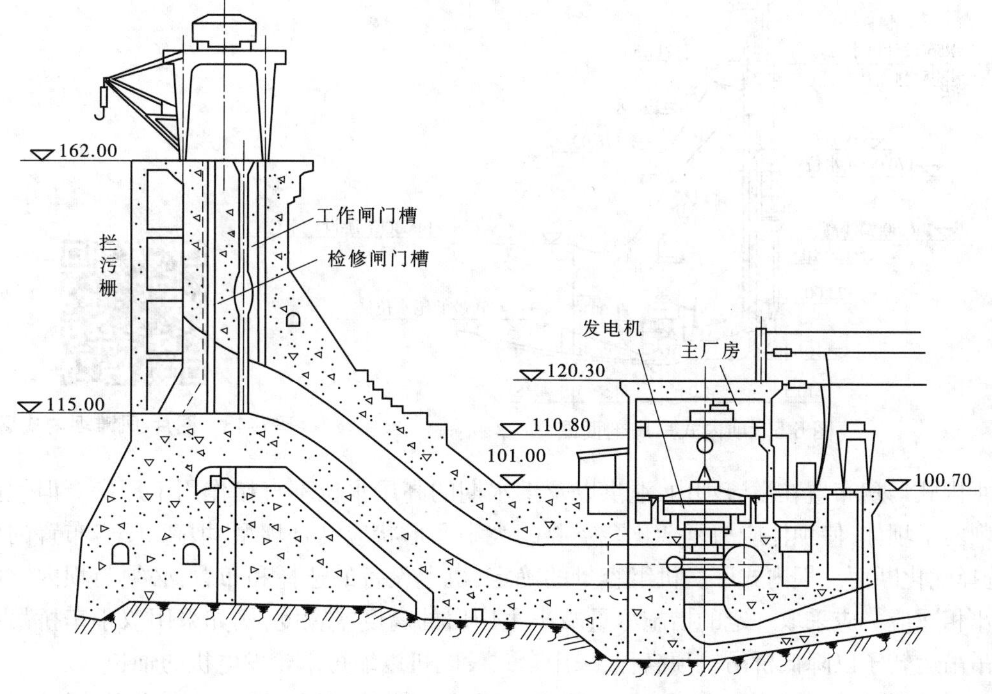

图 6-3　坝后式厂房剖面图

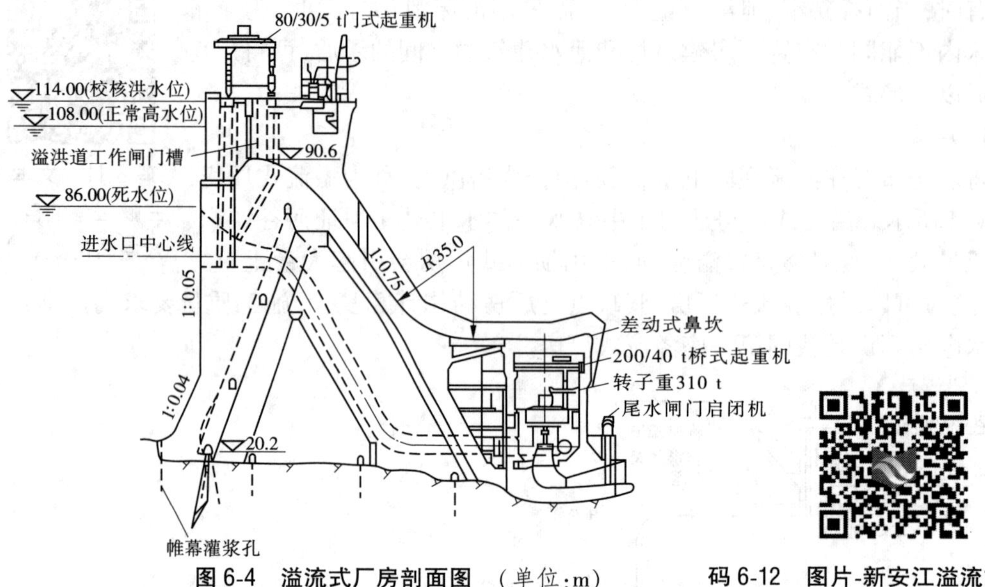

图 6-4　溢流式厂房剖面图　（单位:m）

码 6-12　图片-新安江溢流式厂房

2) 坝内式厂房

将厂房布置在坝体空腹内,坝顶设溢洪道,称为坝内式厂房,如图 6-5 所示。河谷狭窄不足以布置坝后式厂房,而坝高足够允许在坝内留出一定大小的空腔布置厂房时,可采用坝内式厂房。江西上犹江水电站厂房是我国第一座坝内式厂房。

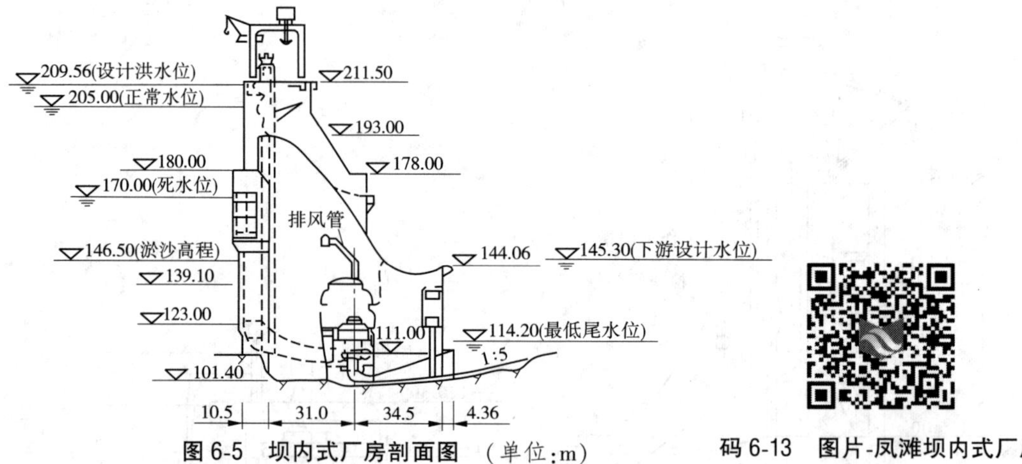

图 6-5　坝内式厂房剖面图　（单位:m）

码 6-13　图片-凤滩坝内式厂房

坝内式厂房布置在溢流坝内,泄洪以及洪水期的高尾水位不直接作用于厂房。但坝内空腔削弱了坝体,使坝体应力复杂化。空腔的大小和形状应结合坝型、坝高、厂房布置的要求,选择优化断面。坝内式厂房机组容量的确定、机电设备的选择和布置,必须与坝内空腔的大小相适应。应采取一定的措施尽量减小主厂房的高度或宽度,例如采用双小车桥吊或双桥吊吊运转子以降低桥吊轨顶高程,采用伞式发电机以缩短水轮发电机的轴长等。

坝内式厂房布置需特别注意防渗、防潮、通风、照明等问题。坝内空腔周围须设有隔墙,空腔壁与隔墙间布置排水沟管,主厂房顶部设有顶棚,上铺防水层。坝内式厂房应有完善的通风、照明系统。

3. 河床式厂房

厂房位于河床中,厂房与整个进水建筑物连成一体,厂房本身起挡水作用,称为河床式厂房,如图6-6所示。当水电站水头低、流量大,单机容量较大、河床较宽,能同时布置厂房及泄水建筑物时,可采用河床式厂房。葛洲坝水电站厂房是目前我国装机容量最大的河床式厂房。

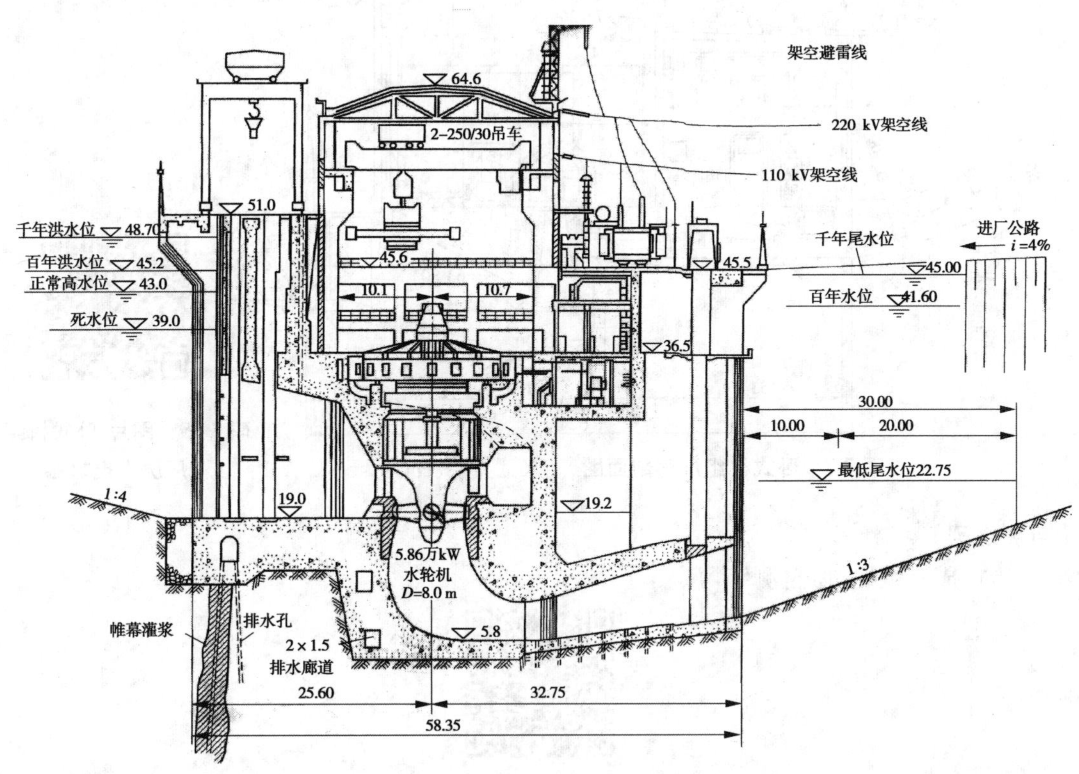

图6-6 河床式厂房剖面图 (单位:m)

6.1.3.2 按机组主轴布置方式分类

1. 立式机组厂房

码6-14 图片-立式机组厂房发电机层

水轮发电机组主轴呈垂直向布置的厂房称为立式机组厂房。立式机组厂房的高度较大,设备在高度方向可分层布置,厂房较宽敞整齐,平面面积较小,厂房下部结构为大体积混凝土,整体性强,运行、管理方便,振动、噪声较小,通风、采光条件好,但厂房结构较复杂,造价较高。适用于下游水位变幅大或下游水位较高的情况,如图6-3、图6-6所示。目前,装设流量较大的反击式水轮机(贯流式机组除外)的水电站,几乎都采用立式机组厂房。机组尺寸较大的冲击式水轮机,喷嘴数多于2~6个时,水电站厂房也采用立式机组厂房。

2. 卧式机组厂房

水轮发电机组主轴呈水平向布置且安装在同一高程地板上的厂房称为卧式机组厂房。卧式机组厂房的高度较小,设备布置紧凑、结构简单、造价较低,厂内大部分机电设备集中布置在发电机层,平面占用面积较大,但设备布置较拥挤,安装、检修、运行不便,噪声、振动较大,散热条件较差。中高水头的中小型混流式水轮发电机组、高水头小型冲击式水轮发电机组及低水头贯流式机组均采用卧式机组厂房,如图 6-7 所示。

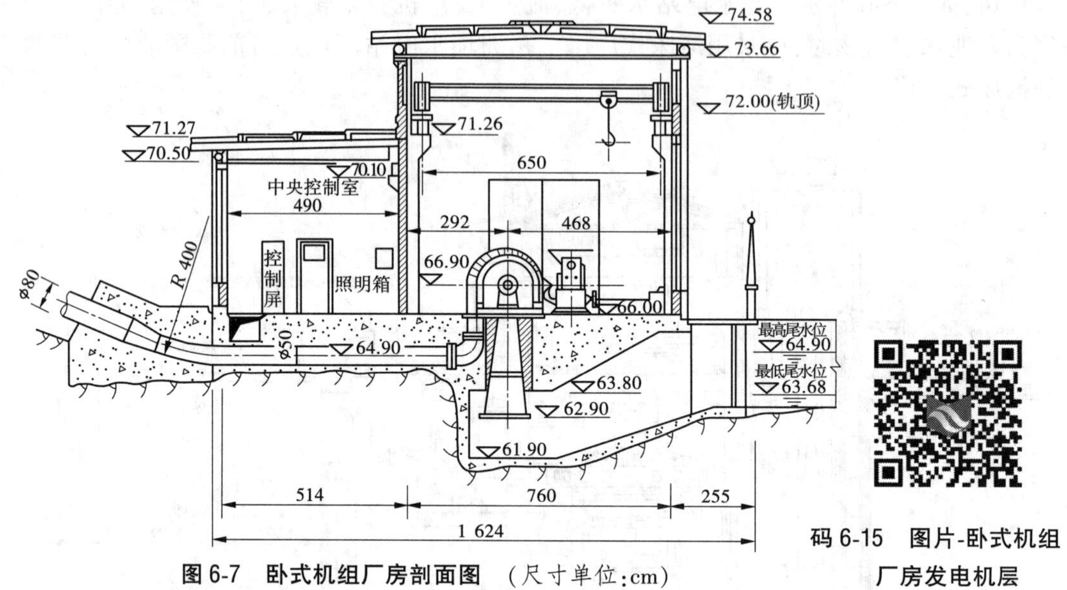

图 6-7　卧式机组厂房剖面图　(尺寸单位:cm)

码 6-15　图片-卧式机组厂房发电机层

【自测练习】

请扫描二维码,做自测练习。

码 6-16　任务 6.1 自测练习

任务 6.2　厂区布置

厂区布置是指水电站的主厂房、副厂房、主变压器场、高压开关站、引水道、尾水道及厂区交通等相互位置的安排。厂区布置应根据地形、地质、环境条件及运行管理,结合整个枢纽的工程布局,按下列原则进行:

(1)合理布置主厂房、副厂房、主变压器场、高压开关站、高低压引出线、进厂交通、发电引水及尾水建筑物等,使水电站运行安全、管理和维护方便。

(2)妥善解决厂房和泄洪、排沙、通航、鱼道等建筑物布置及运用的相互协调,避免干扰,保证水电站安全和正常运行。

(3)综合考虑厂区防洪、排水、消防等安全措施及检修的必要条件。

(4)少征或不征用耕地,保护天然植被,保护环境,保护文物。

(5)做好厂区建筑环境总体规划及主要建筑物的建筑艺术处理。

(6)统筹安排运行管理所必需的生产辅助设施。

(7)综合考虑施工程序、施工导流及首批机组发电投运的工期要求,优化各建筑物的布置。

水电站厂区布置示意如图6-8所示。

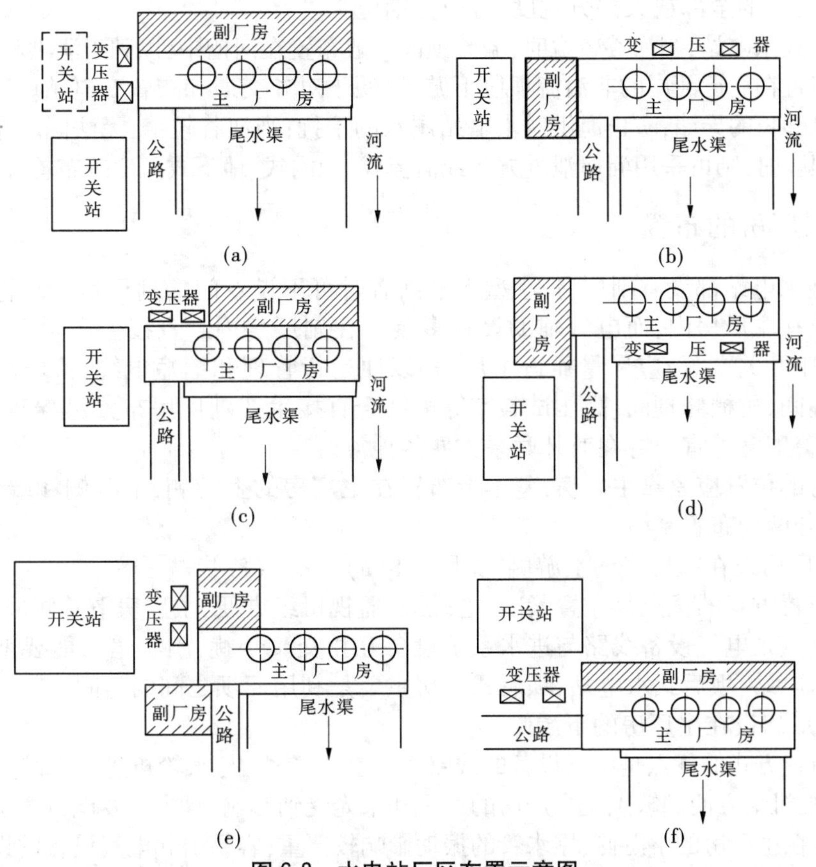

图6-8 水电站厂区布置示意图

6.2.1 主厂房的布置

主厂房是厂区的核心,对厂区布置起决定性作用,其位置的选择是在水利工程枢纽总体布置中进行的,除注意厂区各组成部分的协调配合外,还应考虑下列因素:

(1)尽量减小压力管道的长度。对于坝后式水电站,主厂房应尽量靠近拦河坝;对于引水式水电站,主厂房应尽量靠近压力前池和调压室。

(2)尾水渠尽量远离溢洪道或泄洪洞出口,防止水位波动对机组运行不利。尾水渠与下游河道衔接要平顺。

(3)主厂房的地基条件要好,对外交通和出线方便,并不受施工导流干扰。

对引水式水电站,常用河岸式厂房。其特点是距枢纽较远,因此首部枢纽布置和施工条件对其影响较小,而引水系统对其影响较大。一般应首先根据地形、地质、水文等自然条件选择引水方式后,再确定厂房的位置和布置。布置时应尽可能使厂房进、出水平顺,最好采用正面进水,尾水渠要逐渐斜向下游,或加筑导墙以改善水流条件,免受河道洪水顶托而产生壅水、漩涡和淤积。

对河床式水电站,当河床较宽时,应将主要的混凝土建筑物厂房、溢流坝和船闸布置在岸边。可布置在同一岸,也可分两岸布置。当有河湾或滩地时,可将厂房和溢流坝布置在河湾凸岸或滩地上;当河床开阔而两岸较陡时,混凝土建筑物厂房、溢流坝须布置在河床中,占据河床的全部或大部分宽度,且应分期施工。

对坝后式水电站,当河谷较宽时,溢流坝段一般布置在河槽中,以利于泄洪和施工导流,而将厂房布置在靠近河岸的非溢流坝段下游,以便于对外交通和布置变电站。厂房和溢流坝间设置足够长的导墙,防止泄洪对水电站尾水的干扰;当河谷较窄,无法同时布置溢流坝段和厂房坝段时,则可采用河岸泄洪方案或溢流式、坝内式、地下式厂房等布置方案。

6.2.2 副厂房的布置

大中型水电站都设有副厂房,小型水电站有时可不设专门的副厂房。水轮机辅助设备尽可能放在主厂房内,而电气辅助设备多装设在副厂房内。直接生产副厂房(如中央控制室、低压开关室等)应尽量靠近主厂房,以便运行管理和缩短电缆;检修试验副厂房如电工修理间、机械修理间、高压试验室等可结合直接生产副厂房布置;生产管理副厂房如办公室、警卫室等宜布置在对外联系方便的地方。

副厂房的位置应紧靠主厂房,基本上布置在主厂房的上游侧、下游侧和端部,可集中一处,也可分两处布置。

(1)副厂房设在主厂房的上游侧[见图6-8(a)、(c)、(f)]。

这种布置方式的优点是布置紧凑,电缆短,监视机组方便,主厂房下游侧采光、通风条件良好。缺点是电气设备线路与进水系统设备互相交叉干扰,引水道可能要增长。适用于引水式水电站、坝后式水电站,坝后式厂房主要是利用厂坝之间的空间。

(2)副厂房设在主厂房的下游侧。

这种布置方式的优点是电气设备的线路集中在下游侧,与水轮机进水系统设备互不交叉干扰,监视机组方便。缺点是主厂房的通风和采光受到影响,且由于发电机主引出母线和变压器布置在主厂房的下游侧,尾水管的振动影响较严重,容易引起电气设备的误操作。另外,副厂房布置在下游侧需延长尾水管的长度,相应增加厂房下部结构尺寸和工程量,电气出线也较复杂。这种布置方式适用于河床式水电站,如葛洲坝水电站、富春江水电站。

(3)副厂房设在主厂房靠对外交通的一端[见图6-8(b)、(d)]。

这种布置方式的优点是主、副厂房的总宽度较小,采光、通风良好,给运行人员创造了良好的工作条件,能适应水电站分期建设、分期发电的要求,运行与机电设备安装干扰小,可以减轻机组噪声对中央控制室的影响。缺点是母线与电缆线路较长,投资加大,当机组台数较多时,监视、维护距离较长。这种布置方式适用于引水式水电站。

6.2.3 主变压器场的布置

主变压器位于高、低压配电装置之间,起着连接升压作用,它的位置在很大程度上影响着厂房主要电气设备的布置,因此常先安置好主变压器的位置,再确定发电机主引出线及其他电气设备的布置。

6.2.3.1 主变压器场的布置原则

主变压器场一般露天布置,布置原则如下:

(1)尽量靠近厂房,以缩短昂贵的发电机电压母线长度,减小电能损失和故障概率,并满足防火、防爆、防雷、防水雾和通风冷却的要求,安全可靠。

(2)便于运输、安装和检修。如考虑主变压器推运到安装间检修,变压器场最好靠近安装间,并与安装间及进厂公路布置在同一高程上,还应铺设运输主变压器的轨道。要注意将任一台主变压器运进安装间检修时不影响其余主变压器的正常工作。

(3)便于维护、巡视及排除故障。为此,在主变压器四周要留有 0.8~1.0 m 以上空间。

(4)土建结构经济合理。主变压器基础安全可靠,应高于最高洪水位。四周应有排水设施,以防雨水汇集为害。

6.2.3.2 升压变压器可能布置的位置

(1)对于引水式地面厂房,变压器场可能布置的位置是厂房的一端进厂公路旁、尾水渠旁、厂房上游侧或尾水平台上。引水式地面厂房一般靠山布置,厂房上游侧场地狭窄,若布置变压器场需增加土石开挖,且通风散热条件差;变压器布置在尾水平台上需增大尾水管长度。所以,这两种布置一般较少采用。

(2)对于河床式厂房,由于尾水管较长,可将升压变压器布置在尾水平台上,这时尾水平台的宽度,应使升压变压器在检修移出时符合最小安全净距的要求。

(3)对于坝后式厂房,可以利用厂坝之间的空间布置升压变压器。

(4)由于地形和场地的限制,个别水电站有可能将主变压器布置在厂房顶上。地下厂房的主变压器可布置在地下洞室内。

6.2.4 高压开关站的布置

高压开关站布置各种高压配电装置和保护设备,如电缆、母线、各种互感器、各种开关继电保护装置、防雷保护装置、输电线路,以及杆塔构架等。这些设备的规格、数量、布置方式和需要的场地面积,是根据电气主接线图、主变压器的位置、地形地质条件及运行要求而确定的。其布置原则如下:

(1)要求高压进出线及低压控制电缆安排方便而且短,出线要避免交叉跨越水跃区、挑流区等。

(2)地基及边坡要稳定。

(3)场地布置整齐、清晰、紧凑,便于设备运输、维护、巡视和检修。

(4)土建结构经济合理,符合防火保安等要求。

高压开关站一般为露天布置,应尽量靠近主变压器和中央控制室,且在同一高程上,但由于地形限制,往往存在高程差。通常布置在附近山坡上,也有的布置在主厂房顶上。当地形较陡时,可布置成阶梯式和高架式,以减少挖方。当高压出线不止一个等级时,可分设两个或多个开关站。

6.2.5 其他方面的布置

水电站的尾水渠一般为明渠,正向将尾水导入下游河道,少数情况也可侧向导入下游河道。水轮机的安装高程较低,为与天然河道相接,尾水渠常为倒坡。尾水管出口水流紊乱,流速分布不均匀,需设衬砌加以保护。布置尾水渠时要考虑泄洪的影响,避免泄洪时在尾水

渠中形成较大的壅高和漩涡,避免出现淤积。必要时要加设导墙,将水电站尾水与泄洪分开,减少水电站尾水波动而影响水电站的出力。在保证这些要求的同时,要尽量缩短尾水渠长度,以减小工程量。坝后式厂房或河床式厂房的尾水渠宜与河道平行,与泄洪建筑物以足够长的导水墙隔开。河岸式厂房的尾水渠应斜向河道下游,渠轴线与河道轴线交角不宜大于45°,必要时在上游侧加设导墙,保证泄洪时能正常发电。

码 6-17　图片-水电站的尾水平台及启闭设备

对外交通一般为公路,也有的采用铁路或水路。引水式厂房一般沿河岸布置,进厂公路可沿等高线从厂房一端进入厂房。坝后式厂房及河床式厂房进厂公路一般从下游侧进入。公路、铁路要直接通入主厂房的安装间,临近厂房一段应是水平的,长度不小于20 m,并有回车场地,回车场应与安装间同高,并有向外倾斜的坡度,避免雨水流进厂内。厂区内公路线的转弯半径一般不小于35 m,纵坡不宜大于8%,坡长限制在200 m内,单行道路宽不小于6.0 m。厂区内铁路线的最小曲率半径一般为200~300 m,纵坡不大于2%~3%,路基宽度不小于4.6 m,并应符合新建铁路设计技术规范的规定。铁路进厂前也要有一段较长的平直段,以保证车辆能安全、缓慢地进入厂房,并停在指定的位置。铁路一般应从下游侧垂直厂房纵轴进厂。

对厂区防洪排水应给予足够重视,保证厂房在各设计水位条件下不被淹没。当下游洪水位较高时,为防止厂房受洪水倒灌,可采取尾水挡墙、防洪堤、防洪门、全封闭厂房、抬高进厂公路及安装间高程等措施,或综合采取以上几种措施加以解决。在可能条件下尽量采用尾水挡墙或防洪堤以保证进厂交通线路及厂房不受洪水威胁;对汛期洪水峰高量大、下游水位陡涨陡落的水电站,进厂交通线路的高程可以低于最高尾水位,但进厂大门在汛期必须采用密封闸门关闭,而同时另设一条高于最高尾水位的人行交通道作为临时出入口。主、副厂房周围应采取有效的排水和保护措施,以防可能发生的山洪、暴雨的侵袭。临近山坡的厂房,应沿山坡等高线设一道或数道截水沟。整个厂区可利用路边沟、雨水明暗沟等构成排水系统,以迅速排除地面雨水。位于洪水位以下的厂区,为防止洪水期的倒灌和内涝,应设置机械排水装置。

【自测练习】

请扫描二维码,做自测练习。

码 6-18　任务 6.2 自测练习

任务 6.3　厂房设备布置

码 6-19　思维导图-水电站厂房设备

6.3.1　厂房设备布置的内容和要求

在枢纽布置、厂房类型、电气主接线和主要设备的选择初步确定后,即可进行厂房设备布置。厂房设备布置的主要内容是:①确定水轮机、发电机、调速设备、主阀、起重设备,以及其他辅助设备在厂房内的合理位置、布置形式和支承方式;②确定主、副厂房的布置方式,以及主、副厂房的尺寸;③确定主厂房内垂直通道和水平通道的位置和尺寸;④提供设备布置的图纸和数据,以供设备安装和厂房结构设计使用。设备布置应满足以下基本要求:

(1)必须结合水电站枢纽的地形地质条件、自然环境和水工建筑物在布置上的特点等,尽量减小土建工程量,使总造价经济合理。

(2)设备布置紧凑,位置合理,便于安装、运行、检修和操作管理,尽量减小安装工程量。

(3)能满足劳动保护、自动化管理、防空等特殊要求,以及防火、防淹、防潮等要求,并能适应水电站分期建设和提前发电的需要。

(4)应能满足水工结构和建筑施工方面的要求,力求布置整齐美观。

6.3.2 水轮发电机

码6-20 图片-白鹤滩水轮机发电机组组成部件

6.3.2.1 发电机的类型及传力方式

立轴水轮发电机就其传力方式可分为以下两大类。

1. 悬挂式发电机

如图6-9所示,推力轴承位于转子上方,支承在上机架上。悬挂式发电机组转动部分(包括发电机转子、水轮机转轮、主轴和作用于转轮上的水压力)的重力,通过推力头和推力轴承传给上机架,上机架传给定子外壳,定子外壳再把力传给机墩,整个机组好像在上机架上挂着一样,因此称为悬挂式。

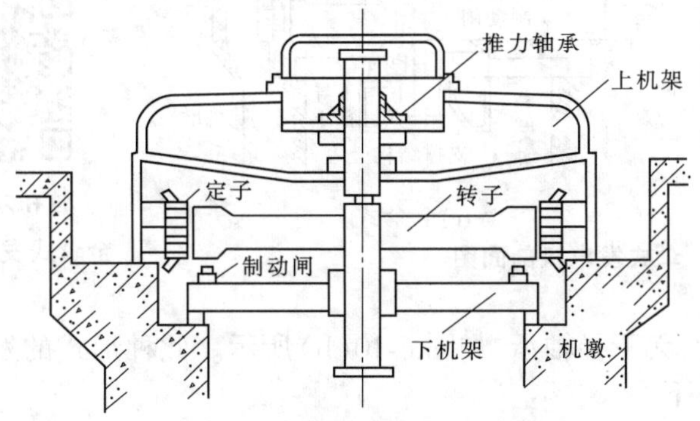

图6-9 悬挂式发电机示意图

码6-21 图片-悬挂式发电机

下机架的作用是支撑下导轴承和制动闸,下导轴承的作用是防止主轴摆动。当机组停机时,需用制动闸将转子顶起,以防烧毁推力头和推力轴承。制动闸反推力、下导轴承自重等通过下机架传给机墩。发电机层楼板自重和楼板上设备重力通过通风道外壳传到机墩上。悬挂式发电机的稳定性比伞式好,故转速大于150 r/min的高转速发电机则多做成悬挂式。

码6-22 图片-伞式发电机

2. 伞式发电机

如图6-10所示,伞式发电机推力轴承位于转子下方,设在下机架上。

整个发电机像把伞,推力头像伞柄,转子像伞布,故称为伞式发电机。

1)普通伞式

普通伞式发电机有上下导轴承,如图6-10(a)所示。

机组转动部分的重力通过推力头和推力轴承传给下机架,下机架再把力传给机墩。上机架只支撑上导轴承和励磁机定子。由于利用水轮机和发电机之间的轴安放推力头,上机架的高度可减小,轴长可缩短,因而降低了厂房高度。发电机的重力比悬挂式要小,发电机转子可单独吊出,不需卸掉推力头,安装、检修都比较方便。

伞式发电机转子重心在推力轴承之上,重心较高,运转时容易发生摆动,应用范围受到限制。对于大容量、转速小于150 r/min的发电机,由于转子直径大、高度小、重心低,多做成伞式。

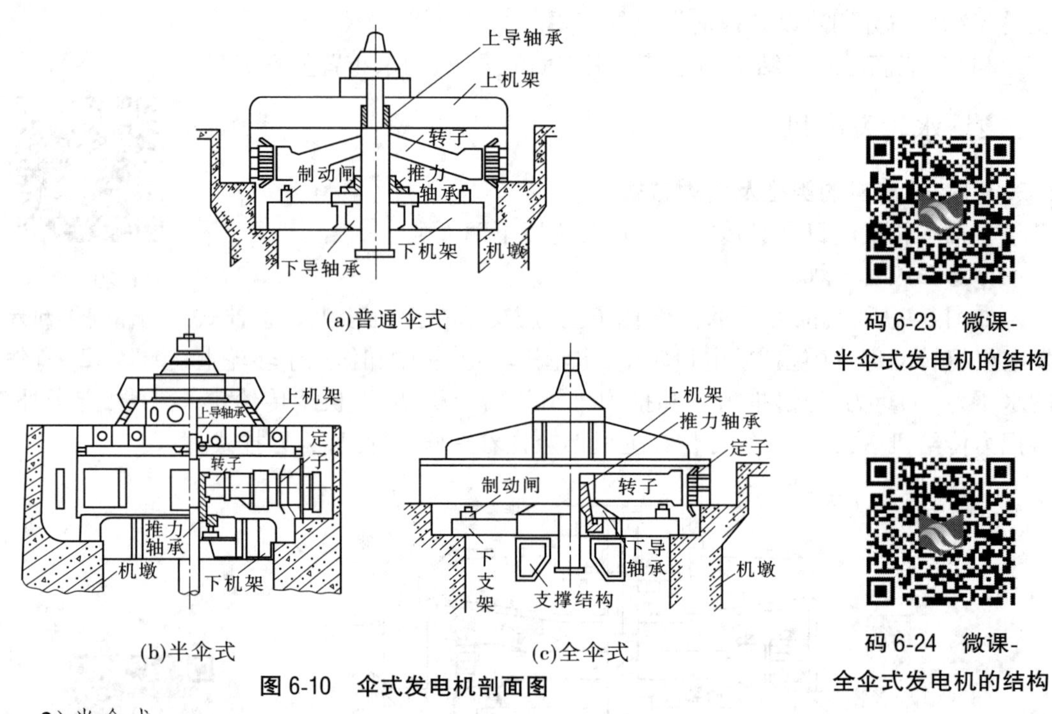

(a)普通伞式

(b)半伞式

(c)全伞式

图6-10　伞式发电机剖面图

码6-23　微课-半伞式发电机的结构

码6-24　微课-全伞式发电机的结构

2)半伞式

半伞式发电机有上导轴承,无下导轴承,如图6-10(b)所示。此种形式的发电机通常将上机架埋入发电机层地板以下。

3)全伞式

全伞式发电机无上导轴承,有下导轴承,如图6-10(c)所示。机组转动部分的重力通过推力轴承的支撑结构传到水轮机顶盖上,通过顶盖传给水轮机座环。这种发电机的上机架仅仅支撑励磁机定子和上导轴承,结构简单,尺寸小。下机架只支撑下导轴承和制动闸的反作用力,结构尺寸也较小。这种传力方式进一步缩短了发电机的轴长,减小了转子的质量,同时也降低了厂房的高度。

码6-25　微课-水轮发电机及励磁系统介绍

6.3.2.2　发电机的励磁系统

励磁系统是向发电机转子提供形成磁场的直流电源。一般每台发电机都设置各自独立的励磁系统。励磁系统包括励磁机和励磁盘。

(1)励磁机实际上是直流发电机,由水银整流器组成的离子励磁系统和半导体整流等非直接励磁系统。大型水轮发电机多采用静电可控硅励磁方式。

(2)励磁盘是装设水轮发电机励磁回路的控制设备和自动调整装置的配电盘,其作用是控制和调整水轮发电机的励磁电流。每台发电机一般有 3~5 块励磁盘,一般布置在发电机层的上游侧或下游侧。

6.3.2.3　发电机的支承结构

立轴发电机的支承结构通常称为机墩或机座,它的底部固结在水轮机层大体积混凝土上,上部与发电机层楼板或风罩连接。它的作用是将发电机支承在预定的位置上,并为机组的安装、运行、维护、检修创造有利的条件。立轴机组的机墩承受水轮发电机组的全部动、静荷载,有时还要承受发电机层楼板传来的部分荷载并将这些荷载传给厂房的下部块体结构。为保证机组正常运行,要求机墩具有足够的强度、刚度和稳定性,同时具有良好的抗震性能,一般为钢筋混凝土结构。常见的机墩有如图 6-11 所示的几种形式。

1. 圆筒式机墩

码 6-26　图片-圆筒式机墩

如图 6-11(a)所示,其结构形式一般为上、下直径相同的等厚的钢筋混凝土圆筒,其壁厚在 1 m 以上,上端与发电机层楼板相连或与发电机风罩相连,下端则固结于蜗壳顶部的混凝土上。外部形状一般为圆形,有时为了施工立模便利,也有做成正八角形的。内壁为圆形的水轮机井,水轮机安装、检修时,转轮和顶盖可由井中吊进和吊出。水轮机井的下部直径可略小于座环外径,一般为转轮直径的 1.3~1.4 倍,这样可使机墩荷载的一部分经水轮机座环传至下部块体结构。机墩的一侧需布置接力器,另一侧布置机墩进人孔,其尺寸一般为 2 m ×1.2 m 左右。

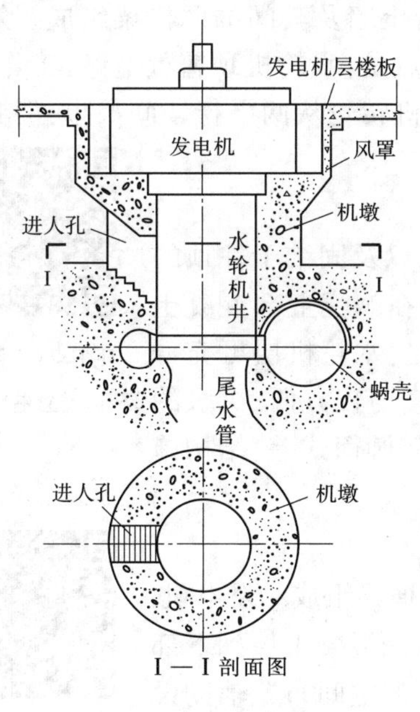

(a)圆筒式机墩

发电机
楼板
平行墙
平行墙
蜗壳

(b)平行墙式机墩

图 6-11　发电机机墩形式

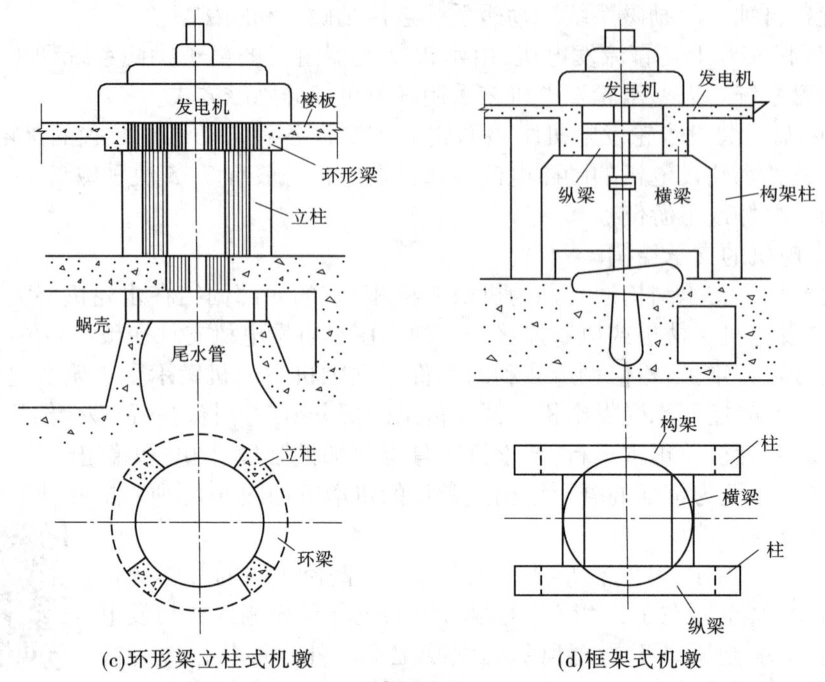

(c)环形梁立柱式机墩　　(d)框架式机墩

续图 6-11

圆筒式机墩广泛应用于各种水头和容量的机组,其优点是:刚度较大,抗压、抗扭、抗震性能较好;结构简单,施工方便。缺点是:占水轮机层空间较大,使辅助设备布置和预埋管路等较为不便;水轮机井空间较小,使水轮机安装、检修、维护不方便。一般适用于大中型机组。

2. 平行墙式机墩

如图 6-11(b)所示,机墩由两平行承重钢筋混凝土墙及其间的两横梁组成。发电机直接支承在平行墙及其间的横梁上。这种机墩的优点是:水轮机顶盖处宽敞,工作方便,检修水轮机时可以在不拆除发电机的情况下将水轮机转轮从两平行墙间吊出,但其刚度和抗扭性不如圆筒式机墩。

3. 环形梁立柱式机墩

如图 6-11(c)所示,机墩一般由 4 根或 6 根立柱以及固结于柱顶的环形梁组成,发电机支承在环形梁上,立柱底部固结在蜗壳上部混凝土上,并将荷载传到下部块体结构。这种机墩的优点是:水轮机层可充分利用立柱间的净空布置设备;机组的出线、安装、检修均较方便;机墩的混凝土用量少。缺点是:结构刚度及抗扭、抗震性能较圆筒式差,结构施工略复杂,一般适用于中小型机组。

码 6-27　图片-环形梁立柱式机墩

4. 框架式机墩

如图 6-11(d)所示,机墩由两个纵向构架和两根横梁组成。发电机支承在框架上部的梁系上,并由框架将荷载经蜗壳外围混凝土传到下部块体结构。这种机墩的优点是:可方便地利用框架下的空间布置辅助设备和管路等;机组的安装、检修都较方便;施工简单,节省材料,造价较低。缺点是:刚度、抗扭和抗震性较差。其一般适用于小型机组。

码 6-28　图片-框架式机墩

对大型水电站还可用矮机墩、钢机墩等。

6.3.2.4 发电机的布置形式

发电机的布置形式常见的有定子外露式布置、定子埋入式布置、上机架埋入布置三种。

定子外露式布置也叫开敞式，如图 6-12(a)所示。发电机定子完全露出于发电机层地面以上。此种布置在大型机组中不多见，适用于容量较小的机组，因其占去发电机层地板很多位置，显得拥挤，同时水轮机层高度小，不便在其间布置夹层。

所谓定子埋入式布置，就是发电机定子埋入发电机层楼板下机坑内，如图 6-12(b)所示。此种布置使得发电机层较宽敞，由于提高了发电机层地面高程而增大了水轮机层高度，可利用增设中间层布置发电机引出线及电气设备。定子埋入式布置目前采用较多，适用于大中型机组。

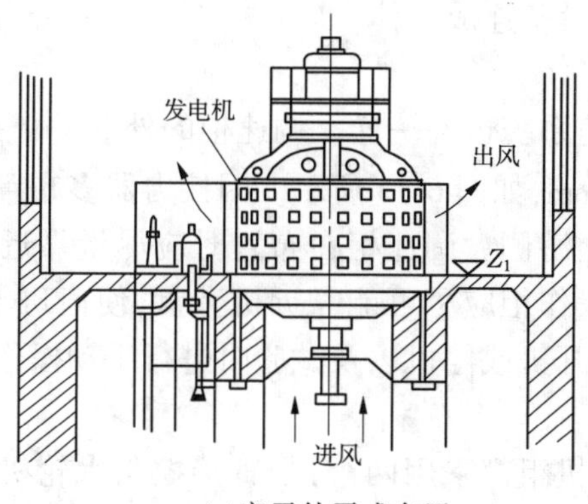

(a)定子外露式布置

码 6-29 图片-定子外露式布置

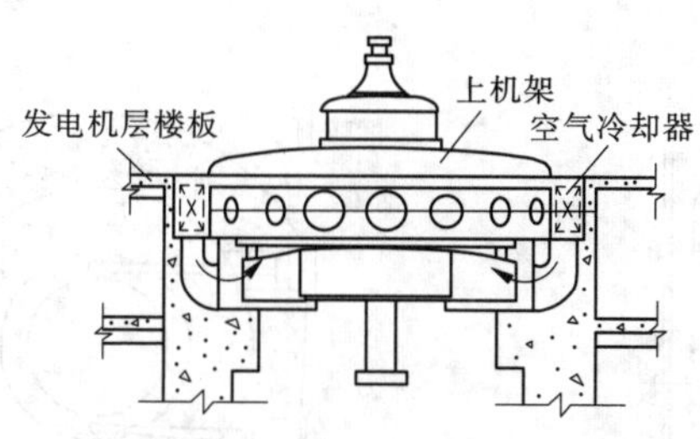

(b)定子埋入式布置

码 6-30 图片-定子埋入式布置

图 6-12 发电机的布置形式

单机容量在 100 MW 以上的大型机组常采用上机架埋入布置，即发电机定子及上机架全部埋设在发电机层楼板之下，发电机层只留有励磁机。这样要增加一些厂房的高度，但发电机层较宽敞，检修场地大，有利于各种控制设备和辅助设备的布置，有利于减小厂房的宽度。

码 6-31 图片-上机架埋入布置

6.3.3　主厂房内的附属设备

附属设备是保证机组正常运行和安装所必需的，对厂房的布置和尺寸也有一定的影响。主厂房内属于水轮机附属设备的有调速系统和调压阀等；属于发电机附属设备的有主引出线、中性点设备、励磁系统、机旁盘和发电机冷却设备等。

6.3.3.1　水轮机的调速设备

每台机组装设一套由调速器、油压装置等附属设备组成的调速系统，且应尽量布置在本机组段内，以免当机组分期安装时给施工和安装带来困难。调速系统根据电力系统要求自动调整机组的出力，同时使机组保持一定的额定转速。

码 6-32　微课-水轮机调速器介绍

调速设备一般由调速柜(操作柜)、接力器(作用筒)、油压装置三部分组成，三部分之间用管路和传动设备连成一体。

1. 调速柜(操作柜)

单机容量不同，机型不同，调速系统也不一样。调速柜的外形尺寸变化不大，一般为方形，尺寸为 800 mm×800 mm×900 mm，如图 6-13 所示。因接力器多布置在机墩的上游侧，所以调速柜也多布置在发电机的上游侧。调速柜在布置时应尽量靠近接力器，以缩短油管，并便于安装回复装置。同时，操作柜应尽可能靠近机旁盘，使值班人员在调速柜旁能通视机旁盘上的各种仪表，以便在开机或停机以及试验时进行手动操作。

2. 接力器(作用筒)

接力器是个油压活塞，大中型机组都采用两个，是直接控制水轮机导叶开度，调节进入水轮机流量，以保持机组转速稳定的机构，因蜗壳上游断面尺寸较小，接力器一般布置在上游侧机墩内，如图 6-14 所示。

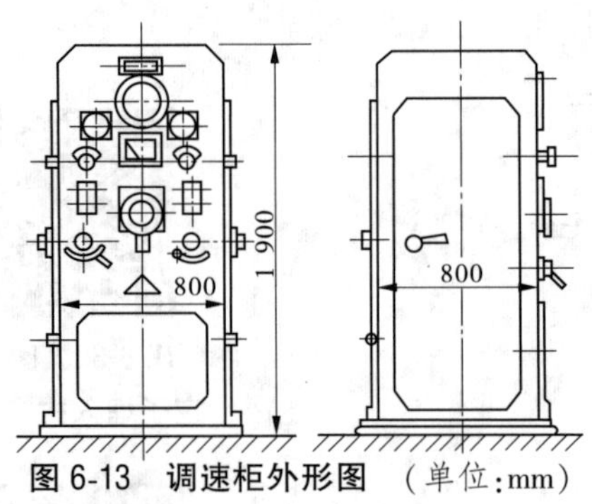

图 6-13　调速柜外形图　(单位：mm)

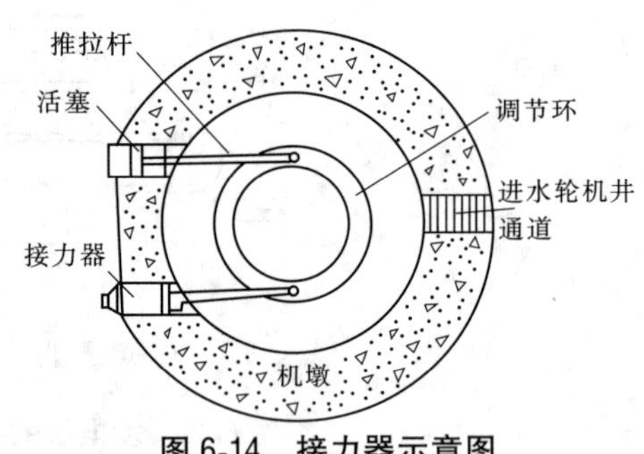

图 6-14　接力器示意图

3. 油压装置

油压装置由压力油罐、储油槽和油泵组成，如图 6-15 所示。油罐内油压为 2.5 MPa，供推动活塞用。油压靠压缩空气维持，所以油桶内上部为压缩空气。工作后的油回到储油槽，罐内油量不足时，由油泵将储油槽中的油打入罐内。油泵一般为两台，一台工作，一台备用。油压装置应尽可能地靠近操作柜并布置在同一高程，以缩短油管长度。

调速柜和油压装置均应布置在桥式吊车吊钩的工作范围之内，周围还应留 1 m 左右的通道，以便安装、检修。

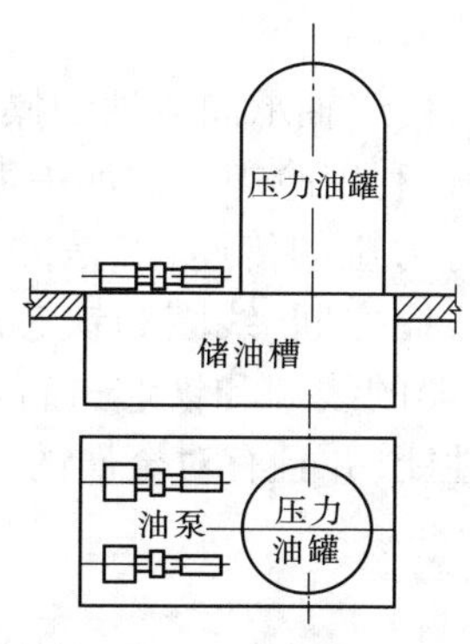

图 6-15 油压装置示意图

码 6-33 图片-调速器油泵装置

6.3.3.2 发电机的附属设备

1. 发电机主引出线

主引出线即母线,通常采用扁方形的汇流铜排或铝排,小型水电站也可采用电缆。母线是用来将发电机发出的电流送往主变压器的线路。由于母线价格较贵,故要求在厂房内母线长度应最短,并且是明线,没有干扰,出线要畅通,母线道应干燥,且通风散热条件好。因此,主引出线由发电机定子上的引出端接出后,通过主出线道进入母线道,经低压配电装置,最后接主变压器。引出线一般固定在出线层天花板的母线架上,并用铁丝网围护。在引出线上,常接有电压互感器和电流互感器等。中性点的位置应与发电机主引出线位置错开一定角度。容量大的机组在中性点需设消弧线圈,可将它布置在机墩附近。

2. 励磁盘

励磁盘是用于控制和调整发电机励磁电流的,每机有 3~5 块,它与励磁机联系较多,故最好布置在空气比较干燥的主机房内,或布置在与发电机层同高的副厂房内。

3. 机旁盘

机旁盘一般包括机组自动操作盘、继电保护盘、测量盘和动力盘等,每机 3~5 块,用来监视和控制机组运行。采用电气液压调速器时,其电气元件盘常和机旁盘并列布置在一起。机旁盘常布置在发电机层主机的侧旁。对于采用金属蜗壳的中高水头水电站厂房,机旁盘与调速器操作柜常布置在发电机层上游侧。机旁盘与厂房墙之间应有不小于 0.8 m 的检修试验通道,盘面至发电机风道盖板边缘或吊物孔边缘应有 0.6~0.8 m 的通道,以便在机组或主阀检修时,盘前仍可通行。

6.3.4 主厂房内的辅助设备

码 6-34 微课-某水电站油气水辅助系统介绍

辅助设备是保证机组正常运行和安装所必需的,对厂房的布置和尺寸也有一定的影响。属于厂房辅助设备的有油系统、压缩空气系统、水系统和水电站厂房的起重设备等。

6.3.4.1 油系统

油系统是用管网把用油、储油、油处理设备连接起来的油务系统。其任务是:接收新油、储备净油,给设备充油,给运行设备添油,从设备中排出污油,污油的净化处理,油的监督与维护,收集和保存废油。油系统由油库、油处理室、油化验室及油再生设备、管网和测量及控制元件所构成。

1. 作用及分类

水电站油系统的任务有两个方面：一是供给机组轴承润滑油和操作用的压力油，称为透平油，其作用是在机组轴承中与瓦间进行润滑，利用冷却水在油中循环带走轴承热量的方法对瓦进行散热，在调速器与球阀控制中进行力矩的传递；二是供给变压器、油开关等电气设备的绝缘油，其作用是对变压器线圈和线圈之间、线圈和铁芯之间、线圈和外壳之间进行绝缘，变压器油受热后产生对流，对变压器的线圈和铁芯进行散热，变压器油还能使木材、纸等绝缘材料保持原有的化学和物理性能，并且有对金属的防腐作用、熄灭电弧。两种油的性质不同，应有两套独立的油系统。

2. 油系统的布置

透平油的用油设备均在厂内，故透平油库一般布置在厂内，只有在油量很大时才在厂外另设储存新油的油库。绝缘油用量大的主变压器和开关站都在厂外，所以绝缘油库常布置在厂外主变压器和开关站附近。油库在厂房内，可以布置在安装间下层、水轮机层或副厂房内。油库要特别注意防火，储量大于100 t时应设在厂外。油处理室一般设在油库旁。透平油与绝缘油常合用油处理室。相邻水电站可合用一套油处理设备。补给油箱常设在主厂房的吊车梁下。当设备中的油有消耗时，补给油箱自流补给新油。当不设补给油箱时，可利用油泵补给新油。当变压器、油开关、油库发生燃烧事故时，迅速将油排入事故油槽中，以免事故扩大。事故油槽应布置在便于充油设备排油的位置，并便于灭火。油的输送及控制设备一般布置在水轮机层一侧。进油管一般涂红色，排油管涂黄色。

6.3.4.2　压缩空气系统

1. 压缩空气系统的用途

压缩空气分为低压压缩空气和高压压缩空气。

（1）低压压缩空气系统。其作用是：机组制动；调相运行压水；蝶阀关闭时，将压缩空气通入阀上的空气围带，使其膨胀而减少漏水；检修时清扫设备，供风动工具使用；通向拦污栅，防冻清污等。额定气压为0.5~0.8 MPa。

（2）高压压缩空气系统。其作用是：为厂房中所有调速器油压装置的压力油箱充气。调速器压力油箱中约有2/3的体积为压缩空气，以保证调速器用油时无过大的压力波动。额定气压为2.5 MPa及4 MPa。配电装置如空气断路器的灭弧和操作用气，以及开关和少油断路器的操作用气，额定气压为2~5 MPa。

2. 压缩空气系统的布置

压缩空气系统的组成有空压机、储气罐、输气管、测量控制元件。用气设备如远离厂房（如高压开关站及进水口），则在该处另设压缩空气系统，厂房内高低压压缩空气系统均要设置。空气压缩机室一般布置在水轮机层的安装间下面，其噪声很大，要远离中央控制室，并满足防火防爆要求。输气管及阀门一般与油、水管道一起布置在水轮机层的上游侧或下游侧。输气管一般涂白色。

6.3.4.3　水系统

水系统按其用途可分为供水系统和排水系统两大类。

1. 供水系统

水电站厂房内的供水包括技术供水、生活供水和消防供水。技术供水主要提供冷却及润滑用水，供水对象如发电机的空气冷却器、机组导轴承和推力轴承的油冷却器、水润滑导轴承、空气压缩机汽缸冷却器、变压器的冷却设备等。用量最大的是发电机和变压器的冷却用水，可达技术用水的 80%左右，要求水质清洁，不含对管道和设备有害的化学成分。

一般供水系统的取水方式包括从压力管道取水、从上游水库取水、从下游水泵取水和从地下水源取水。供水系统由水源、供水设备、水处理设备、管网和测量控制元件组成。管路应尽可能靠近机组，以缩短管线并减小水头损失。供水泵房应布置在水轮机层或以下的洞室内。供水系统中的水管、阀门及过滤设备等一般均与油、气系统管路一起布置在水轮机层的一侧。水电站中的技术供水管一般涂蓝色。

码 6-35　视频-云岭工匠 丁文华巨型水轮机顶盖取水大师

消防供水要求水流能喷射到建筑物的最高部位，流量一般为 15 L/s。消防供水可从上游压力管道、下游尾水渠或生活用水的水塔取水，并且应设置两个水源。生活用水根据工作人员人数确定。消防供水管一般涂橙色。

2. 排水系统

厂房内的生活用水、技术用水，阀门、建筑物及其他设备的渗漏水，均需及时排走。发电机冷却用水等均自流排往下游。不能自流排除的用水和渗水，则集中到集水井，再用水泵排到下游。这个系统称为渗漏排水系统。

机组检修时常需要排空蜗壳和尾水管，为此需设检修排水系统。检修时，将机组前蝶阀或进水闸门关闭，蜗壳及尾水管中的水自流经尾水管排往下游。当蜗壳和尾水管中的水位等于下游尾水水位时，关闭尾水闸门，利用检修排水泵将余水排走。检修排水可采用下列几种方式：

(1) 集水井。各尾水管与集水井之间以管道相连，并设阀门控制，尾水管的积水可自流排入集水井，再用水泵排走。

(2) 排水廊道。在厂房最低处沿纵轴线设一廊道，各尾水管的积水直接排入廊道，再由水泵排走。由于廊道体积大，尾水管中积水排除迅速，可缩短检修时间。

(3) 分段排水。在每两台机组之间设集水井和水泵，担负两台机组的检修排水。

(4) 移动水泵。需检修某台机组时，临时移动水泵装在该处进行排水。

水泵集中在水泵房内，集水井设在水泵房的下层。集水井通常布置在安装间下层、厂房一端、尾水管之间或厂房上游侧。集水井的底部高程要足够低，以便自流集水。每个集水井至少设两台水泵，一台工作，一台备用。排水管一般涂绿色，污水管涂黑色。

6.3.4.4　水电站厂房的起重设备

为了安装和检修机组及其辅助设备，厂房内要装设专门的起重设备。最常见的起重设备是桥式起重机（桥吊）。桥吊由横跨厂房的桥吊大梁及其上部的小车组成。桥吊大梁可在吊车梁顶上沿主厂房纵向行驶，桥吊大梁上的小车可沿该大梁移动，如图 6-16 所示。

码 6-36　图片-电站厂房起重设备

起重设备的类型和吊运方式对厂房上部结构和尺寸影响较大，正确选择起重设备和吊运方式，可减小其宽度或高度。水电站起重设备的技术资料见起重设备产品目录或《水力机械设计手册》。

1. 桥吊的起重量和台数

桥吊的最大起重量取决于所吊运的最重部件，一般为发电机转子。悬挂式发电机的转子需带轴吊运，伞式发电机的转子可带轴吊运，也可不带轴吊运。对于低水头水电站，

最重部件也可能是带轴或不带轴的水轮机转轮。少数情况下,桥吊的起重量取决于主变压器(主变压器需要在厂内检修时)。

桥式起重机有单小车和双小车两种。单小车设有主钩和副钩,当起重量不大时一般采用一台双钩桥吊;双小车是在桥吊大梁上设有两台可以单独或联合运行的小车,每台小车只有一个起重吊钩,起重量大于 75 t 时,可采用双小车桥吊。与单小车相比,双小车桥吊不仅质量轻,外形尺寸小,而且用平衡梁吊运带轴转子时,主轴可以超出主钩极限位置

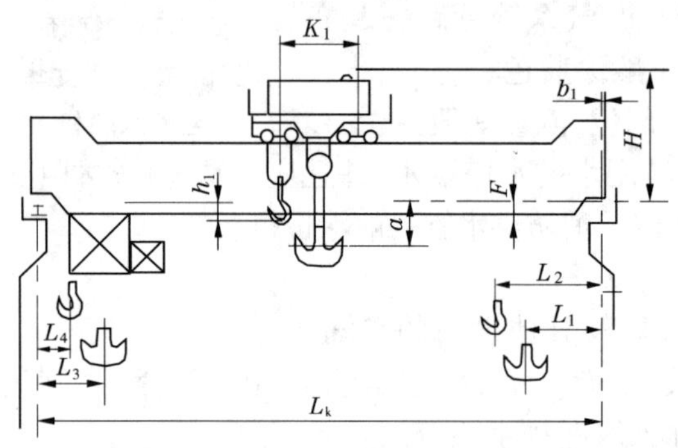

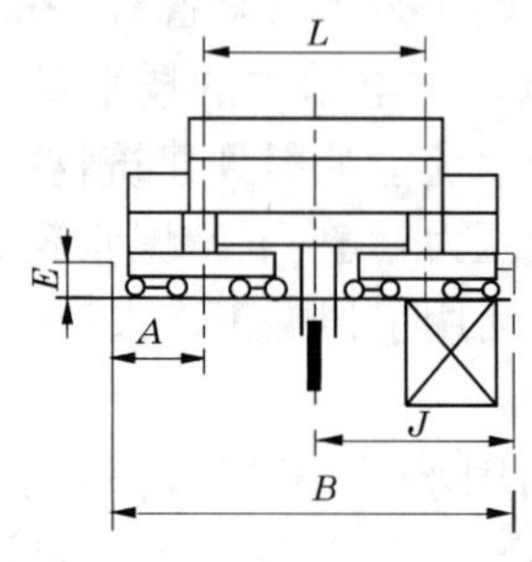

L_k—桥吊跨度;L_1、L_2,L_3、L_4—主、副钩至轨道中心极限距离;
a、h_1—主、副钩中心至轨顶的极限距离;F—桥吊大梁底面至轨顶的距离;
K_1—桥吊小车轮距;H—轨顶至桥吊顶端的距离;
b_1—轨道中心至桥吊外端的距离;B—桥吊最大宽度;J—桥吊宽度的一半;
L—小车轨距;A—车轮中心至缓冲器外端的距离;E—轨顶至缓冲器的距离。

图 6-16　桥式吊车构造图

码 6-37　动画-水电站厂房起重设备的运行

以上,从而可降低主厂房的高度。当机组较大而且台数多于 6 台时,也可考虑采用两台吊车。两台桥吊可降低厂房高度,运用较灵活。

2. 桥吊跨度与工作范围

桥吊跨度是指桥吊大梁两端轮子的中心距。选择桥吊跨度时应综合考虑下列因素:

(1)桥吊跨度要与主厂房下部块体结构的尺寸相适应,使主厂房构架直接坐落在下部块体结构的一期混凝土上。

(2)满足发电机层及安装间布置要求,使主厂房内主要机电设备均在主、副钩工作范围之内,以便安装和检修。

(3)尽量采用起重机制造厂家所规定的标准跨度。

桥式起重机的工作范围是指主钩和副钩所能到达的范围,起重机产品目录上给出的吊钩各方向上的极限位置构成吊车的工作范围。

【自测练习】

请扫描二维码,做自测练习。

码 6-38　任务 6.3 自测练习

任务 6.4　立式机组主厂房的布置

立式机组地面厂房是各种水电站中应用最多的一种形式。下面着重介绍立式机组地面厂房主厂房的布置。

6.4.1　主厂房的结构轮廓

水电站主厂房是安装水轮发电机组及其辅助设备的场所,根据设备布置的需要通常在高度方向上分为数层,如图 6-17 所示。通常以发电机层楼板高程为界,将主厂房分为上部结构和下部结构两部分。上部结构包括屋顶结构、围墙、门窗、楼板、吊车梁以及支承屋顶结构和吊车梁的构架柱等,这些构件在水电站中多为钢筋混凝土结构。下部结构是混凝土块体结构,体积比较庞大,基础开挖和工程量都比较大,并且下部结构中埋设部件很多,使施工变得复杂。上下部结构高度之和(由尾水管基底至屋顶的高度)就是主厂房的总高度。水轮机轴中心的连线称为主厂房的纵轴线,与之垂直的机组中心线称为横轴线。每台机组在纵轴线上所占的范围为一个机组段,各机组段和安装间长度的总和就是主

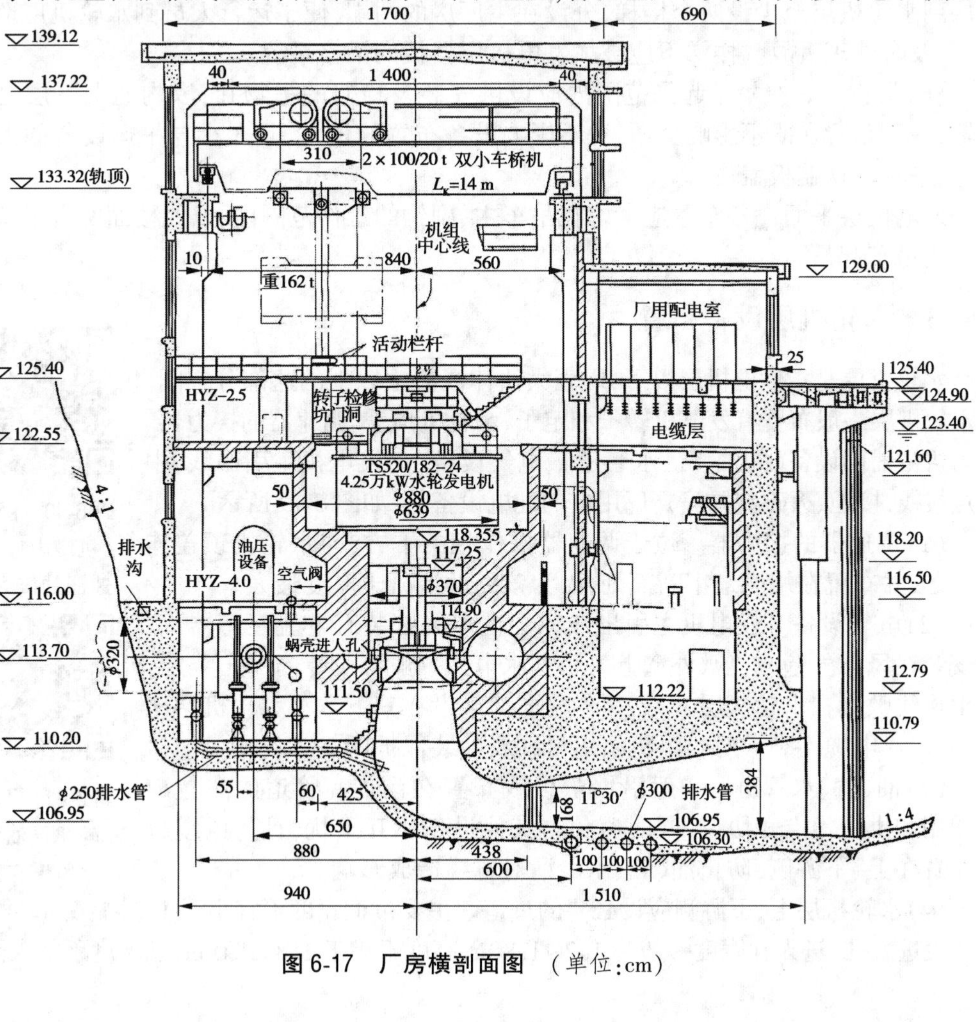

图 6-17　厂房横剖面图　(单位:cm)

厂房的总长度,厂房在横轴线上所占的范围就是主厂房的宽度。

厂房内部布置应根据机电布置、设备安装、检修及运行要求结合水工结构布置统一考虑。图6-17~图6-20为某水电站厂房横剖面图和平面布置图。

6.4.2　发电机层设备布置

码6-39　图片-发电机层机旁盘、励磁盘

发电机层为安放水轮发电机组及辅助设备和仪表盘柜的场地,也是运行人员巡回检查机组、监视仪表的场所。发电机层楼板以上布置有发电机上机架、调速器操作柜、油压装置、机旁盘、励磁盘、桥式吊车等主要设备,以及主阀孔、楼梯、吊物孔等厂内交通设施,如图6-18所示。

(1)机旁盘。与调速器布置在同一侧,靠近厂房的上游墙或下游墙。

(2)调速柜。应与下层的接力器相协调,尽可能靠近机组,并在吊车的工作范围之内。

(3)励磁盘。为控制励磁机运行而设置的,常布置在发电机近旁。

(4)主阀孔。如果在水轮机前装设主阀,则其检修需要在发电机层的安装间内进行,这就需要在发电机层与其相应的部位预留吊孔,以方便检修和安装。

(5)楼梯。每隔一段距离需要设置一个楼梯,一般两台机组设置一个楼梯。由发电机层到水轮机层至少设两个楼梯,分设在主厂房的两端,便于运行人员到水轮机层巡视和操作,及时处理事故。楼梯不应破坏发电机层楼板的梁格系统。

(6)吊物孔。在吊车起吊范围内应设供安装及检修的吊物孔,以沟通上下层之间的运输,一般布置在既不影响交通,又不影响设备布置的地方,其大小与吊运设备的大小相适应,平时用铁盖板盖住。

发电机层平面设备布置应考虑在吊车主、副钩的工作范围内,以便楼面所有设备都能由厂内吊车起吊。

6.4.3　水轮机层设备布置

码6-40　图片-机墩内部调速器的接力器

水轮机层是指发电机层以下,蜗壳大块体混凝土以上的这部分空间。在水轮机层一般布置有发电机转子和定子、水轮机顶盖、调速器的接力器、水力机械辅助设备(如油、气、水管道)、电气设备(如发电机主引出线,中性点接线,接地、灭磁装置等)、厂用电的配电设备等,如图6-19所示。

(1)调速器的接力器。位于调速器操作柜的下方,与水轮机顶盖连在一起,并布置在蜗壳最小断面处,因为该处的混凝土厚度最大。

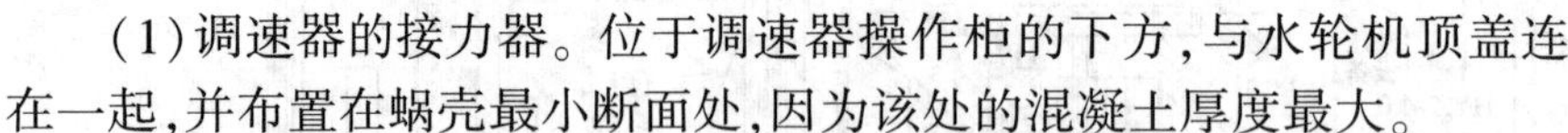

码6-41　图片-水轮机层油、气、水管道布置

(2)电气设备。发电机主引出线和中性点侧都装有电流互感器,一般安装在风罩外壁或机墩外壁上。小型水电站一般不设专门的出线层,引出母线敷设在水轮机层上方,而各种电缆架设在其下方。水轮机层比较潮湿,对电缆不利。对发电机引出母线要加装保护网。

(3)油、气、水管道。一般沿墙敷设或布置在沟内。管道的布置应与使用和供应地点相协调,同时避免与其他设备相互干扰,且与电缆分别布置在上、下游侧,防止油、气、水渗漏对电缆造成影响。

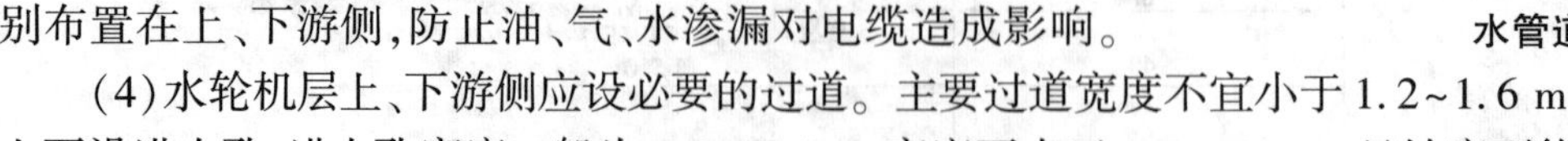

(4)水轮机层上、下游侧应设必要的过道。主要过道宽度不宜小于1.2~1.6 m。机墩壁上要设进人孔,进人孔宽度一般为1.2~1.8 m,高度不小于1.8~2.0 m,且坡度不能太陡。

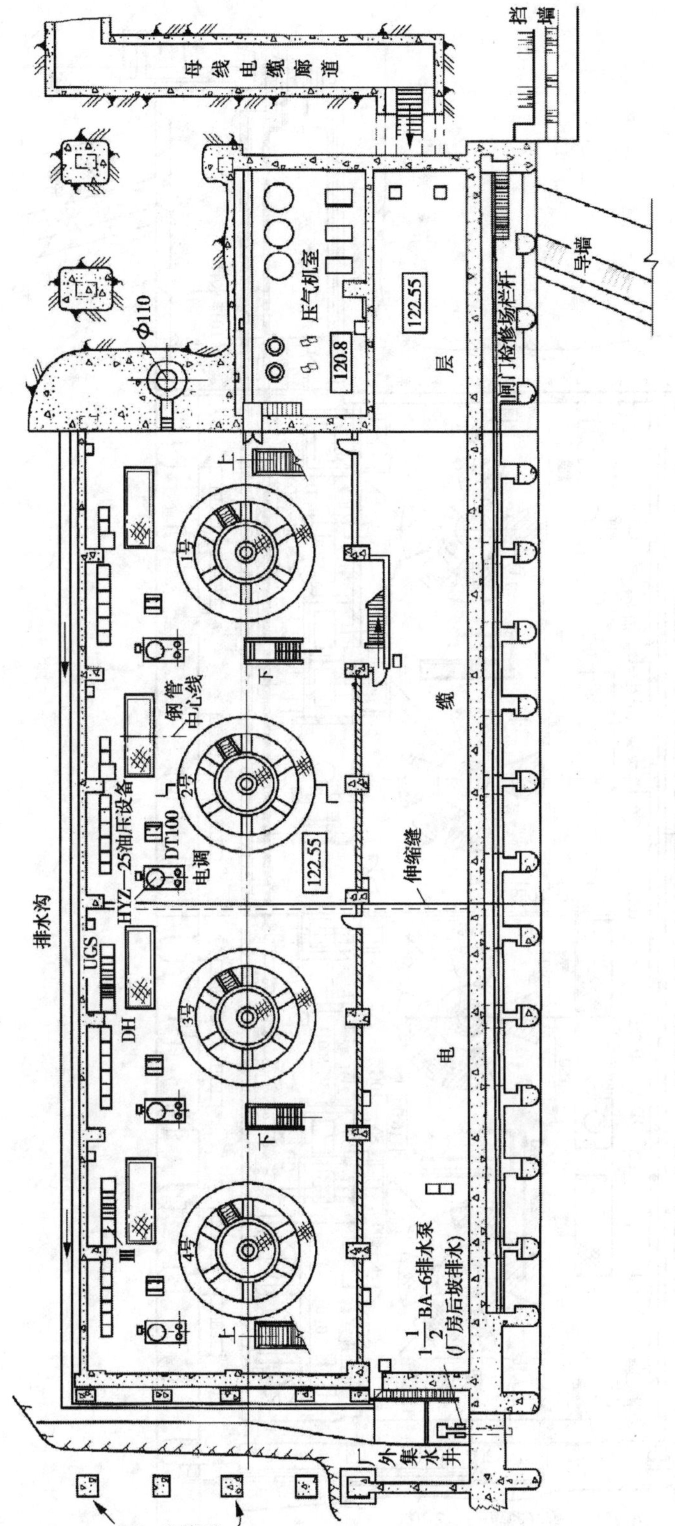

图 6-18　厂房发电机层平面图　（单位:cm）

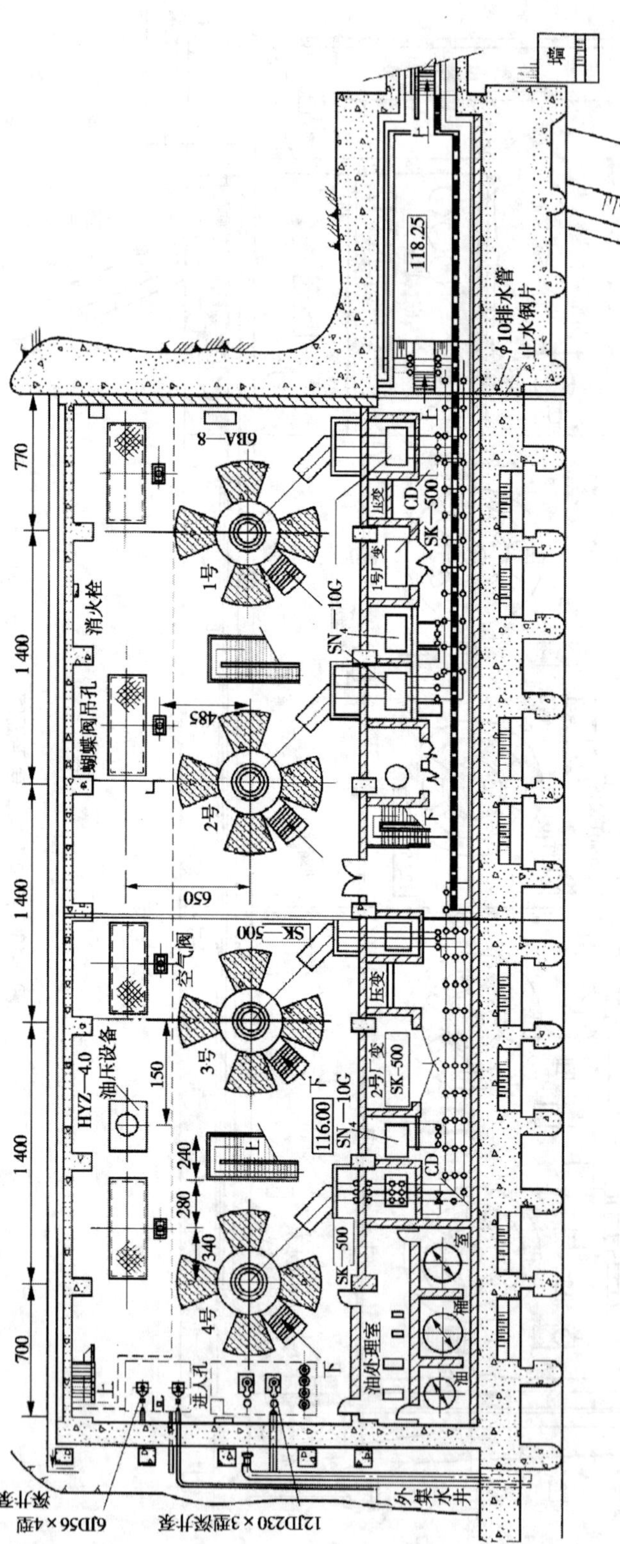

图 6-19 厂房水轮机层平面图 （单位:cm）

6.4.4 蜗壳层的布置

图 6-20 为某水电站厂房蜗壳层平面布置,蜗壳层除过流部分外,均为大体积混凝土,布置较为简单。

(1)主阀。当引水式水电站采用联合供水或分组供水时,在蜗壳进口前设置阀门,一般称为主阀。单元供水的高水头长管道,也需在每台机组前设置阀门,以策安全。水头高时装设球阀,水头低时装设蝶阀。

主阀的布置方式一般有两种:一种是将主阀布置在主厂房内的上游侧,并位于桥吊工作范围之内,阀上各层楼板都设有主阀吊物孔,可利用主厂房内的桥式吊车来安装和检修主阀。这种布置比较紧凑,运行管理方便,但往往会增加厂房宽度,并且若主阀爆裂,水流会淹没主厂房。因此,要求主阀必须十分安全可靠。另一种是将主阀布置在厂房外专设的阀室中,对于高水头的地下厂房,或在特殊的情况下才采用第二种布置方式。这时主阀的运输、安装、检修需专设起重运输设备和通道,也不便于运行维护。采用这种布置时,主阀室要设置专门的水流出口,一旦主阀爆裂可将水流排走,以免对主厂房造成危险。

主阀室或主阀廊道必须有足够的空间,以利于主阀的安装和维护,净宽一般为 4~5 m。由于主阀室常有少量漏水,故阀室中还必须设置排水沟或排水管向集水井排水。主阀的上游侧常设置伸缩节,以便于主阀的安装和检修,并使受力条件明确。

(2)蜗壳。中高水头水电站厂房内的混流式水轮机一般采用金属蜗壳,其具体尺寸由水轮机制造厂家提供。为了在检修水轮机时,能将蜗壳和主阀后面进水管中的水放空,通常在紧靠主阀下游钢管的底部装设通往尾水管或集水井的排水管,并装设控制阀门。同时,在进水钢管的顶部还应安装通气阀,以便于蜗壳和钢管放空或充水时,能自动充气和排气。蜗壳进人孔一般可设在主阀下游进水钢管处。一般进人孔的直径为 60 cm,进人孔通道尺寸不小于 1 m×1 m。

低水头的水电站厂房可采用钢筋混凝土蜗壳,放空蜗壳和引水管的排水管常设在进口处底部并通向尾水管,蜗壳进人孔多设在前半段。

(3)调压阀。高水头水电站在厂房下部块体中,有时要装设调压阀,以减小水锤压力。调压阀一般安装在压力管道末端的蜗壳旁边。厂房内装设有调压阀时,机组段长度和厂房的总长度会增加。

(4)一般水电站在蜗壳层以下的上游侧或下游侧均设有检查、排水廊道,作为运行人员进入蜗壳、尾水管检查的通道,有的水电站还同时兼作到水泵室集水井的过道。

集水井位于全厂最低处,除要求能容纳运行时的渗漏水外,还要担负机组检修时的集水、排水任务。

排水泵室一般布置在集水井的上层,由楼梯、吊物孔与水轮机层连接。水电站排水都通向下游尾水渠。

6.4.5 安装间的布置

6.4.5.1 安装间的位置

水电站对外交通运输道路可以是铁路、公路或水路。对于大中型水电站,由于部件大而重,运输量又大,所以常建设专用的铁路线。中小型水电站多采用公路运输。主厂房供机组

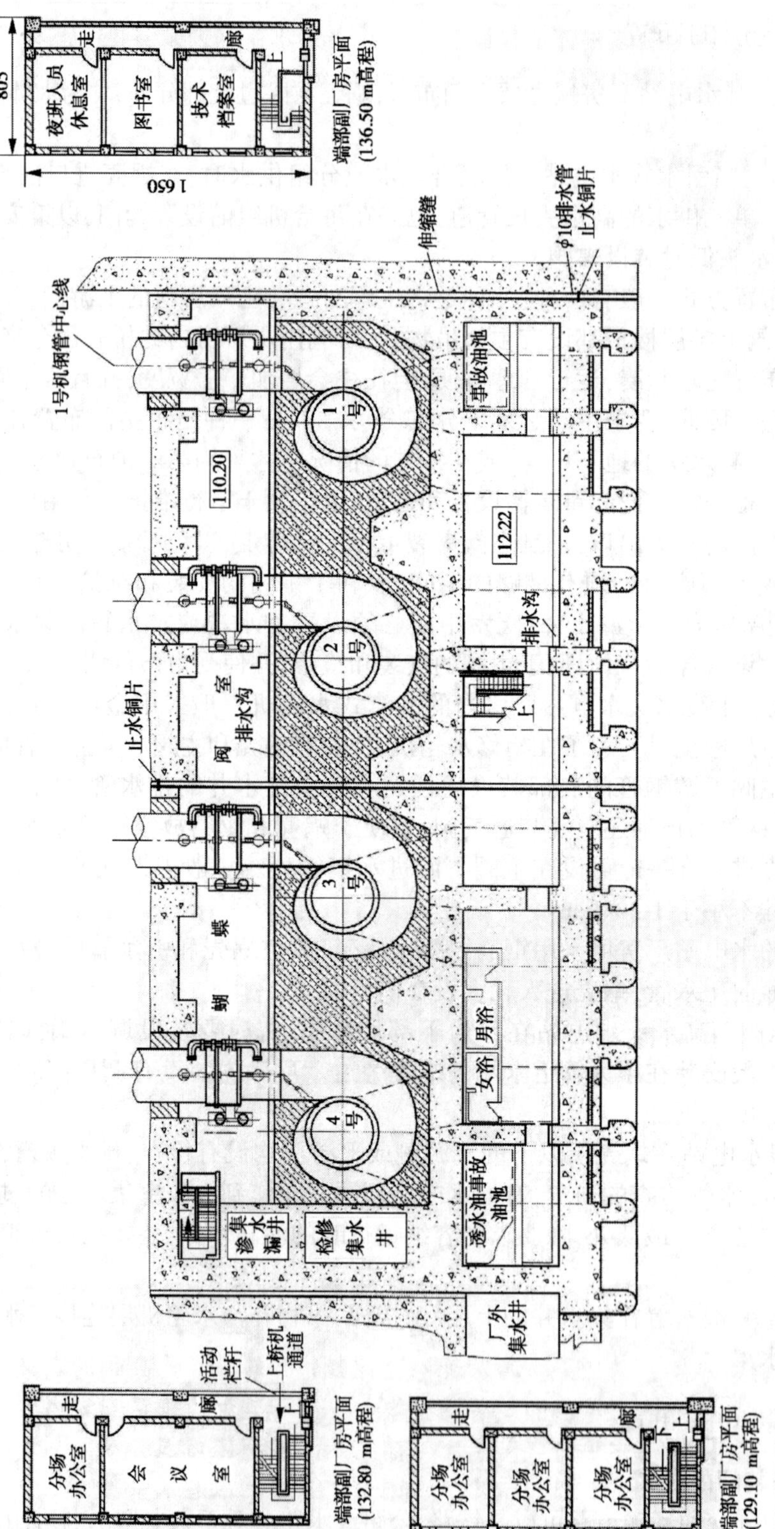

图 6-20　厂房蜗壳层平面图　（单位：cm）

和其他机电设备组装、检修、装卸用的场所称为安装间,对外交通通道必须直达安装间,以便利用主厂房内桥吊装卸设备,因此安装间一般均布置在主厂房有对外道路的一端。

6.4.5.2 安装间的面积

安装间与主厂房同宽以便桥吊通行,所以安装间的面积就取决于它的长度。安装间的面积可按一台机组扩大性检修的需要确定,一般考虑放置四大部件,即发电机转子带轴、发电机上机架、水轮机转轮、水轮机顶盖。四大部件要布置在主钩的工作范围内,其中发电机转子应全部置于主钩起吊范围内。发电机转子和水轮机转轮周围要留有 1~2 m 的工作场地。在缺乏资料时,安装间的长度可取 1.25~1.5 倍机组段长。多机组水电站,安装间面积可根据需要增大或加设副安装间。

6.4.5.3 安装间的平面布置

安装间平面布置如图 6-21 所示。安装间的大门尺寸要满足运输车辆进厂要求,如通行标准轨距的火车,其宽度不小于 4.2 m,高度不小于 5.4 m。通行载重汽车的大门宽度不小于 3.3 m,高度不小于 4.5 m。

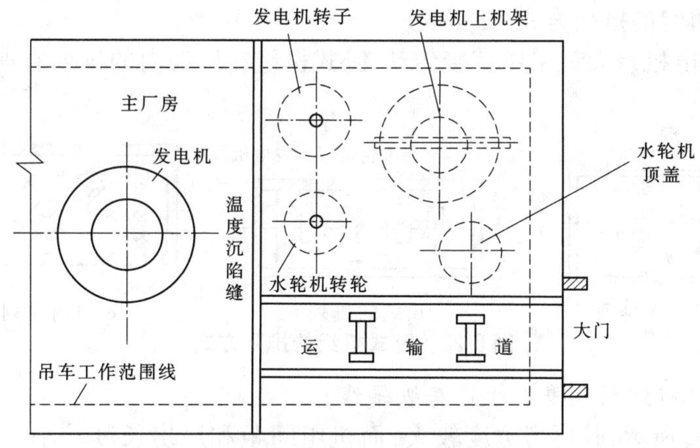

图 6-21 安装间平面布置图

发电机转子放在安装间上时轴要穿过地板,因而须在地板上相应位置设主轴孔,面积要大于主轴法兰盘。为了组装转子时使轴直立,在轴下要设主轴承台,并预埋地脚螺栓。

主变压器有时也要推入安装间进行大修,这时要考虑主变压器运入的方式及停放的地点。因为主变压器的质量很大,尺寸也很大,故常常需对安装间的楼板进行专门加固,地板应设专门轨道,大门也可能要放大。

主变压器大修时常需吊芯检修,所以要在安装间上设尺寸相当的变压器坑,先将整个变压器吊入坑内,再吊铁芯,以免增加厂房高度。目前大型变压器常做成钟罩式,检修时吊芯改为吊罩,起重量和起吊高度大为减小,安装间不再设变压器坑。

【自测练习】

请扫描二维码,做自测练习。

码 6-42 任务 6.4 自测练习

任务6.5 卧式机组主厂房的布置

6.5.1 卧式机组地面厂房的特点

安装各种卧式机组的地面厂房,其共同特点是厂房一般只有两层。上部结构即主机房,主要布置水轮机、发电机以及大部分辅助设备和附属机电设备。下部结构为尾水室,主要布置水轮机的泄水设备。与相同容量的立式机组厂房相比,厂房高度较小,平面尺寸较大,结构简单,厂房施工与机电设备的安装、检修均方便,造价也较低,但机组振动、噪声较大。在我国,小容量混流式水轮机或冲击式水轮机大都采用卧轴装置。一般适用于下游洪水位较低的中小型水电站。

6.5.2 卧式反击式机组厂房布置

6.5.2.1 卧式机组的排列方式

现代水轮发电机组大都采用直接传动,卧式机组在厂房内的排列有如图6-22所示的几种方式。

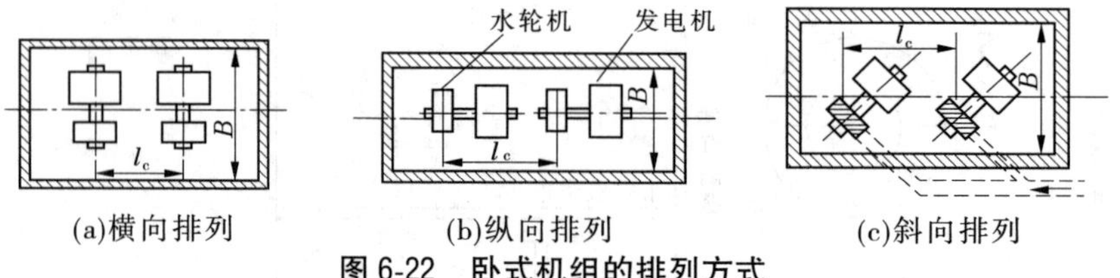

(a)横向排列 (b)纵向排列 (c)斜向排列

图6-22 卧式机组的排列方式

1. 横向排列(机组轴线垂直于厂房纵轴线)

如图6-22(a)所示,其厂房宽度较大,而机组间距和厂房长度较小;进水管轴线多采用垂直于厂房的纵轴线,在蜗壳前需转90°弯才能将水流送入蜗壳,但有利于水轮机闸阀的布置;尾水从厂房下游侧排出,尾水渠将从发电机下面经过,对机座结构不利,但可设法使尾水从厂房一端排出;厂房宽度较大,需要跨度大的桥吊,对屋顶结构不利;当厂房所在的山坡较陡时,基础开挖量也较大。因此,在机组台数较多或厂房长度受到限制时,多采用这种排列方式。

2. 纵向排列(机组轴线平行于厂房纵轴线)

如图6-22(b)所示,其厂房宽度较小,而机组间距及厂房长度较大;水轮机的进出水方向都比较平顺;尾水室较短,机组安装能避开尾水室的顶板,对机座结构有利;电气设备布置对称,有利于检修和运行管理;由于机组检修时需抽出发电机转子,机组之间的净距较大,且钢管的岔管可能较长,分岔角较大。当机组台数较少时多采用这种排列方式。

3. 斜向排列(机组轴线与厂房纵轴线斜交)

如图6-22(c)所示。其厂房尺寸介于上述两者之间。当压力管道采用联合供水纵向引进布置时,管道进入厂房时转角较小,故水头损失也较小。但厂房内设备布置和运行巡视不便,厂房有效面积利用率较低。当机组台数较多、为缩小厂房尺寸及减少基础开挖或厂房位置受地形地质条件限制时,可考虑采用这种排列方式。

6.5.2.2　主厂房布置

1. 厂房立面布置

以发电机层楼板为界,楼板以上的水上部分为上部结构,地板以下的水下部分为下部结构。水上部分为主机房与安装间,主要布置有水轮发电机组及其附属设备和调速器、机旁盘、吊车等主要设备。水下部分为尾水设施,主要布置有进水管、进水阀、尾水管、尾水槽等。

2. 厂房平面布置

设备布置时宜将调速器沿厂房一侧布置,调速器旁布置机旁盘。机组之间、机组端部与墙面、机组上下游侧,均应留有运行通道及安装、维修空间。厂内设备均应布置在吊车吊钩工作范围之内。

6.5.2.3　主厂房尺寸确定

卧式机组主厂房尺寸的拟定原则、方法与立式机组厂房基本相同。厂房高度的确定如图 6-23 所示。

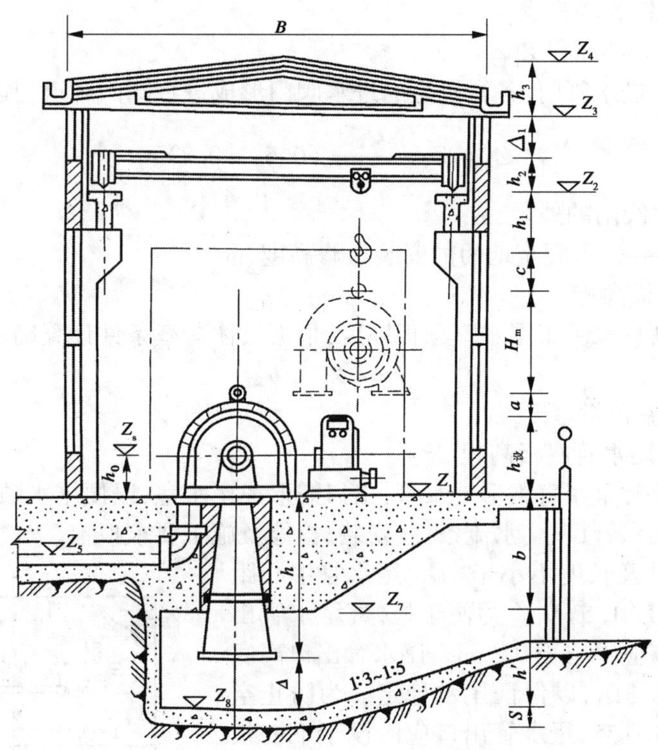

图 6-23　卧式机组厂房高度的确定

1. 主厂房高度的确定

(1)水轮机安装高程 Z_s。

水轮机安装高程 Z_s 可由项目 2 所述方法确定。

(2)发电机层地板高程 Z_1。

$$Z_1 = Z_s - h_0 \tag{6-1}$$

式中　h_0——机组主轴中心线至地面安装高度,由厂家机组安装图提供。

(3)吊车轨顶高程 Z_2。

卧式机组需吊运的最大部件一般为水轮机蜗壳。吊运蜗壳通过设备顶部时,Z_2 按下

式拟定:

$$Z_2 = Z_1 + h_{设} + a + H_m + c + h_1 \tag{6-2}$$

式中 $h_{设}$——设备高度,m;

a——垂直向安全距离,不小于0.3 m;

H_m——蜗壳高度,m;

c——吊索连接距离,m;

h_1——吊钩极限位置高度,m。

上部结构天花板高程 Z_3 及屋顶高程 Z_4 的确定与立式机组厂房相同。

(4)进水钢管中心线高程 Z_5。

$$Z_5 = Z_1 - \delta_2 - \frac{D}{2} \tag{6-3}$$

式中 δ_2——进水钢管顶部混凝土的厚度,m;

D——进水钢管的直径,m。

(5)主阀廊道底部高程 Z_6。

若机组前设有进水阀门,各台机组的进水阀门形成进水阀门廊道,其底高程为

$$Z_6 = Z_5 - \frac{D_f}{2} - (0.6 \sim 0.8) \tag{6-4}$$

式中 D_f——进水阀门的外径,m;

0.6~0.8——进水阀至地面的安装检修高度,m。

(6)尾水室顶板高程。

尾水室顶板高程取决于尾水室顶板厚度,根据具体荷载条件计算确定。

$$Z_7 = Z_1 - b \tag{6-5}$$

式中 b——尾水室顶板厚度,m。

(7)尾水室或尾水管底板高程 Z_8。

小型卧式机组常采用直锥形尾水管,出口需形成尾水室,以便尾水顺利泄往下游。尾水室尺寸应根据尾水管尺寸、水流条件、安装、检修及施工要求拟定。

尾水室的宽度及长度不小于 $4D_1$,尾水管中心距三侧边墙不小于 $(1\sim1.5)D_1$。为便于检修,尾水管出口距三侧墙面距离应不小于0.5 m。尾水管出口离底板距离应不小于 $1.3D_1$,以保证尾水稳定。为防止空气进入尾水管破坏真空,尾水管出口应淹没于下游最低尾水位下30~50 cm,如图6-24所示。

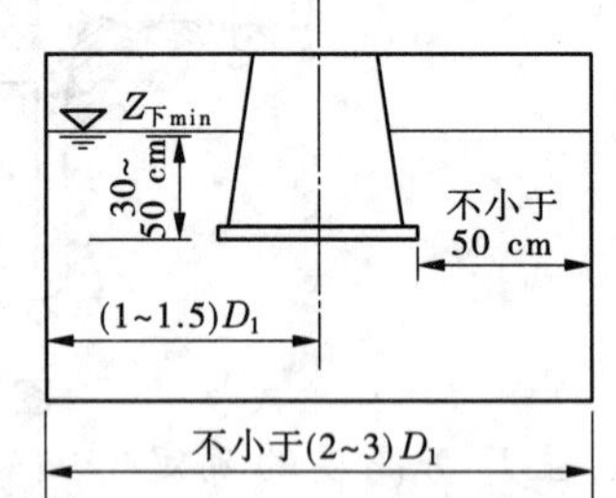

图6-24 卧式机组厂房尾水室尺寸

尾水室底板高程按下式确定:

$$Z_8 = Z_1 - h - \Delta \tag{6-6}$$

式中 h——直锥形尾水管高度,m,由厂家提供;

Δ——尾水管出口至尾水室底板距离,m。

尾水室深度过大,常使底板高程低于下游河床高程,底板末端可以1∶3~1∶5的倒坡与下游河床连接。

通过以上计算,即可确定主厂房的高度。

2. 主厂房平面尺寸确定

主厂房平面尺寸(长度和宽度)主要取决于机组的排列方式和设备布置的情况。

(1)机组为横向排列,如图 6-25 所示。

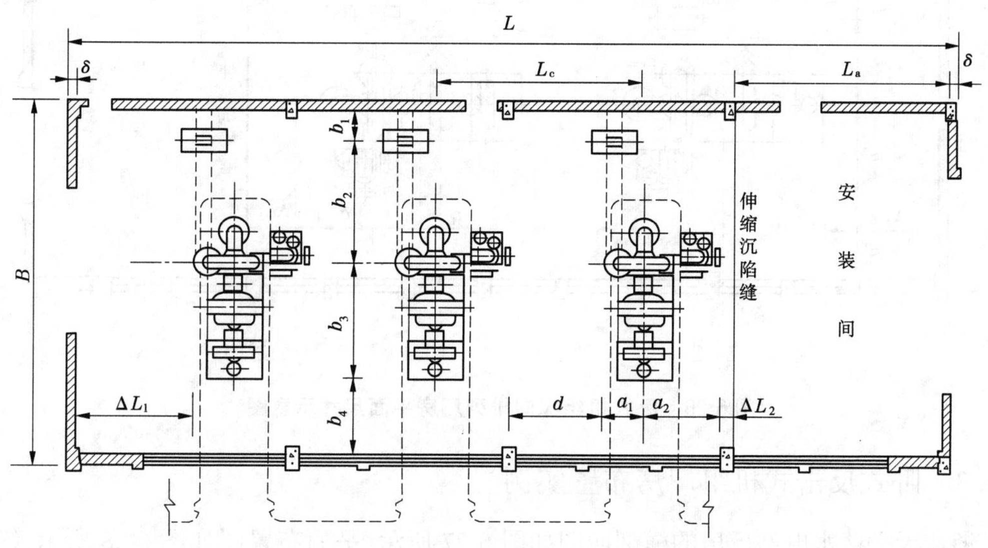

图 6-25　卧式机组横向排列厂房平面尺寸示意图

主厂房长度:

$$L = (n - 1)L_c + a_1 + a_2 + \Delta L_1 + \Delta L_2 + L_a \tag{6-7}$$

式中　L_c——机组段长度,即机组外形尺寸+工作通道宽(0.8~1.2 m),m;

L_a——安装间长度,$L_a=(1\sim1.2)L_c$,m;

ΔL_1、ΔL_2——边机组段长度,应考虑尾水室宽度及运行通道宽。

若机组台数为 1~2 台,机组可就地检修,可缩小或取消安装间。厂房长度应与构架立柱布置相协调。

主厂房宽度:

$$B = b_1 + b_2 + b_3 + b_4 + 2\delta \tag{6-8}$$

式中　b_1、b_2、b_3、b_4——由机组长度、设备布置和通道要求确定。

进水阀中心线至厂房上游侧边墙的宽度 b_1,应考虑进水阀外形尺寸和安装、检修空间,并留有 0.8~1.2 m 的运行通道宽。

厂房宽度应与吊车标准跨度相协调。

(2)机组为纵向排列,如图 6-26 所示。

主机房长度:

$$L = (n - 1)L_c + a_1 + a_2 + \Delta L_1 + \Delta L_2 + L_a \tag{6-9}$$

主机房宽度:

$$B = b_1 + b_2 + b_3 + b_4 + 2\delta \tag{6-10}$$

机组过道宽 d 应考虑机组检修带轴转子抽出的长度,两端留 0.5 m 左右的空隙。

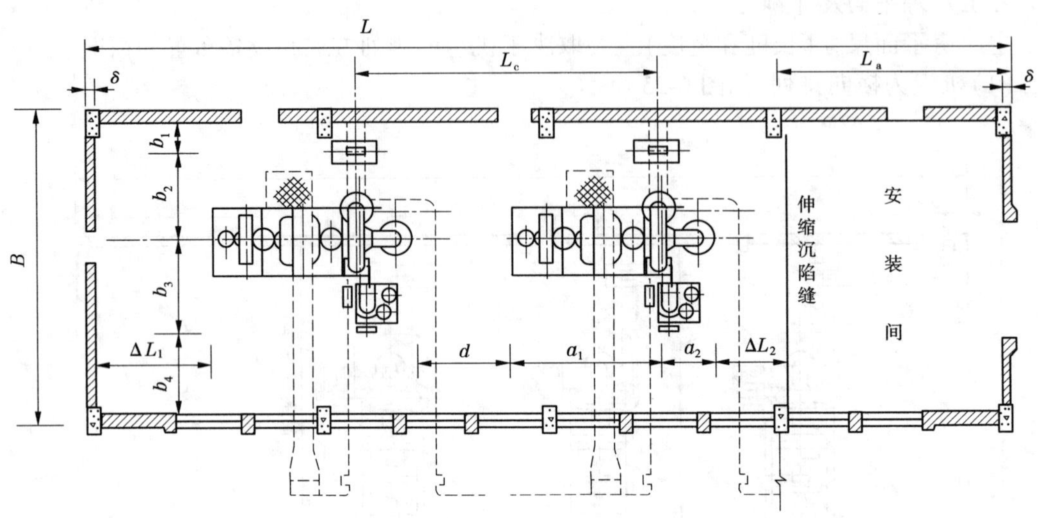

图 6-26　卧式机组纵向排列厂房平面尺寸示意图

6.5.3　卧式反击式机组厂房布置实例

浙江天平荡水电站厂房的横剖面图如图 6-27 所示,平面布置图如图 6-28 所示,纵剖面布置图如图 6-29 所示。

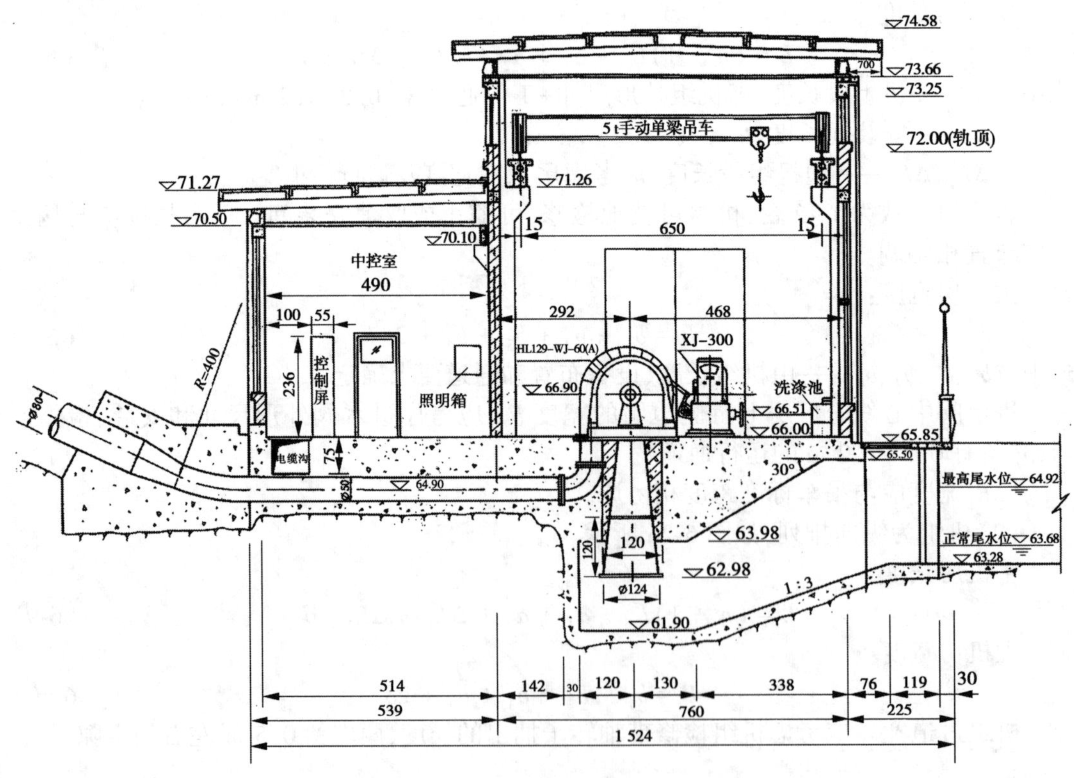

图 6-27　浙江天平荡水电站厂房横剖面图　(尺寸单位:cm)

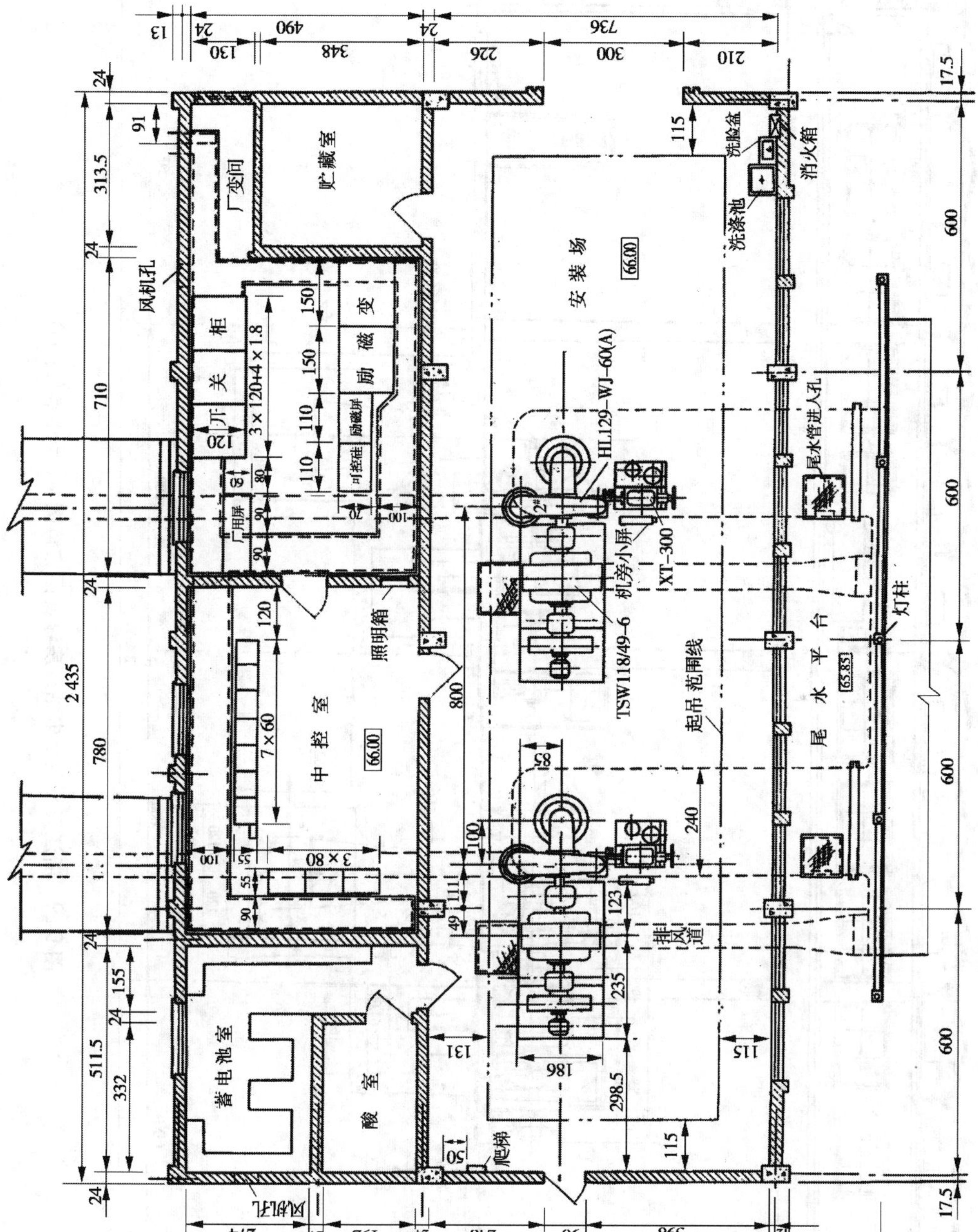

图 6-28　浙江天平荡水电站厂房平面布置图　（尺寸单位：cm）

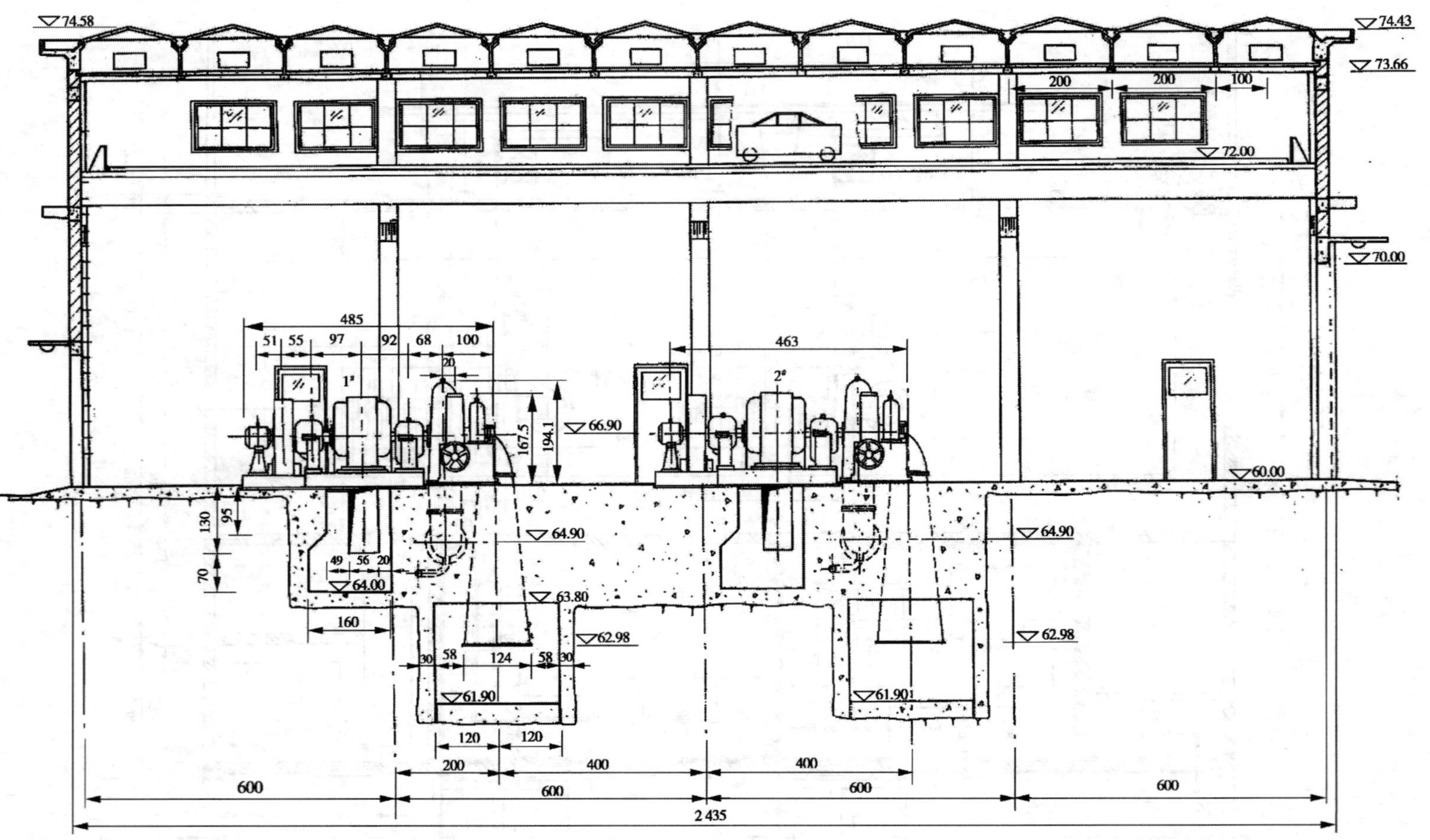

图 6-29　浙江天平荡水电站厂房纵剖面布置图　(尺寸单位:cm)

【自测练习】

请扫描二维码,做自测练习。

码6-43 任务6.5自测练习

任务6.6 主厂房轮廓尺寸拟定

码6-44 视频-数据带你看乌东德水电站

水电站主厂房布置设计就是确定主厂房的轮廓尺寸。其设计原则是在满足设备布置和安装、维护、运行、管理的前提下,合理确定厂房尺寸,以降低造价。

水电站主厂房的轮廓尺寸是指主厂房的长度、宽度和高度,其中长度和宽度称为厂房的平面尺寸。

6.6.1 主厂房长度的确定

主厂房的长度取决于机组台数 n、机组段长度 L_c、安装间长度 L_a 及边机组段加长 ΔL,即

$$L = nL_c + L_a + \Delta L \tag{6-11}$$

式中 L——主厂房的总长度,m;

n——机组台数,m;

L_c——机组段长度,m;

L_a——安装间长度,m;

ΔL——边机组段加长,m。

6.6.1.1 机组段长度 L_c

机组段长度 L_c 是指相邻两台机组中心线之间的距离,也称为机组间距,如图6-30所示。当机组等距离布置时,机组间距等于一个机组段长度。一般中低水头大流量机组,L_c 常取决于水轮机蜗壳或尾水管的最大宽度;而高水头、小流量机组,常取决于发电机风罩外缘直径和通道宽度。另外,辅助设备的布置和厂房的分缝对机组间距也有影响。

(1)当机组间距由发电机尺寸控制[见图6-30(a)]时:

$$L_c = D_b + B_{净} \tag{6-12}$$

式中 D_b——发电机风罩外缘直径,m;

$B_{净}$——相邻两机组的通道净宽,应满足调速器及机旁盘的布置要求,一般应不小于2 m。

(2)当机组间距由蜗壳尺寸控制[见图6-30(b)]时:

$$L_c = L_1 + L_2 + \delta \tag{6-13}$$

式中 δ——两蜗壳间混凝土厚度,混凝土蜗壳一般取0.8~1.0 m,金属蜗壳一般取1~2 m;

L_1+L_2——蜗壳最大宽度,m。

若蜗壳旁设有调压阀,还应考虑布置调压阀所需增加的机组长度。

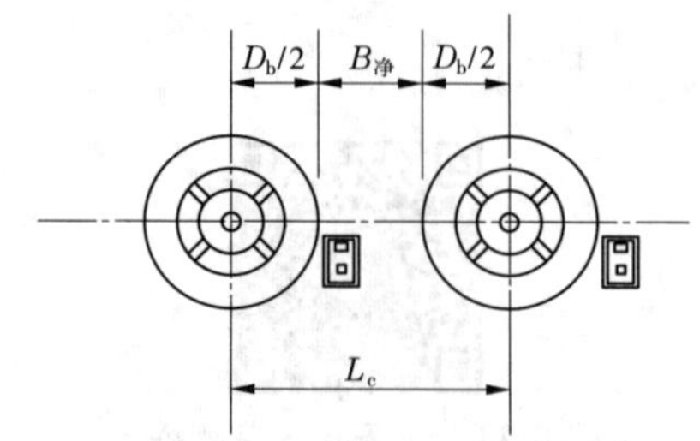

(a)发电机尺寸控制的机组间距

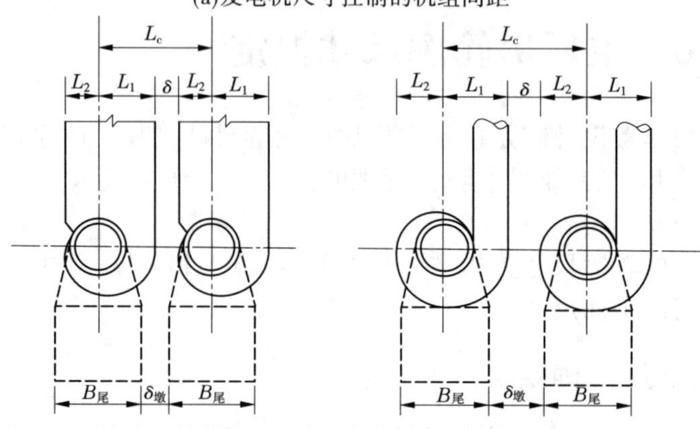

(b)蜗壳尺寸控制的机组间距

图 6-30　机组间距

(3)当机组间距由尾水管控制[见图 6-30(b)]时：

$$L_c = B_尾 + \delta_墩 \tag{6-14}$$

式中　$B_尾$——尾水管出口宽，m；

$\delta_墩$——尾水闸墩厚度，m。

尾水闸墩厚 $\delta_墩$ 由尾水闸门槽深度及设备布置确定，一般为 2~3 m，大中型机组可达 3~4 m。当有调压阀时，则 $L_c = B_尾 + \delta_墩 + B_阀$，$B_阀$为调压阀泄水道宽度。

确定机组段长度时，一般应先根据上述三种情况分别拟定出机组段长度，从中选出最大者作为采用数据，再校核是否能满足其他各方面的要求，并进行必要的修正。各机组段长度最好布置成等距的，并与厂房构架柱间距一致，以简化厂房结构。

对于坝后式厂房，机组段分缝常和大坝分缝相一致，机组间距将受大坝分缝的影响。

6.6.1.2　边机组段加长 ΔL

与安装间相邻的边机组段长度，必须满足发电机层设备布置要求，下部块体结构尺寸应考虑蜗壳外围或尾水管边墙的混凝土厚度在 0.8~1.0 m 以上；而与安装间相对一端边机组段(指远离安装间的机组段)长度，除满足设备布置外，为了保证机电设备和辅助设备处于桥吊工作范围以内，边机组段需要加长 ΔL，一般取 $\Delta L=(0.2\sim1.0)D_1$。

当蜗壳前装有主阀时，还应考虑主阀吊装和操作要求对边机组段的影响。

6.6.1.3　安装间长度 l_a

当机组台数不超过 4~6 台时，安装间长度可按能放置一台机组检修时的四大部件并留有足够的工作通道来确定。当缺乏资料时，安装间长度可取 1.25~1.5 倍机组段长度。

当机组台数多,需要两台机组同时安装或检修时,应加大安装间长度。

6.6.2　主厂房宽度的确定

主厂房的宽度分上部结构的宽度 $B_{上}$ 和下部结构的宽度 $B_{下}$,又以机组中心线为界,将主厂房宽度分为上游侧宽度 B_1、B_3 和下游侧宽度 B_2、B_4,如图 6-31 所示。

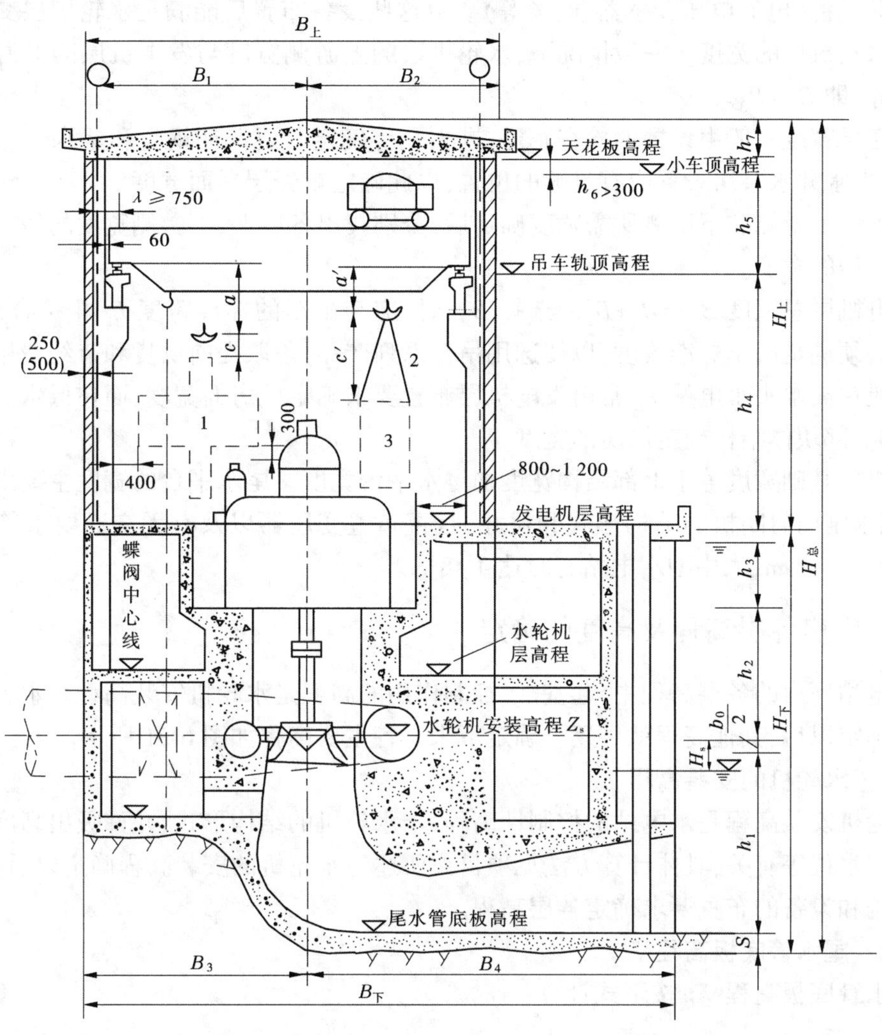

1—发电机转子带轴;2—吊索;3—变压器。

图 6-31　主厂房尺寸示意图　(单位:mm)

在确定上游侧和下游侧宽度时,应分别考虑发电机层、水轮机层和蜗壳层的布置要求。

在发电机层中,首先确定吊运发电机转子带轴的方式,即是由上游侧吊运还是由下游侧吊运。若由上游侧吊运,则厂房上游侧宽度主要由发电机风罩外半径、机电设备(如机旁盘、调速器等)和主阀吊孔的布置,以及吊运水轮机转轮和发电机转子的要求来确定。

若由下游侧吊运,则厂房下游侧宽度主要由吊运转子宽度、发电机风罩外半径加通道宽及构架柱厚度来确定。一般主要通道宽 2~3 m,次要通道宽 1~2 m,并应保证吊车外缘距构架柱内边空隙不小于 6 cm,与墙内面间距不小于 60 cm。在机旁盘前还应留有 1 m 宽的工作场地,盘后应有 0.8~1.0 m 宽的检修场地,以便于运行人员操作。

在水轮机层中,一般在上、下游侧分别布置水轮机辅助设备(油、水、气管路等)和发电机辅助设备(电流电压互感器、电缆等)。以这些设备布置后能满足水轮机层交通要求来确定水轮机层的宽度。一般情况下,水轮机层的上游侧宽度与发电机层的上游侧宽度基本相等,即 $B_1=B_3$。

蜗壳层宽度一般由设置的检查廊道、进人孔等确定。要保证蜗壳和尾水管进人孔交通通畅,集水井水泵房设置应有足够的位置,以此确定蜗壳层平面宽度。

当各层上游侧和下游侧所需宽度确定后,分别找出各层上、下游侧宽度的最大值之和作为主厂房的宽度。

发电机层总宽度 $B_{上}=B_1+B_2$。选择 $B_{上}$ 时,应与吊车的标准跨度 L_k 相符合,即主厂房宽度必须满足吊车标准跨度,以便选用吊车系列产品,争取提前供货和节约费用。

一般在高水头水电站中,常由发电机层布置要求确定厂房的宽度,而在低水头水电站中,常由下部块体结构确定厂房的宽度。

主机房基础宽度等于上部结构宽度加尾水平台宽度。尾水平台的宽度主要由尾水管长度、尾水闸门启闭机的结构形式和尺寸、是否布置变压器以及有无交通要求等因素确定,一般为 3~4 m,大中型水电站有时达 4~8 m。

6.6.3 厂房各层高程及高度的确定

水电站厂房的各层高程中,起基准、控制作用的高程是水轮机安装高程。水轮机的安装高程确定以后,其他高程就可逐个确定下来。各主要高程如图 6-31 所示。

6.6.3.1 水轮机的安装高程 Z_s

水轮机安装高程是水电站的控制性高程,与水轮机的结构形式、允许吸出高度和水电站下游尾水位等有关,具体计算方法见项目 2 所述。水轮机的安装高程确定以后,就可以依据结构和设备的布置要求确定各层高程。

6.6.3.2 尾水管底板高程 $\nabla_{底}$

尾水管底板高程 $\nabla_{底}$ 按下式计算:

$$\nabla_{底} = Z_s - \frac{b_0}{2} - h_1 \tag{6-15}$$

式中 b_0——导叶高度,m;

h_1——尾水管高度,m。

6.6.3.3 厂房基础开挖高程 $\nabla_{基}$

厂房基础开挖高程 $\nabla_{基}$ 按下式计算:

$$\nabla_{基} = \nabla_{底} - S \tag{6-16}$$

式中 S——尾水管底板厚度,m,初设阶段,岩基 $S=1\sim2$ m,土基 $S=3\sim4$ m。

6.6.3.4　水轮机层地面高程$\nabla_{水}$

水轮机层设计的原则是要保证蜗壳顶部混凝土的强度,因此要求蜗壳顶部混凝土要有足够的厚度,一般不低于1.0 m。水轮机层地面高程一般取100 mm的整倍数。

$$\nabla_{水} = Z_s + \rho + \delta_1 \tag{6-17}$$

式中　ρ——金属蜗壳为进口断面半径,混凝土蜗壳为进口断面在水轮机安装高程以上的高度,m;

δ_1——蜗壳进口顶部混凝土厚度,取决于结构的强度和接力器的布置,初步计算可取0.8~1.0 m,大型机组可达2~3 m。

6.6.3.5　主阀廊道地面高程$\nabla_{阀}$

$$\nabla_{阀} = Z_s - \frac{1}{2}D_f - (0.8 \sim 1.0) \tag{6-18}$$

式中　D_f——主阀外径,m;

0.8~1.0——阀底至廊道地面的安装检修空间,m。

6.6.3.6　发电机层地面高程$\nabla_{发}$和安装间地面高程$\nabla_{安}$

在确定发电机层地面高程时,一般要考虑以下几方面的因素:

(1)当机组选定后,水轮机安装高程至发电机定子壳基础安装高程(发电机装置高程)之间的主轴长度h_2和定子高度h_3(见图6-31)均为定值,不能任意增长或缩短。大中型水电站厂房总是希望将发电机层楼板设在下游设计洪水位以上0.5~1.0 m(由厂房等级而定)。

(2)水轮机层净空高度必须满足发电机出线、布置机墩进人孔(孔高不小于1.8 m,一般为2~2.5 m,孔顶上机墩厚度不小于1.0 m)和运行管理要求,一般不小于3.5~4 m,否则发电机出线和油、气、水管道布置困难。如果发电机层楼板与水轮机层地面之间加设出线层,则出线层底面到水轮机层地面净高也不宜小于3.5 m。

(3)发电机层地面高程最好高于下游最高洪水位,以便进厂公路(或铁路)在洪水期也能畅通,并使厂房上部结构保持干燥,有利于电气设备的运行和维护。若下游洪水位较高,按上述两项因素确定的发电机层地面高程不能满足上述要求,而采用机组主轴加长既不经济又对机组运行稳定性带来不利时,可采取以下防洪措施使发电机层地面高程低于下游设计洪水位:一种是将洪水位以下的厂房围墙做成防水墙,进厂大门做成防洪门,洪水时关闭大门,工作人员由上游出入;一种是厂房大门不防洪,公路在接近厂房处下坡(坡度不大于10%),厂房下游及公路靠水一侧做防洪墙,以保持洪水期通行;还有一种是使进厂公路由防洪廊道或隧洞进入厂房的安装间。

安装间地面最好能与发电机层地面和进厂道路同高程,且高于下游设计洪水位,如图6-32(a)所示。这对机组安装检修、运行管理和对外交通均有利。若由于各种原因不能使三者同高,可考虑采用如图6-32所示的其他几种布置方案。

当发电机层地面高程较高(机组尺寸确定)、进厂公路较低(地形条件限制)时,为便于对外交通,可使安装间地面高程与进厂道路同高,但低于发电机层的地面高程,如图6-32(b)所示。这种布置将使主厂房的长度和高度增加,并且机组检修时不能充分利用发电机层的场地,运行也不便。为了改善这种状况,有的安装间使卸车场与进厂道路同

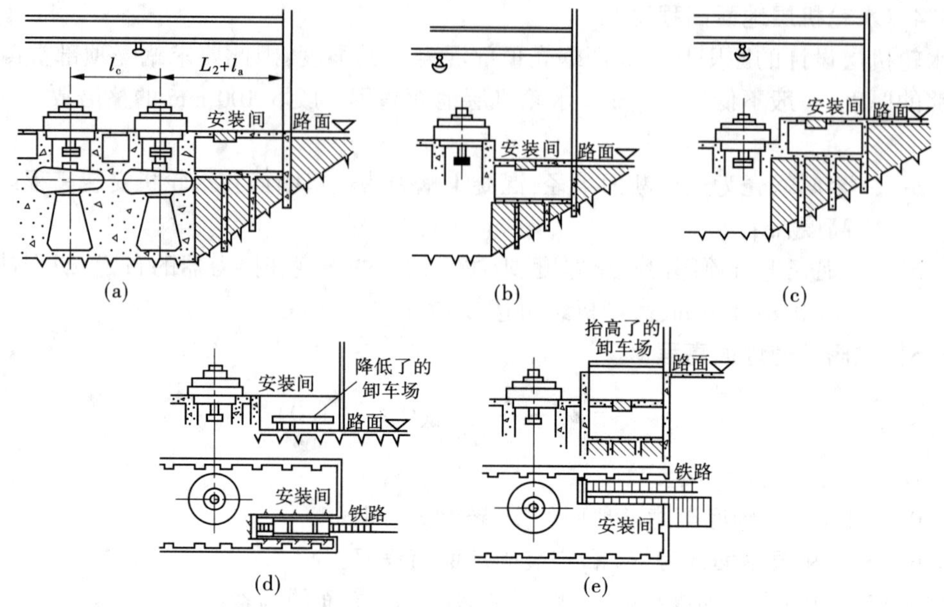

图 6-32　安装间高程布置方案

高,安装间其余部分仍与发电机层地面同高,如图 6-32(d)所示。

发电机层地面高程较低,甚至低于下游设计洪水位,而安装间和进厂道路根据最高洪水位和地形条件布置得较高,并位于同一高程,如图 6-32(c)、(e)所示。这时,主机房应单独防洪,但由于桥吊安装高程取决于在安装间吊运最长部件的要求,主厂房的高度和长度将增加。为了不致造成太大的不便,安装间与发电机层地面高程差一般不宜大于 2 m。

6.6.3.7　**尾水平台高程$\nabla_{尾}$**

尾水平台是布置尾水闸门及启闭机的地方,也是主厂房的外部通道,在施工期还可能是重要的运输道路。其高程最好与安装间地面高程相同,但也有的根据下游洪水位以及设备布置和交通要求,使尾水平台高程高于或低于安装间地面高程。当尾水平台上布置有主变压器时,为了防洪宜采用较高的高程。

6.6.3.8　**吊车轨顶高程$\nabla_{轨}$**

$$\nabla_{轨} = \nabla_{发} + H_{吊} \tag{6-19}$$

式中　$H_{吊}$——发电机层楼板至吊车轨顶高度,m。

发电机层楼板至吊车轨顶高度 $H_{吊}$ 根据吊车吊运最长部件的方式、外形尺寸及与机电设备、墙柱、地面的安全距离确定。

当发电机层地面与安装间地面同高时,发电机层楼板至吊车轨顶高度 $H_{吊}$ 可按下式确定:

$$H_{吊} = a + H_m + C + h \tag{6-20}$$

式中　a——吊运部件与固定的机组或设备间的垂直向安全距离,一般为 0.6~1.0 m,采用刚性吊具时可减小为 0.25~0.5 m。

H_m——最长部件长度,m;

C——吊钩吊索连接距离,一般为 1.2~1.5 m,使用钢性吊具时可缩短至 0.8~1.0 m;

h——吊钩极限位置时,吊钩中心至吊车轨顶的高度由产品目录查得,一般为 1.2~1.3 m。

吊运最大、最长部件时与周围建筑物及设备间应有不小于 0.4 m 的水平向安全距离。

码 6-45 图片-水轮机转轮带轴吊装

考虑主变进安装间检修时,整体吊装至专设的变压器坑内,吊出外罩,然后吊出铁芯检修,这时发电机层楼板至吊车轨顶高度按下式计算:

$$H_{吊} = 0.2 + H_{变} + C + h \tag{6-21}$$

式中 $H_{变}$——主变压器铁芯或外罩高度;

其他符号意义同前。

发电机层楼板至吊车轨顶高度由式(6-20)和式(6-21)计算结果中取大者。

6.6.3.9 **厂房天花板高程$\nabla_{天}$(或屋顶大梁底面高程)**

厂房天花板高程$\nabla_{天}$(或屋顶大梁底面高程)按下式计算:

$$\nabla_{天} = \nabla_{轨} + h_5 + h_6 \tag{6-22}$$

为了检修吊车和布置灯具,需在小车顶端到厂房天花板或屋顶大梁底面之间留出大于 0.3 m 的高度,一般取 0.5 m,如图 6-31 所示。吊车在轨顶以上的高度 h_5 由吊车规格决定。

6.6.3.10 **屋顶高程$\nabla_{顶}$**

屋顶高程应根据屋顶结构尺寸和形式确定,并应满足吊车安装与检修、厂房吊顶和照明设施布置等方面的要求。

$$\nabla_{顶} = \nabla_{天} + h_7 \tag{6-23}$$

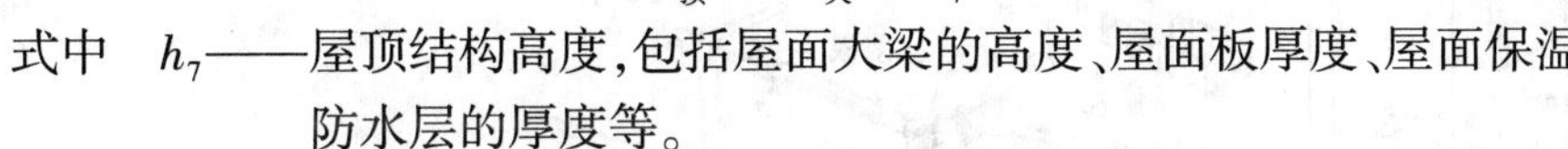

式中 h_7——屋顶结构高度,包括屋面大梁的高度、屋面板厚度、屋面保温防水层的厚度等。

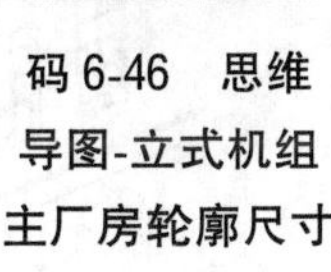

码 6-46 思维导图-立式机组主厂房轮廓尺寸的拟定

6.6.3.11 **主厂房总高度 $H_{总}$**

主厂房总高度 $H_{总}$ 按下式计算:

$$H_{总} = \nabla_{顶} - \nabla_{基} \tag{6-24}$$

【自测练习】

请扫描二维码,做自测练习。

码 6-47 任务 6.6 自测练习

任务 6.7 地面厂房结构布置

6.7.1 厂房结构概述

水电站厂房分为主厂房和副厂房。副厂房的结构与一般工业与民用建筑相似,在此不加以讨论。主厂房的组成构件多,结构复杂,各种结构与机电设备关系密切,在妥善安排各种机电设备时,必须同时进行厂房的结构布置设计。

6.7.1.1　主厂房的结构组成及作用

水电站立式机组地面厂房主厂房由上部结构和下部结构组成。上部结构包括屋盖结构、吊车梁、厂房构架、发电机层和安装间楼板、厂房围护结构等,基本上与工业厂房相似,只是起吊部件的质量大,使吊车梁、构架截面较大。上部结构基本上属于板、梁、柱系统,通常为钢筋混凝土结构。下部结构主要包括机墩及风罩、蜗壳、尾水管、尾水闸墩及平台、外墙等,河床式厂房还包括进口结构,为大体积水工钢筋混凝土结构。下部结构的特点是构件的截面尺寸大,形状不规则,受力复杂,结构布置应符合《水工混凝土结构设计规范》(SL 191—2017)。水电站厂房结构组成如图6-33所示。

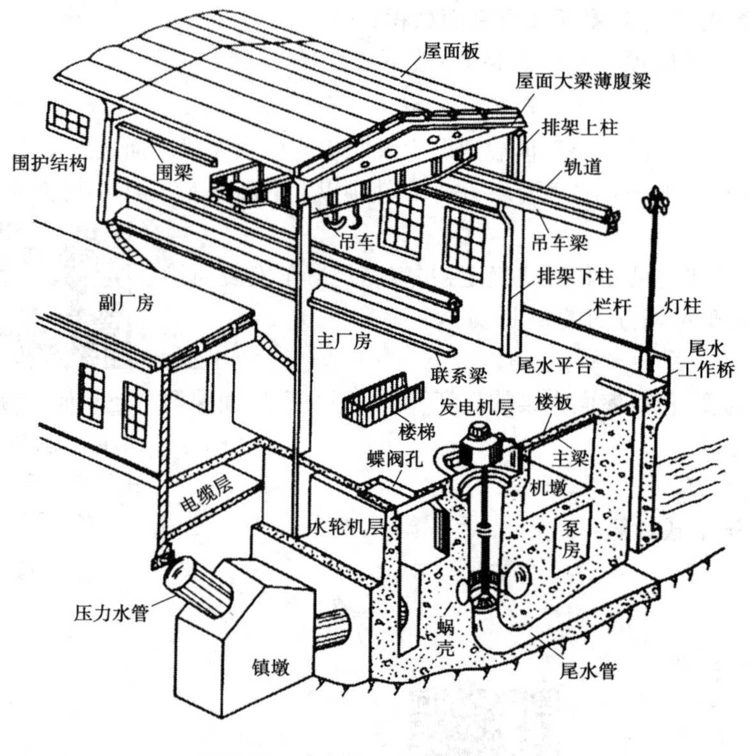

图6-33　水电站厂房结构组成

码6-48　动画-立式机组厂房的结构布置

(1)屋盖结构。屋盖结构包括屋面板和屋架或屋面大梁,起着围护和承重双重作用。屋面板直接承受屋面荷载,如风荷载、雨荷载、雪荷载和屋面板自重等,并将它们传给屋架或屋面大梁。屋架或屋面大梁承受屋盖上的全部荷载(风荷载、雨荷载、雪荷载和屋面板自重等)及屋架或屋面大梁自重,并将其传到厂房构架柱或壁柱。

(2)吊车梁。承受吊车荷载(包括起吊部件时的移动集中垂直荷载)以及吊车在启动或制动时产生的纵向、横向水平荷载,并将它们传给构架柱或壁柱。

(3)构架柱或壁柱。承受屋架或屋面大梁、吊车梁、外墙传来的荷载和构架柱或壁柱自重,并将它们传给厂房下部结构。如果构架柱与屋面大梁刚接,称为刚架,其作用同构架柱。

(4)发电机层楼板和安装间楼板。发电机层楼板承受自重、机电设备静荷载和活荷载,传给梁,并部分传到厂房下部的发电机机墩和水轮机层的构架柱。安装间楼板承受自重、检修或安装时的机组荷载和活荷载,并将它们传给基础。当安装间没有下层时就传给构架柱。

(5)围护结构。外墙承受风荷载,并将它传给构架柱或壁柱。圈梁和边系梁承受梁上砖墙传来的荷载和自重,并将它们传给构架柱或壁柱。

(6)发电机机墩。承受从发电机楼板传来的荷载、水轮发电机组等设备质量、水轮机轴向水压力和机墩自重等,并将它们传给座环和蜗壳外围混凝土。

(7)蜗壳和水轮机座环(固定导叶)。将机墩传下来的荷载通过座环传到尾水管上;另外,水轮机层的设备重力和活荷载通过蜗壳顶板也传到尾水管上。

(8)尾水管。承受水轮机座环和蜗壳顶板传来的荷载,经尾水管框架结构(由尾水管顶板、闸墩、边墩和底板构成)再传到基础上。

6.7.1.2 厂房结构的受力及传力系统

地面厂房结构的受力及传力过程如图6-34所示。

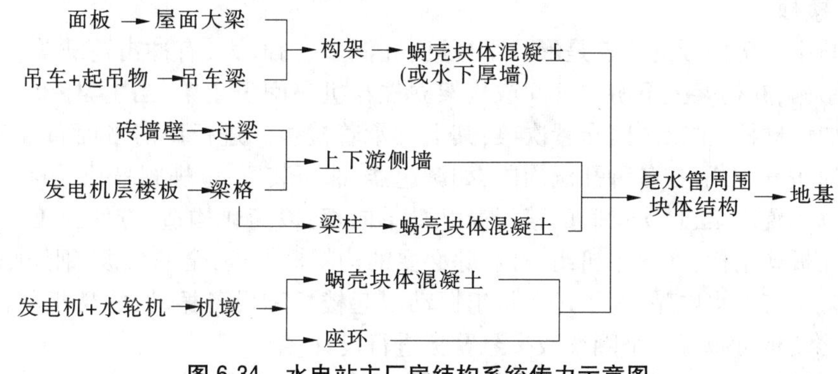

图6-34 水电站主厂房结构系统传力示意图

6.7.2 厂房的结构布置

主厂房的结构分为上部结构和下部结构。下部结构以块体结构为主,其他非块体结构也多是厚实的粗柱、深梁、厚板,机座、蜗壳、尾水管等结构尺寸主要取决于布置及运行要求,这里仅介绍上部结构的布置。

6.7.2.1 构架

我国水电站厂房构架一般为钢筋混凝土结构,可以是现场整体浇筑,也可以是预制装配式的钢筋混凝土结构,也有采用钢结构的。整体式构架的立柱与横梁浇筑成一整体,成为刚性连接。其结构刚度大,但模板工作量大、施工干扰多、养护时间长。装配式构架的屋顶横梁是预制的,在立柱浇筑完毕后将横梁吊上去安装。

构架布置时应考虑下列要求:

(1)构架柱不应布置在蜗壳顶板上,并应在蜗壳轮廓线以外0.8~1.2 m,以便安装蜗壳和浇筑二期混凝土。立柱也不应布置在尾水管顶板上,最好在尾水管的中墩和边墩上。

(2)构架柱的纵向间距应与机组布置、厂房分缝统一考虑。每一机组段设2~3个构架,并尽可能等跨布置,构架间距一般为6~10 m,以便采用标准的预制构件,且在分缝处采用双构架柱。

（3）构架布置与下部结构布置也要统筹考虑。应保证构架在厂房下部结构一期混凝土完工后能立即施工，以便早装吊车，加快机组和二期混凝土施工。

6.7.2.2 吊车梁

我国水电站厂房的吊车梁大多采用预制或现浇的钢筋混凝土结构（也有用钢结构的），其截面常用的有矩形、T形和工字形等。T形截面便于固定吊车轨道，并具有较大的横向刚度，适宜抵抗吊车的横向水平制动力，故应用较广。

吊车梁一般支承在构架柱的牛腿上，可为单跨简支梁、双跨或多跨连续梁。吊车梁的长度取决于厂房永久变形缝的间距，缝两边用双构架支承。对于地基条件较好的水电站，有的在分缝处采用单构架柱支承，梁作为铰接，以适应较小的地基沉陷变形。

6.7.2.3 外墙

水电站主厂房上部结构的外墙一般不承重，只起围护和隔离的作用，常采用砖墙。当外墙要承受较大的水压力时，可做成钢筋混凝土墙。

6.7.2.4 楼板

水电站主厂房楼板的特点是形状不规则、孔洞多、荷载大、有冲击荷载等。楼板多采用板梁式结构，在构架上下游立柱间或构架立柱与机座间设主梁，当主梁跨度过大时，可在主梁下加设立柱；主梁之间布置次梁；其上支承着楼板。进行厂房平面布置时，要同时考虑梁格的布置方式，在各种孔洞周围，如调速器、油压装置、蝴蝶阀吊孔、吊物孔、楼梯等周围最好也布置次梁，且次梁间的楼板最好是单向板，以简化构造、方便施工。有时楼板也可采用纯板式结构，在每一机组段内，除必要的构架横梁外，全部为板，钢筋则按辐射状及环状放置。有的水电站，为了避免机组振动引起楼板和设备振动，将楼板与机座分开，靠近机组的楼板可布置一个圈梁或按悬臂板进行设计。

6.7.2.5 屋顶

屋顶一般采用预制钢筋混凝土大型屋面板，直接支承在相邻两构架的横梁上，屋面板的长度等于构架的间距。在特殊情况下，也可采用现浇的肋形板梁结构。屋顶的主要作用是隔热、遮阳及避风雨，故屋面板之上还要设隔热层、防水层及保护层。

6.7.3 厂房混凝土浇筑的分期和分层、分块

6.7.3.1 混凝土分期

为适应水轮发电机组的安装要求，厂房中的混凝土浇筑需要分期，通常可分为一期混凝土和二期混凝土。一般在机组安装前浇筑的混凝土称为一期混凝土，在机组安装时才浇筑的混凝土称为二期混凝土。

一期混凝土包括基础块体结构、尾水管（不包括锥管段）、尾水闸墩、尾水平台、混凝土蜗壳外的混凝土、上下游围墙、厂房构架、吊车梁及部分楼层的梁、板、柱等，这些结构或构件先浇筑，以便利用吊车进行机组安装。

二期混凝土是为了安装机组和埋设部件而预留的，待机组和有关设备到货，以及尾水管锥管段钢板内衬和金属蜗壳安装后再进行浇筑，一般包括金属蜗壳外围混凝土、尾水管锥管段外围混凝土、机墩、发电机风道墙，以及与之相连的部分楼板、梁等。

厂房一、二期混凝土划分应遵循以下原则：

(1)满足机电设备的安装和埋设的需要,金属蜗壳周围二期混凝土厚度不应小于 0.5 m。

(2)机组分期安装时,预留后期安装的机组段,其一期混凝土结构应满足初期运行时稳定、强度和防渗等要求。厂房下游墙和构架在厂房二期混凝土未浇筑和厂房未封顶前,应具备承受相应工况荷载的能力。

6.7.3.2　混凝土分层、分块

水电站厂房水下部分属于大体积块体混凝土结构,其特点是现场浇筑量大,结构几何形状复杂,基础高差大,对裂缝要求严格。为适应混凝土浇筑能力及厂房形状变化,每期混凝土要分层、分块浇筑。厂房混凝土浇筑分层、分块应根据厂房结构形式和尺寸、施工进度、浇筑能力及温控措施等情况按下列原则确定：

(1)施工缝应不影响结构受力条件和整体性,宜避免设在应力较大的部位,并避免锐角和薄片。

(2)施工缝宜采用错缝,避免上下层垂直缝贯通。错缝水平搭接长度一般取浇筑层厚度的$\frac{1}{3}$~$\frac{1}{2}$,且不宜小于 300 mm。

(3)分层、分块应有利于减小混凝土温度应力和干缩应力。

(4)分层、分块应满足设备安装和埋件埋设要求,并有利于简化施工工序和加快施工进度。

(5)浇筑层厚度,基础块宜取 1~2 m,在基础约束范围以外可采用 3~6 m。

6.7.4　厂房的分缝和止水

6.7.4.1　厂房的分缝

水电站厂房为防止不均匀沉陷,减小下部结构受基础约束产生的温度应力和收缩应力,必须设置伸缩缝和沉陷缝。若伸缩缝和沉陷缝两缝合一,则称为沉陷伸缩缝。在地质条件好的情况下,伸缩缝可只设在水上部分,但也须每隔数道伸缩缝设一道贯穿至地基的沉陷缝。伸缩缝和沉陷缝统称为永久缝。根据施工条件设置的混凝土浇筑缝,称为施工缝,属于临时缝。

主厂房与安装间的荷载以及坝后式厂房中坝基与厂基的荷载,往往相差很大,易使软弱地基产生不均匀沉陷,通常需在机组段之间、厂坝之间、主机房与安装间之间设置沉陷缝,使它们各自成为独立的部分,结构受力明确,结构构造和结构计算可以简化。

沉陷缝间距一般为 20~30 m,经论证后可放宽到 45~50 m,主要视地质条件和厂房布置允许沉陷量而定。一般情况下,下部结构缝宽为 10~20 mm,上部结构的缝宽可适当加大。沉陷缝将厂房分为若干段,每段一般包括 1~2 台机组,安装间常为单独的一段。在机组段分缝处,构架、吊车梁和楼板也要断开。

6.7.4.2　厂房的止水

为防止厂房上下游的压力水和地表水等通过永久变形缝进入厂房,在厂房上游面、下游最高洪水位以下部位、廊道和孔洞穿过分缝处的周围,以及有防水要求的接触面等处,均应设置可靠的止水。厂房止水的构造与一般水工建筑物相同。止水材料可采用紫铜

片、不锈钢片、橡胶、塑料、沥青以及高分子合成材料等,可根据缝的变形、水压力、地区气温及缝的部位选定。承受水压的竖向施工缝应设止水。水平施工缝可不设置止水,但水力梯度较大,且接缝处一旦漏水会影响水电站的正常运行,宜设置止水。

厂房水上部分的永久缝中常填充一定弹性的防渗、防水材料,以防止在施工或运行中被泥沙或杂物堵塞和风雨对厂房内部的侵袭。

厂房水下部分的永久缝应设置止水,以防止沿缝隙的渗漏。重要的部位应设两道止水,中间设沥青井,次要部位可不设沥青井。止水与基岩连接时应埋入基岩内 300~500 mm。

【自测练习】

请扫描二维码,做自测练习。

码 6-49 任务 6.7 自测练习

任务 6.8 副厂房的布置

为了保证机组正常运行,在主厂房近旁布置了各种辅助机电设备,这种安装了辅助机电设备的房间以及提供控制、试验、管理和运行人员工作和生活的房间,称为副厂房。

6.8.1 副厂房的组成

副厂房的组成、面积和内部布置取决于水电站装机容量、机组台数、水电站在电力系统中的作用等因素。大中型水电站的副厂房,按性质可分为三类,即直接生产副厂房、检修试验副厂房和生产管理副厂房,其参考面积见表 6-1。

表 6-1 大中型水电站副厂房所需面积

副厂房名称	面积/m²	副厂房名称	面积/m²
一、直接生产用房		电工修理间	20~40
中央控制室、电缆室	按需要确定	机械修理间	40~60
继电保护盘室	按需要确定	工具间	15
厂用动力盘室	按需要确定	仓库(器材)	10~25
蓄电池室	40~50	油处理室	按需要确定
储酸室和套间	10~15	油化验室	10~20
充电机室	15~20	三、管理生活用房	
蓄电池室的通风机室	15~20	交接班室	20~25
直流盘室	15~20	保安工具室	5~10
载波电话室	20~50	办公室	每间 15~20
油、水、气系统	按需要确定	会议室	15~20
厂用变压器室	按需要确定	浴室	按需要确定
二、检修试验用房		夜班值班室	按需要确定
测量表计试验室	30~50	仓库(生活用品)	15
精密仪表修理室	15~25	警卫室	10
仪表室	10~15	厕所	按标准确定
高压试验室	20~40		

6.8.2　副厂房平面布置设计的原则和要求

6.8.2.1　直接生产副厂房

1. 中央控制室(简称中控室)

中控室是整个水电站发电、配电、变电等设备以及水位和流量等集中控制和集中监视的地方,是水电站运行、控制、监视的神经中枢。中控室一般布置有控制盘、直流盘、继电保护盘和信号盘、厂用盘、自动调频盘等。

中控室的位置要便于水电站的控制、监视并迅速消除故障,电缆长度尽量短,一般布置在发电机层的中部且与发电机层同高。若不同高,应设楼梯,便于进出主厂房,且应设便于通视主厂房的窗口和平台。中控室不宜布置在主变压器场的下层或尾水平台上,这是因为出现的噪声和振动将会影响继电保护设备的整定值,并使值班人员过度疲劳和注意力分散。

中控室要求宽敞明亮、干燥舒适、安静,具有良好的工作环境。最好采用玻璃隔音墙与外界隔开,这样既便于观察,又可收到隔音效果。此外,还要求室内通风良好,光线均匀柔和,无噪声干扰,室内温度、湿度适当,避免阳光直射至仪表盘面并设有防晒的隔热遮阳措施,以保证仪表的灵敏度和准确性。当室内布置有控制台、模拟屏时,面积宜为100~150 m^2,净高宜为3.5~4.0 m,并使宽高比例适宜。

2. 集缆室

集缆室又称为电缆夹层,布置在中控室和继电保护盘室的下层,面积等于或稍小于中控室。室内只有电缆和电缆吊架,布置简单,室内净高一般为2~3 m,以满足维护、检修人员能站立工作为宜。该层汇集来自主厂房和变电站的各种操作电缆,然后通往中控室的控制盘、操作盘。集缆室的安全出口不少于两个,并应做好防潮设计。

3. 发电机电压配电装置室(低压开关室)

主要布置发电机电压母线和发电机电压断路器等设备,通常这些设备成套地集成于一个金属柜中,称为开关柜。这些开关柜布置在高度为4~5 m、宽度为6~8 m的房间中。低压开关室布置在主变压器与发电机之间,与发电机层同高程的副厂房内。

开关室一般不设窗户,满足通风、防潮、防火、防爆的要求。开关室长度超过7 m时,须两端设出口;长度超过60 m或通向防爆间隔通道长度大于40 m时,宜设三个出口。出口门朝外开,两个出口相距不宜超过30 m。开关室不应布置在浴室或厕所下面。耐火等级不应低于2级。采用自然通风,当不能满足温度要求或发生事故排烟困难时,可考虑增设机械通风装置。

4. 通信室及远动装置室

当输电电压在110 kV以上时,为了便于水电站与系统调度中心联系,由系统调度中心指挥水电站运行,专设载波电话通信室、自动电话交换机室、微波或其他无线电通信室和远动装置室等。这些房间要与中控室毗邻且处于同一高程,室内最小高度为3.2~3.5 m。要求防尘防震,避免过大的噪声,不应与蓄电池室或强电设备邻近。微波或其他无线

电通信室,应在其屋顶或附近设无线或微波发射塔。

5. 直流设备室

直流设备室包括蓄电池室、储酸室、充电机室、通风机室及套间等。这些房间作为整套布置在一起,一般布置在副厂房的一端,并靠近用电设备,以缩短直流配电盘的电缆长度。不允许布置在中控室、配电装置室(开关室)和通信室的上方,以免酸性残液渗到下面房间。

蓄电池室向厂房内电气设备提供直流电源,并作为备用电源。室内采用人工照明,不设窗户,避免硫酸产生的氢气在阳光直晒下引起爆炸。门窗、墙壁、顶棚、蓄电池台架和调配池均应用耐酸材料铺设,地面和墙裙用白色瓷砖铺设(缝中填耐酸砂浆)或采用耐酸性沥青地面,并有适当的排水坡度。

储酸室储存电池所用的酸类,应尽量靠近蓄电池室。为了防止酸气外溢,酸室一般用套间与其他房间分开,墙壁要较厚,地板、墙壁、顶棚要考虑耐酸问题。

通风机室和套间的作用是排除有害酸气,防止有害气体扩散,应采用单独的通风系统。

充电机室是向蓄电池充电的,最好布置在与蓄电池室毗邻的房间内。

6. 厂用电设备室

厂用变压器可布置在厂外主变压器旁。如厂内有空间,也可布置在厂内,尽可能靠近开关室,以缩短连接母线的长度。每台厂用变压器应布置在防火、防爆的单独小间,并与水轮机层同高,且设专用走廊。厂用变压器一般就地检修,门朝外开,地面有 2%坡度倾向集油槽(干式变压器可不设坡)。

厂用高压成套开关柜通常布置在水轮机层母线室附近,不宜布置在发电机层或距中控室太近。厂用低压配电装置又称为动力盘,一般应集中布置在单独的房间。

7. 母线廊道、母线室或母线竖井

发电机与主变压器之间的母线一般要经过母线廊道、母线室或母线竖井引到主变压器。布置应满足安装、维修的要求。发电机母线廊道宜布置在发电机出线方向的一侧,并靠近主变压器和厂用变压器,其面积和层高取决于母线的数量和带电安全距离的要求。母线竖井应设有巡视、检修用的电梯和楼梯,每隔 4~5 m 设维修平台,平台和楼梯宽度均不应小于 0.8 m。

6.8.2.2 检修试验副厂房

1. 继电保护盘室

继电保护盘是当电气设备发生故障时,能自动断开故障部件,防止事故扩大,保护电气设备不受损坏的设备组合盘。一般布置在中控室附近,当开关站距主厂房较远时,尤其是在高程相差很大的情况下,可将输电线路保护盘室布置在开关站。

2. 各种试验室和车间

电气试验室的试验对象是二次回路的设备和 500 V 以下的电气设备,最好布置在中控室附近。电气试验室要求采取通风、防尘和防潮措施,不宜布置在尾水管上部。

高压试验室的试验对象是 3 kV 以上的电气设备,这些设备一般比较笨重,搬运不便,因此高压试验室应布置在与发电机同高程的安装间附近或副厂房内。

电工修理间和电气工具间应布置在靠近发电机层的交通方便处。机修车间可单独布置在厂外，尽量靠近厂房。

6.8.2.3　生产管理副厂房

值班室和调度室一般与中控室邻近，并与主厂房联系快捷、方便。行政办公及生活用房可单独建在厂外，要求布置在较安静的地方。副厂房内一般只布置运行人员必需的工作和休息房间。

副厂房可采用两层或两层以上的砖混结构，根据副厂房各层的平面布置要求，协调上下层关系，定出副厂房的长度和宽度。根据工程经验，副厂房的宽度一般为6~9 m。

副厂房的面积和内部各房间布置应根据机电设备布置、维修、试验及管理需要，结合厂房具体条件综合考虑确定。

单机容量小于500 kW的小型水电站，属于低压机组，可不设专门的副厂房，而将各台机组的配电屏设在主厂房的上游侧或下游侧，另设工具间或仓库即可。

【自测练习】

请扫描二维码，做自测练习。

码6-50　任务6.8自测练习

任务6.9　厂房的采光、通风、交通及防火

水电站厂房必须妥善考虑采光、通风、取暖、防潮、防火、保安、交通运输等问题，以确保水电站的正常运行，并给运行人员提供良好的工作环境。

6.9.1　采光

地面厂房应尽可能采用自然采光，布置主、副厂房时要考虑开窗的要求。主厂房自然采光主要靠厂房两侧的大窗，吊车梁以上的窗子主要起通风的作用。大窗设在构架柱之间的墙上，为长方形独立窗。窗宽度不要太小，否则照明就不均匀。窗的高度一般不小于房间进深的1/4。窗下槛在发电机层楼板以上不宜超过1~2 m，以保证窗附近有足够的光线，并便于通风。

夜间及地下式厂房、坝内式厂房、溢流式厂房或地面厂房水下部分的房间，要设计人工照明。人工照明分为工作照明、事故照明（当交流电源中断时自动投入的直流电照明）、安全照明（设有防触电措施或采用36 V及以下电压的照明）、检修照明及警卫照明。中控室及主机房内的照明不能使仪表盘面上产生反光，以保证运行人员能清晰地观察仪表。

6.9.2 通风

地面厂房应尽量采用自然通风。当自然通风达不到要求,或下游水位过高而不能有效地采用自然通风时,或在产生过多热量的房间(如变压器室、配电装置室等),或在产生有害气体的房间(如蓄电池室、油处理室等),才装设人工通风装置。

主、副厂房的通风量应根据设备的发热量、散湿量和送排风参数等因素决定。要合理安排进、出风口的位置,以达到最佳的通风效果。水轮机层、水泵室、主阀室等厂内潮湿部位采用以排湿为主的通风方式,对于产生有害气体的房间要设置专用的排风系统,以免有害气体渗入其他房间。主通风机室的位置除满足通风系统气流组织的合理性外,还应远离中控室、载波机室等安静场所,以免噪声干扰。

盛夏酷热地区或人工通风仍不能满足厂内温度、湿度要求时,可采用局部或全部的空气调节装置。空气调节装置的冷源应尽量采用天然低温水或其他天然冷源。

6.9.3 取暖

冬天厂房内的温度不能过低,以保证机电设备的正常运行。冬季若水电站正常发电,则发电机层、出线层、水轮机层、母线道等处靠机电设备发出的热量即可维持必需的温度。热量不足以维持必需温度的房间,可用电辐射取暖或电热取暖。中控室可装设空气调节器,以便冬季取暖、夏季降温。

6.9.4 防潮

地面厂房水下部分的房间要注意防潮,坝内及地下厂房的防潮问题更为突出。过分潮湿会造成电气设备的短路、误动作或失灵,可能使机械设备加速锈蚀、运行人员工作条件恶化。防潮的措施如下所述:

(1)防渗防漏。外墙混凝土要满足抗渗要求,必要时可加设防潮夹层;要减少设备漏水,伸缩缝及沉陷缝要加设止水;冷却水管、混凝土墙及岩石表面如有结露滴水,则要用绝热材料包扎。

(2)加强排水。已渗漏进厂房或防潮夹层的水要迅速排除,不能让其积存。

(3)加强通风。潮湿部位宜采用以排湿为主的通风方式,减小空气中的湿度。

(4)局部烘烤。用电炉或红外线烘烤,防止设备受潮。

6.9.5 厂内交通

为了便于设备的安装、维护、检修和运行人员的巡视检查与操作,保证设备运行正常和工作的安全,厂房内部必须布置一定的交通通道。

6.9.5.1 **厂房的水平通道**

厂房的水平通道包括门、运输轨道、过道、廊道等。

(1)门。厂房对外大门的高、宽应满足运输大部件的要求。可采用旁推门、上卷门或活动钢门。不运输大部件时大门应关闭,只开小门。有防洪要求时应做成防洪门。主机房至少应有两道进出的门。其他所有房间的门按需要和规范确定。有防火要求时门都应向外开,如蓄电池室、油系统室等。某些可能产生负压的房间,门应向里开,以便出现负压时门可自动开启,如闸门室、排水操作廊道等。

(2)运输轨道。主要是为了设备的运输、安装、检修而铺设的,如进厂铁道、变压器轨道等。尾水平台上的门式起重机也应有专门的轨道。

(3)过道。主厂房内各层及副厂房布置机电设备的房间内,都要有过道,以便运输设备,进行安装、检修并供工作人员通行。其宽度一般为 1~2 m,狭窄处应不小于 0.8 m。发电机层常设一条主要通道,纵贯全厂房。

(4)廊道。包括安装和操作设备的廊道,如排水操作廊道、主阀廊道等。

6.9.5.2　厂房结构空间的上下交通

厂房空间的上下交通常设各种楼梯、进人孔、吊物孔等。

(1)楼梯。为了各层不同高程的交通,必须布置足够的上下楼梯(普通楼梯、旋梯和爬梯),其位置以便于运行人员巡视和保证在发生事故时能迅速到达事故地点为原则。主厂房内至少每两台机组设一楼梯,并且全厂应不少于两道。楼梯的坡度为 20°~46°,以 34°为宜。单人楼梯宽 0.9 m,双人楼梯宽 1.2~1.4 m。旋梯可省场地,但只适用在不经常上下的地方。偶尔使用的楼梯可做成爬梯,其坡度在 60°~90°,宽 0.7 m,在各层高差特别大时也有设电梯的。

(2)吊物孔。为了吊运各楼层设备,在主厂房各层楼板上常需开设吊物孔。如主阀吊孔、水泵吊孔、空压机吊孔、公用吊孔等。这些吊孔应恰好位于需吊部件的上方,大小合适,且应位于桥吊吊钩工作范围内,平时用钢板或钢筋网盖住。

(3)进人孔。为了检修和观察设备,常在某些部件上开设进人孔,如蜗壳、尾水管、机墩进人孔等。

【自测练习】

请扫描二维码,做自测练习。

码 6-51　任务 6.9 自测练习

任务 6.10　厂房布置实例

6.10.1　厂区布置

坪江水电站厂区总体布置图如图 6-35 所示。

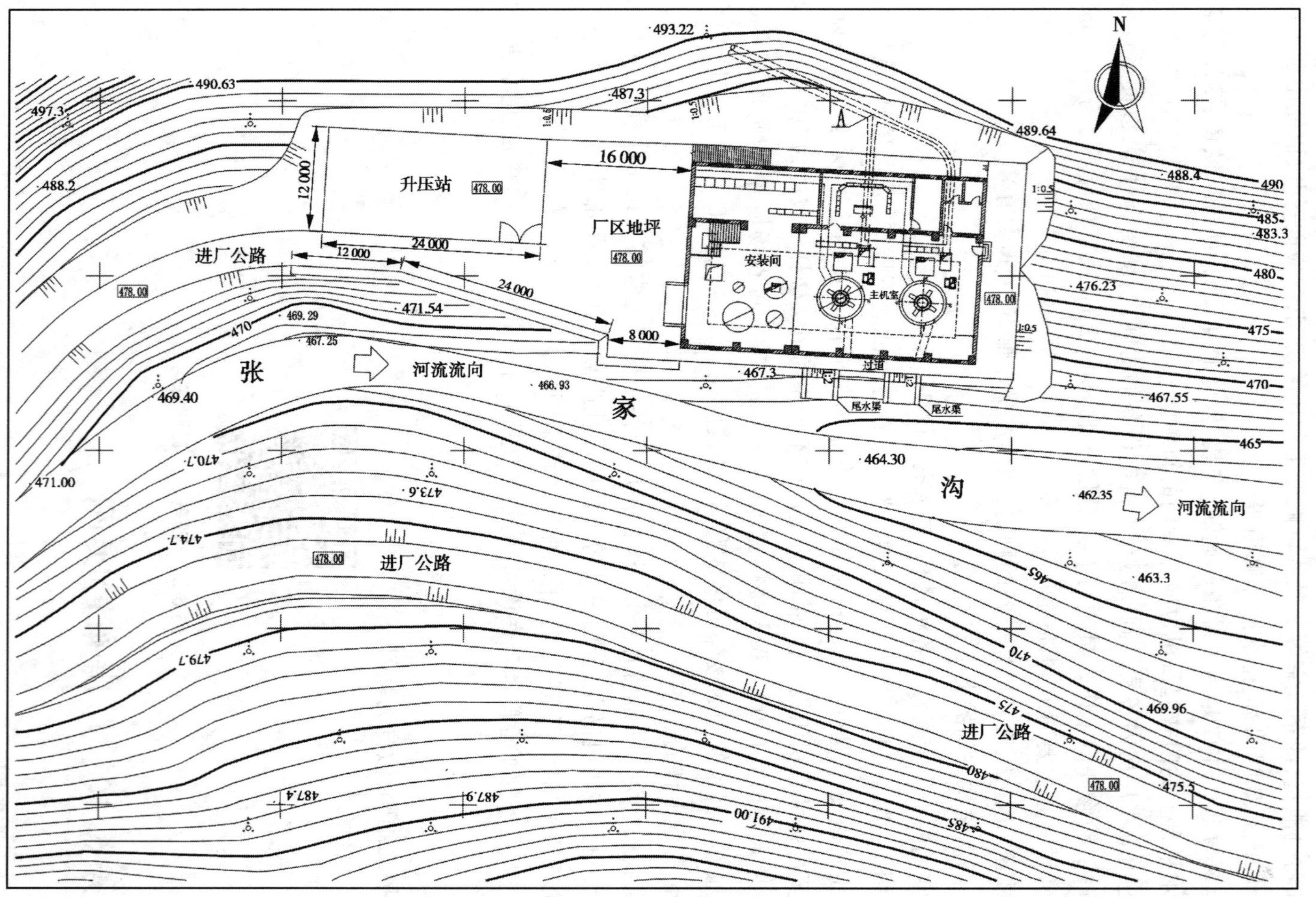

图 6-35　坪江水电站厂区总体布置图　（尺寸单位:cm）

6.10.1.1　**主厂房**

水电站主厂房为地面式厂房,顺河流布置于左岸,主厂房水轮机层地面高程为472.70 m,发电机层地面高程为478.60 m。发电机地面与厂区地面相平,地面以下分别为水轮机层、主阀层及尾水室层。厂房纵轴线基本与河道平行,以顺河水流向为机组的-X方向,横轴线以厂房靠山一侧方向为机组的+Y方向。

主厂房内布置有2台立轴冲击式水轮发电机组。安装场布置在主机室上游侧,2台机组从上游至下游依次为1#、2#机组。两台机组间距为9 m,压力钢管布置为正向进水,轴线与厂房纵轴线垂直。

主厂房发电机层地面高程为478.60 m,以机组中心线X轴为基准,压力水管进水侧净宽7.8 m,尾水侧净宽6.3 m,主厂房总宽14.9 m。安装间位于厂房大门侧,与主机室同宽。安装间长12.2 m,主机室长20.2 m,厂房总长32.4 m,如图6-36、图6-37所示。

主厂房内设起吊桥车,桥车净跨12.5 m。考虑机组安装及检修时,机组最大件起吊高度及安全余地,以及吊件、桥车梁、大梁结构对垂直空间的距离要求,主厂房内吊车梁轨道顶高程为487.10 m,厂房顶部高程为491.90 m,主厂房发电机层以上高度为13.30 m。厂房发电机层内侧布置球阀、转轮吊孔、CJWT-PLC/2-1可编程微机调速器以及机旁屏,球阀吊孔尺寸为2.0 m×1.2 m(长×宽),转轮吊孔尺寸为2.0×2.0 m,如图6-38所示。

水轮机层地面高程为472.70 m,内侧布置球阀及转轮吊孔,其下布设球阀坑及转轮运输通道。主阀为球阀,布置在第Ⅱ象限内,阀坑底部高程为470.50 m,尺寸为3.5 m×2.0 m(长×宽)。转轮运输通道与球阀布置在同一象限,宽2.0 m,地面高程为470.10 m,吊孔尺寸为2.0 m×2.0 m(长×宽)。渗漏集水井布置在水轮机层内侧两球阀坑之间,底部高程为468.70 m,集水井尺寸为3 m×4 m×4 m(长×宽×高)。技术供水泵共3台,布置在水轮机层两机组中心线外侧,其下设供水集水井,如图6-39所示。

安装间与主厂房呈"一"字形平面布置,地面高程为478.60 m,宽14.9 m,平面尺寸为12.2 m×14.9 m(长×宽),主厂房吊车吊钩限位线距左侧排架柱2.05 m,距右侧排架柱1.70 m。设备进场依靠可移动至安装间的30 t吊车,将设备吊进主厂房。安装间底层布置油处理室。

6.10.1.2　**副厂房**

根据地形条件,副厂房布置在主厂房后侧,共两层,宽6.50 m,长度与主厂房相同。一层布置空压机室、厂变室、励磁变室、机修室、油化室,其地面高程与主厂房水轮机层相同;二层为中控室、高低压开关室、通信室、卫生间;其地面高程与主厂房发电机层相同。

6.10.1.3　**尾水室及尾水渠**

尾水室尺寸为4.0 m×4.0 m,底部高程为468.40 m,在高程470.00 m设"井"字形工字钢检修平台。

尾水渠长5.0 m,底部设1/200的纵坡,底板厚0.6 m,断面净尺寸为3.0 m×1.2 m(宽×高),渠内正常尾水位为469.00 m,尾水出口不设尾水闸门。

6.10.1.4　**升压站**

升压站布置在厂房上游侧,为开敞式,根据主变压器布置及检修维护通道的要求,平

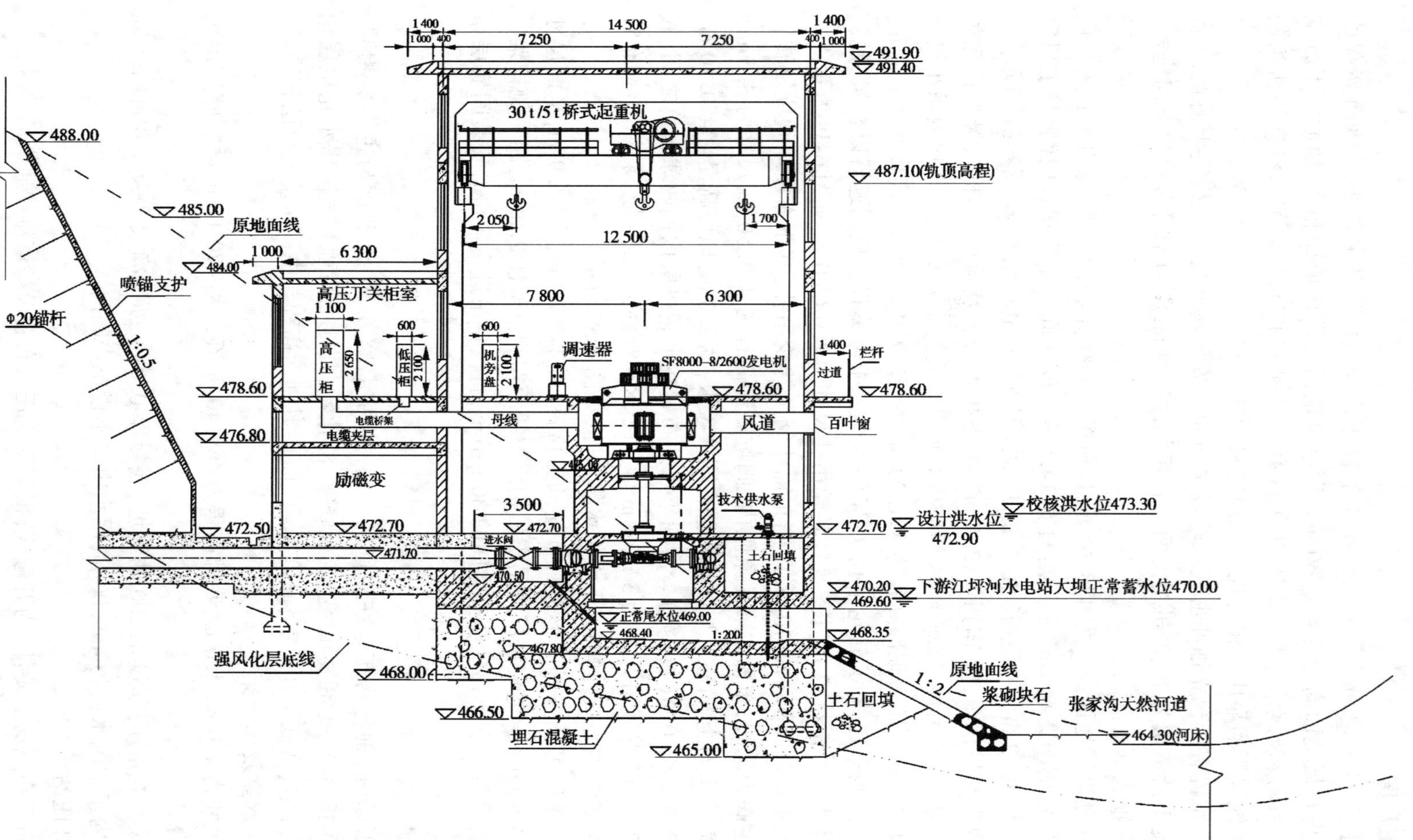

图6-36 坪江水电站主厂房横剖面图（尺寸单位：cm）

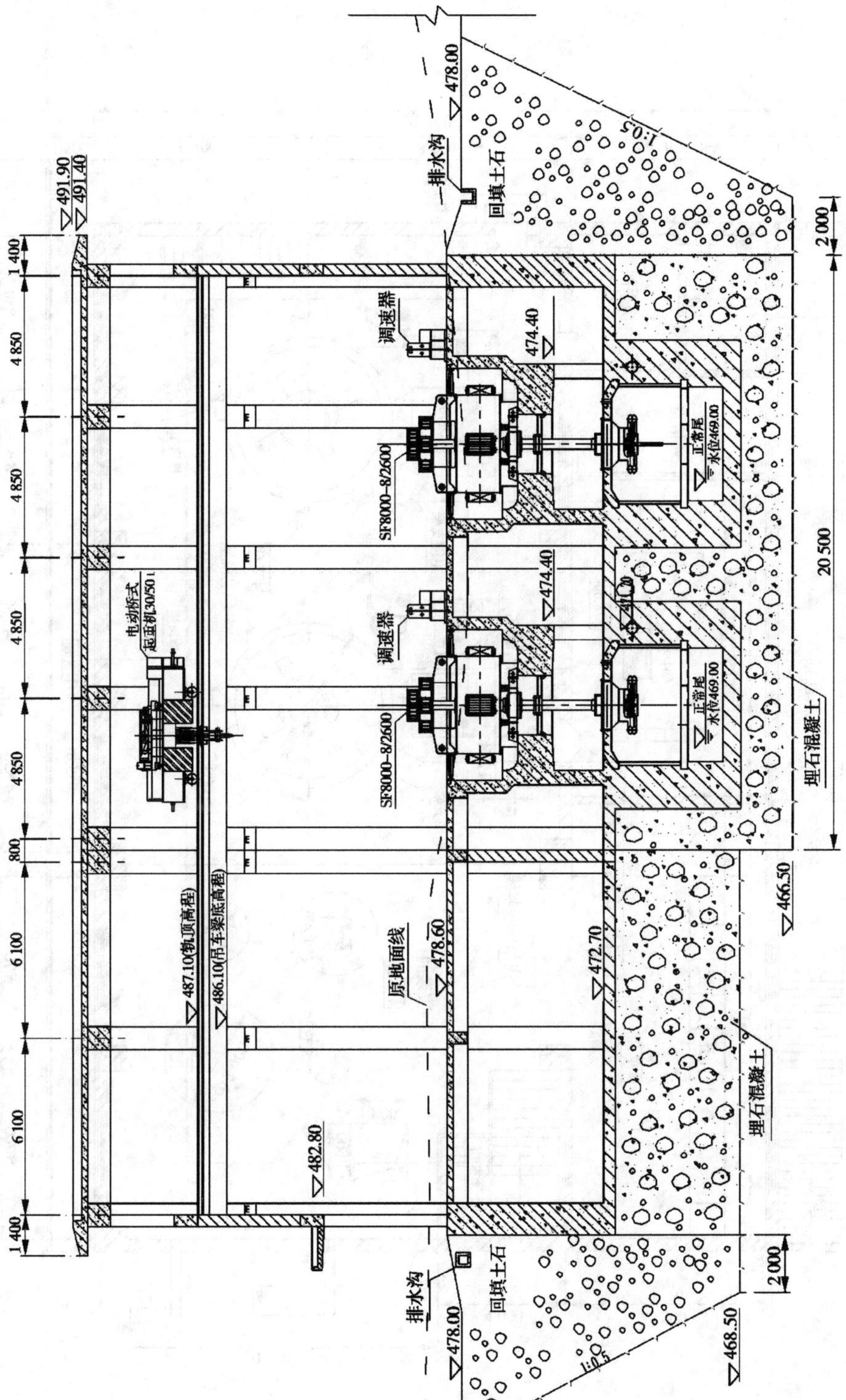

图 6-37　坪江水电站主厂房纵剖面图　（尺寸单位:cm）

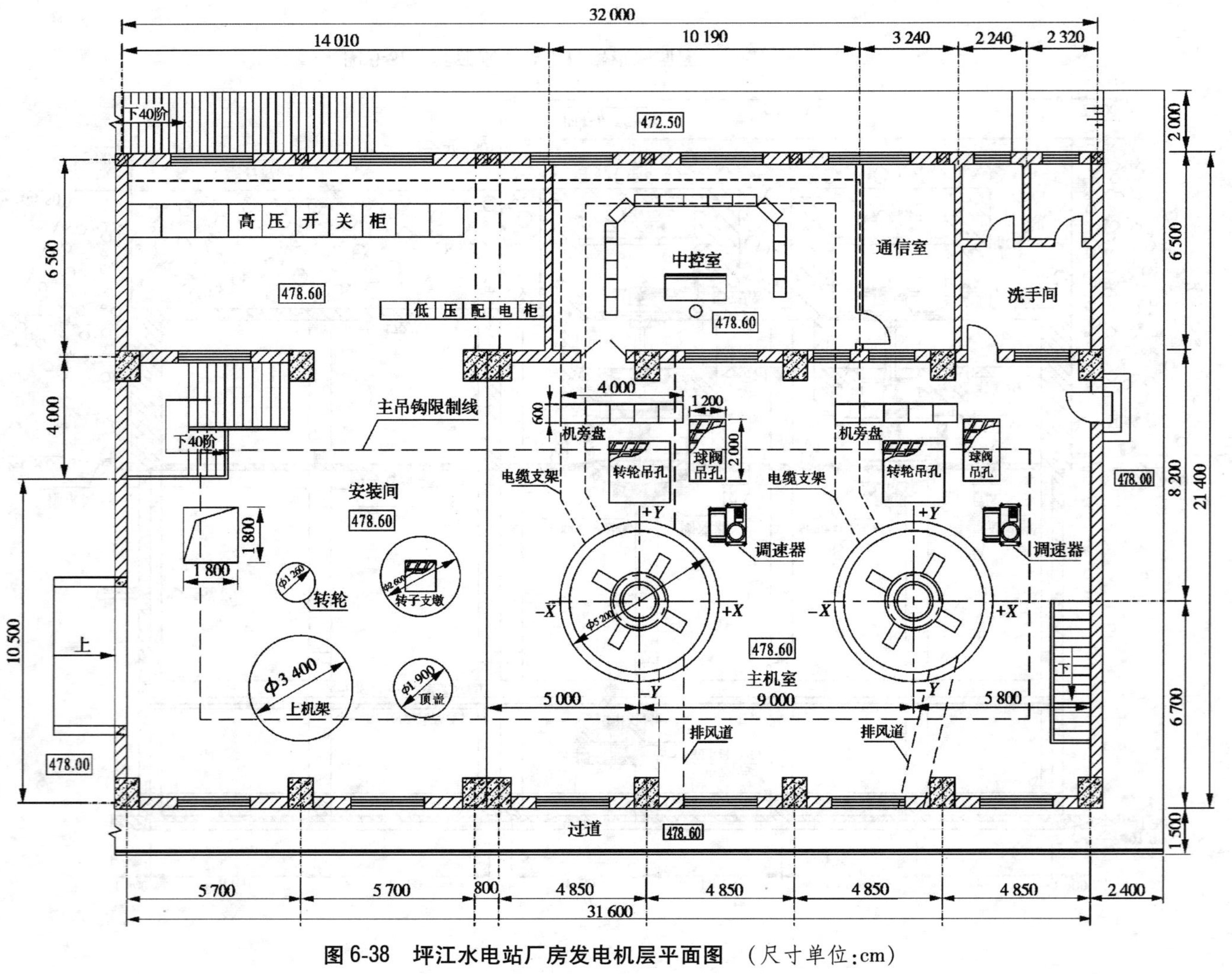

图6-38 坪江水电站厂房发电机层平面图 （尺寸单位:cm）

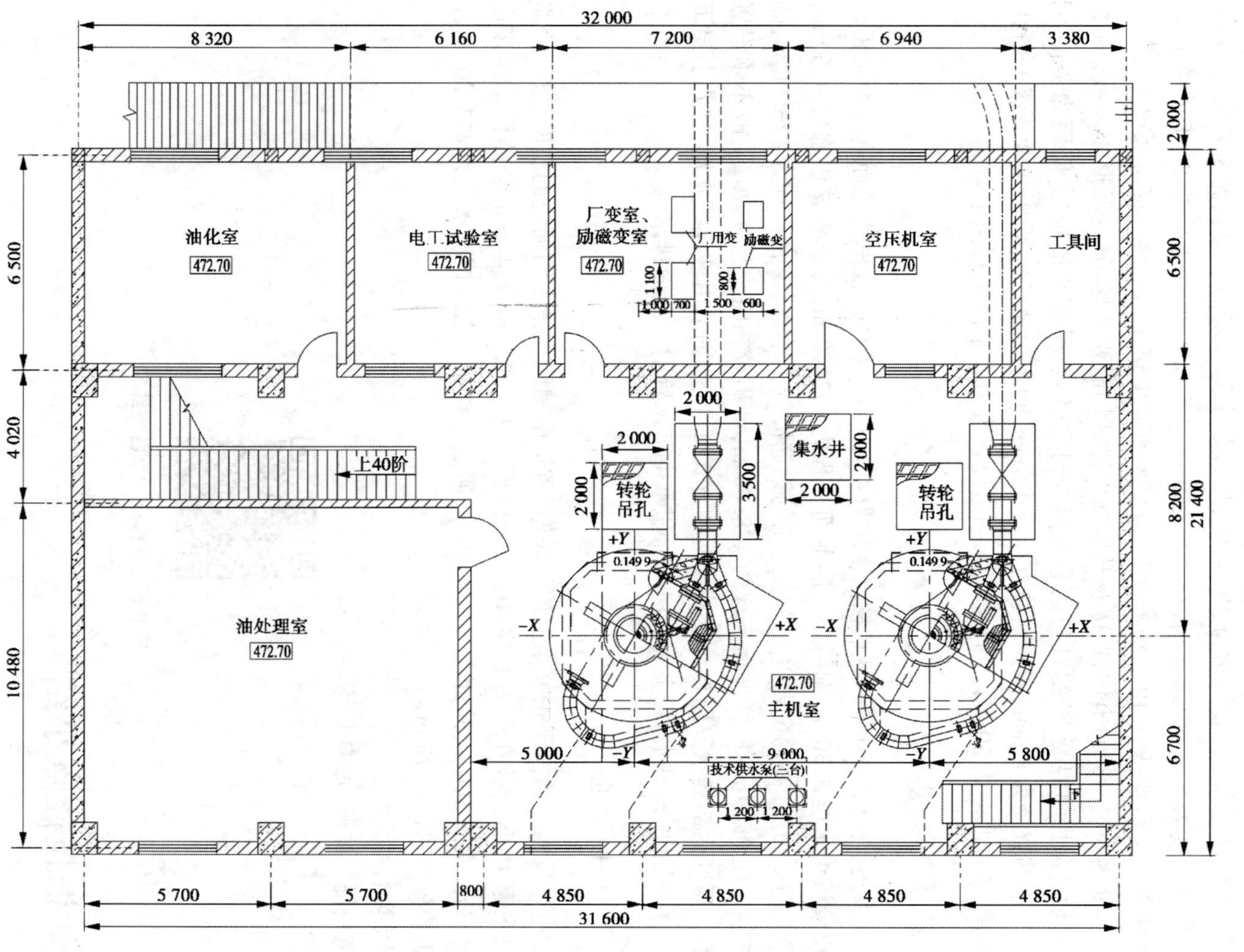

图 6-39　坪江水电站厂房水轮机层平面图　（尺寸单位:cm）

面尺寸确定为24 m×12 m,面积为288 m^2,为开挖山坡而建,与进厂公路平行布置,地面标高为478.00 m。

6.10.1.5 厂房地基基础设计及厂区后边坡处理

厂区地势为缓坡,边坡倾角为30°~38°,厂址处出露地层为厚层状泥质砂岩,第四系及强风化层厚度为6.0~10.0 m,岩石产状350°∠31°~38°,为斜交逆向坡。厂房基础必须清挖覆盖层至新鲜基岩,由于基岩较低,故厂房基础填筑3~4 m的埋石混凝土。

厂区处为30°~38°的山坡,厂房及升压站位置区均需要开挖,开挖后形成8~15 m高的边坡,设计采用喷混凝土、锚杆与钢筋网组合衬砌,锚杆呈梅花形排列,间距为2 m,钢筋网纵向钢筋直径为8 mm,横向钢筋直径为12 mm,间距为30 cm,采用强度等级C15混凝土喷护,喷护厚度为20 cm,厂区靠河床一边设置重力式浆砌块石挡土墙。

6.10.2 厂区防洪

厂房处相应河道100年一遇校核洪水位为473.30 m,主厂房发电机地面高程为478.60 m,高出校核洪水位5.30 m;副厂房一层地面高程为472.70 m,低于校核洪水位0.60 m,设计副厂房1.20 m高的窗台以下均为封闭的钢筋混凝土结构,窗台高程为473.90 m,高出校核洪水位0.60 m;厂区地面高程为478.00 m,高出校核洪水位4.70 m,故不须设置防洪墙。厂区内部集水采用自排及抽排两种方式,厂区范围沿山坡设截水沟,将水引至下游河道,厂区地面设排水沟、主副厂房屋面积水由落水管引至地面排水沟。

6.10.3 厂区交通

水电站发电厂房位于张家沟河道的左岸,省道南鹤线在张家沟河道的右岸,进厂公路需跨过张家沟河道,故在厂房上游100 m处修建一座长25 m、宽4 m的公路桥来连接进厂公路,公路总长500 m,路面高程478.00 m,河道100年一遇校核洪水位为473.30 m,路面高出校核洪水位4.70 m。

【自测练习】

请扫描二维码,做自测练习。

码6-52 任务6.10自测练习

知识技能点小结

水电站厂房是水能转变为电能的生产场所,也是运行人员进行生产和活动的场所,是水工建筑物、机械及电气设备的综合体。厂区枢纽由主厂房、副厂房、主变压器场、开关站等组成。根据设备组成的系统可将水电站厂房分为水流设备系统、电流设备系统、电气控制设备系统、机械控制设备系统、辅助设备系统;根据厂房结构组成可以将厂房水平面上分为主机室和安装间，垂直面上分为上部结构和下部结构两部分。

立轴水轮发电机按传力方式分为悬挂式发电机和伞式发电机，其支承结构有圆筒式、平行墙式、环形梁立柱式、框架式等形式，其布置形式常见的有定子外露布置、定子埋入布置和上机架埋入布置三种。主厂房内属于水轮机的附属设备有调速系统和调压阀等；属于发电机的附属设备有主引出线、中性点设备、励磁系统、机旁盘和发电机的冷却设备等；属于厂房辅助设备的有油系统、压缩空气系统、水系统和起重设备。

对立式机组厂房而言，发电机层通常布置机旁盘、调速柜、励磁盘、主阀孔、楼梯、吊物孔等设备；水轮机层通常布置调速器的接力器、电气设备、油气水管道、水轮机层上下游侧应设的必要过道等；蜗壳尾水管层通常布置主阀、蜗壳、调压阀、廊道等。安装间一般布置在主厂房有对外道路的一端，其面积可按一台机组扩大性检修(放置发电机转子带轴、发电机上机架、水轮机转轮、水轮机顶盖四大部件)的需要确定。

卧式机组主厂房一般分两层，上部结构即主机房，主要布置水轮机、发电机以及大部分辅助设备和附属机电设备，下部结构为尾水室，主要布置水轮机的泄水设备。根据机组轴线相对于厂房纵轴线的位置，卧式机组的排列方式包括横向排列、纵向排列和斜向排列。

立式机组主厂房的轮廓尺寸包括主厂房的长度、宽度和高度。主厂房的长度取决于机组台数、机组段长度、安装间长度及边机组段加长。主厂房的宽度分上部结构宽度和下部结构宽度，以机组中心线为界分为上游侧宽度和下游侧宽度。主要考虑发电机层、水轮机层和蜗壳层的布置要求。主厂房的各层高度是由水轮机安装高程和各层设备布置、结构、运行维修空间等确定的。

水电站厂房结构主要包括屋盖结构、吊车梁、构架柱或壁柱、发电机层楼板和安装间楼板、围护结构、发电机机墩、蜗壳和水轮机座环、尾水管。水电厂厂房尚需考虑采光、通风、取暖、防潮、防火、保安、交通运输等问题。

为了保证机组正常运行，在主厂房近旁布置各种辅助机电设备，安装辅助机电设备的房间以及提供控制、试验、管理和运行人员工作和生活的房间称为副厂房。副厂房按性质分为直接生产副厂房、检修试验副厂房和生产管理副厂房。

知识技能训练

一、简答题

1. 水电站厂区枢纽由哪几部分组成？
2. 水电站厂房一般分几层？各层布置哪些主要设备？
3. 安装间的作用是什么？其位置、高程及面积如何确定？
4. 立式机组厂房的长、宽、高如何确定？

二、判断题

1. 河床式厂房的特点是厂房本身挡水。（　）
2. 水电站厂房的平面尺寸是由下部块体结构决定的。（　）
3. 根据工程习惯将主厂房以发电机层楼板地面为界分为上部结构和下部结构两

部分。 (　　)

4. 水电站厂房的各层高程中,起基准、控制作用的高程是发电机楼板层高程。 (　　)

5. 安装间地面最好能与发电机层地面和进厂道路同高程,且高于下游设计洪水位。 (　　)

6. 水电站厂房的发电机层在任何情况下都必须高于下游最高尾水位。 (　　)

7. 高水头水电站中,厂房的宽度一般是由蜗壳层控制的。 (　　)

8. 发电机的布置常见的有定子埋入布置、定子外露布置和上机架外露布置三种。 (　　)

9. 副厂房设在主厂房的上游侧的布置方式适用于河床式水电站。 (　　)

10. 水轮发电机组主轴呈水平向布置且安装在同一高程地板上的厂房称为立式机组厂房。 (　　)

11. 机组中心线与厂房的中心线往往不重合。 (　　)

12. 悬挂式水轮发电机因其稳定性比伞式发电机好,故而高转速的发电机多做成悬挂式。 (　　)

13. 厂房内所有被起吊的设备起吊中心均应在起重机的工作范围之内。 (　　)

14. 桥吊的最大起重量取决于所吊运的最重部件,一般为发电机转子。 (　　)

15. 对于采用金属蜗壳的中高水头水电站厂房,机旁盘与调速器操作柜常布置在发电机层上游侧。 (　　)

16. 安装间一般均布置在主厂房有对外道路的一端。 (　　)

三、单项选择题

1. (　　)机墩由两个纵向钢架和两根横梁所组成。

A. 平行墙式　　B. 环形梁立柱式　　C. 框架式　　D. 圆筒式

2. (　　)发电机有上导轴承,无下导轴承。

A. 悬挂式　　B. 半伞式　　C. 普通伞式　　D. 全伞式

3. 下列不属于厂房辅助设备的是(　　)。

A. 油系统　　B. 发电机的冷却设备　　C. 起重设备　　D. 压缩空气系统

4. 下列设备不是布置在水轮机层的是(　　)。

A. 调速柜　　B. 电气设备　　C. 油管道　　D. 气系统

5. 下列不是检修排水方式的是(　　)。

A. 集水井　　B. 反滤排水　　C. 排水廊道　　D. 分段排水

6. 下列不宜布置在发电机层的是(　　)。

A. 通信室　　B. 安装间　　C. 中控室　　D. 厂用电设备室

7. 下列不属于直接生产副厂房的是(　　)。

A. 中央控制室　　B. 计算机室

C. 继电保护试验室　　D. 蓄电池室

8. 下列不是卧式机组的排列方式的是(　　)。

A. 横向排列　　B. 正向排列　　C. 斜向排列　　D. 纵向排列

参考文献

[1] 刘能胜. 水电站[M]. 郑州:黄河水利出版社,2018.
[2] 侯才水,胡天舒. 水电站[M]. 北京:中国水利水电出版社,2005.
[3] 袁俊森. 水电站[M]. 2 版. 郑州:黄河水利出版社,2010.
[4] 李前杰,龙建明. 水电站[M]. 郑州:黄河水利出版社,2011.
[5] 索丽生,刘宁. 水工设计手册[M]. 北京:中国水利水电出版社,2013.
[6] 刘启钊,胡明. 水电站[M]. 4 版. 北京:中国水利水电出版社,2010.
[7] 马善定,汪如泽. 水电站建筑物[M]. 2 版. 北京:中国水利水电出版社,1996.
[8] 金钟元. 水力机械[M]. 北京:中国水利水电出版社,1996.
[9] 张治滨,季奎,王莜生,等. 水电站建筑物设计参考资料[M]. 北京:中国水利水电出版社,1997.
[10] 王瑞骏. 水电站 [M]. 北京:中国水利水电出版社,2017.
[11] 韩菊红,卢娜. 水电站 [M]. 郑州:黄河水利出版社,2020.
[12] 中华人民共和国水利部. 水电站压力钢管设计规范:SL/T 281—2020[S]. 北京:中国水利水电出版社,2020.
[13] 中华人民共和国水利部. 水利水电工程沉沙池设计规范:SL/T 269—2019[S]. 北京:中国水利水电出版社,2019.
[14] 中华人民共和国水利部. 水利水电工程初步设计报告编制规程:SL/T 619—2021[S]. 北京:中国水利水电出版社,2021.
[15] 中华人民共和国水利部. 水利水电工程调压室设计规范:SL 655—2014[S]. 北京:中国水利水电出版社,2014.
[16] 中华人民共和国水利部. 水利水电工程进水口设计规范:SL 285—2020[S]. 北京:中国水利水电出版社,2020.
[17] 中华人民共和国水利部. 水电站厂房设计规范:SL 266—2014[S]. 北京:中国水利水电出版社,2014.
[18] 中华人民共和国水利部. 水电站引水渠道及前池设计规范:SL 205—2015[S]. 北京:中国水利水电出版社,2015.
[19] 中华人民共和国水利部. 水工隧洞设计规范:SL 279—2016[S]. 北京:中国水利水电出版社,2016.
[20] 中华人民共和国住房和城乡建设部,中华人民共和国国家质量监督检验检疫总局. 小型水力发电站设计规范:GB 50071—2014[S]. 北京:中国计划出版社,2015.
[21] 国家能源局. 水电站调压室设计规范:NB/T 35021—2014[S]. 北京:中国电力出版社,2015.
[22] 国家能源局. 水电站进水口设计规范:MB/T 10858—2021[S]. 北京:中国水利水电出版社,2022.
[23] 国家能源局. 水电站压力钢管设计规范:NB/T 35056—2015[S]. 北京:中国电力出版社,2016.
[24] 国家市场监督管理总局,国家标准化管理委员会. 水轮机基本技术条件:GB/T 15468—2020[S]. 北京:中国标准出版社,2020.
[25] 中华人民共和国水利部. 小型水电站初步设计报告编制规程:SL/T 179—2019[S]. 北京:中国水利

水电出版社,2019.

[26] 国家市场监督管理总局,国家标准化管理委员会.小型水轮机基本技术条件:GB/T 21718—2021[S].北京:中国标准出版社,2022.

[27] 中华人民共和国水利部.水利水电工程项目建议书编制规程:SL/T 617—2021[S].北京:中国水利水电出版社,2021.

[28] 中华人民共和国水利部.水利水电工程可行性研究报告编制规程:SL/T 618—2021[S].北京:中国水利水电出版社,2021.